최근 국제협약 개정에 따른

최신항해실습(Ⅲ)

The Essential Guide to Navigation

이윤석
김종성
전해동
윤귀호
조익순
배병덕 공저

도서출판 상학당

欲爲大者 當爲人役

크고자 하거든 남을 섬기라

머리말

해기사의 직무능력에 대한 국제적인 최저 기준을 제시하는 국제해사기구(IMO)의 STCW 협약(선원의 훈련, 자격증명 및 당직근무의 기준에 관한 국제협약)은 1978년 채택된 이래로 1995년 대폭적인 협약개정을 거쳐 최근 2010년 마닐라 개정까지 많은 변화를 거쳐 왔다.

1995년 STCW 개정 협약에는 선원의 교육과 훈련목적 및 성취해야 할 능력의 향상, 해기사 시험 평가기준 설정 및 해기사 교육기관에 대한 내부 및 외부 감사제도 설정의 국내법 입법화 등이 추가되었으며, 특히 당직 해기사로서의 임무를 수행할 수 있는 능력의 평가를 강조하여 해기면허를 발급하는 주무관청이 승인한 훈련기록부에 실습생의 승선실습 내용을 기록하도록 하였다.

2010년 STCW 개정 협약에는 선교자원관리(BRTM), 전자해도(ECDIS), 해상교통관제(VTS), 조난신호 및 모르스 부호 해독능력(single letter), 선위통보제도, 탱커선 해기능력 및 시험제도, 선박보안기초교육 등의 내용이 기존 해기능력표에 추가되었다. 개정 협약은 2012년 1월 1일 발효되었으며, 2017년 1월 1일까지 경과규정을 두고 있으나, 모든 개정사항은 이미 해사대학 교과과정에 반영되어 진행 중이다.

따라서 항해계열 학생들은 최근 개정된 STCW 협약의 제II/1조 및 STCW 코드의 제 A-II/1의 기준에 따라 교육 및 훈련을 이수해야 하며, 이러한 최근 국제협약의 동향을 반영한 적합한 항해실습 교재의 필요성이 대두됨에 따라 이 교재가 만들어지게 되었다.

이 교재의 주요 구성은 다음과 같다.

- 최신항해실습(Ⅰ) : 당직근무, 항해학, 해상안전
- 최신항해실습(Ⅱ) : 항해기기, 해사 / 통신영어
- 최신항해실습(Ⅲ) : 선박운용, 선박적화, 선체구조 및 정비
- 최신항해실습(Ⅳ) : 선박보안 및 안전관리, PSC, 해양사고비상대응
- 최신항해실습(Ⅴ) : 선화운송, 탱커운송

이 교재는 최근 STCW 개정 협약을 반영한 항해계열 3학년 교과과정에 맞춰 구성되었으며, 정박 및 항해 중에 필요한 이론 및 실습의 내용에 대한 체계적인 정리를 통해 실습생이나 수업에 임하는 교수 모두에게 편리한 교재가 될 것으로 예상한다.

부족한 교재이지만 아무쪼록 이 교재가 항해계열 실습생의 교육 및 훈련에 도움이 되길 바라며, 앞으로도 지속적인 개정 및 보완을 할 것임을 다짐하는 바이다.

끝으로 이 교재의 편집과 출판에 많은 도움을 주신 도서출판 상학당 관계자에게도 감사의 말씀을 전하는 바이다.

2016. 8.

저자 일동

차 례

제1장

선박운용

1.1 선박운항 및 조종성능
1.2 조타와 선회권
1.3 선체 저항
1.4 Anchor 운용
1.5 외력과 특수 운항
1.6 황천항해와 수색구조
1.7 기상도 및 해양기상

1.1 선박운항 및 조종성능

선박은 해상 물류운송의 주체이며 화물의 적재 및 양하를 위해 항만시설이 갖춰진 무역항(Trade Port) 사이의 해상 통항로를 운항하고, 항만에서 화물운송작업을 수행한 후 입항 또는 출항 등의 일련의 행위를 반복하게 된다. 따라서 선박운용이란 단순히 기항지(Port of Call)에서 다음 목적지(Destination)까지의 선박운항(Sailing)만을 의미하는 것이 아니라, 화물취급을 위해 정박 중 실시되는 흘수(Draft) 및 트림(Trim) 조절을 비롯해서 지속적인 선체의 유지 관리를 위해 소요되는 청수, 유류 및 선용품의 수급과 함께 선원의 교대까지를 포함하는 포괄적인 개념으로 확대된다.

궁극적으로 선박운용이란 선박이 운항과 관련된 항해당직, 화물의 적재 및 양하를 위한 정박당직, 그리고 각종 검사를 위한 선체의 유지 관리 등까지 포함된다고 볼 수 있다. 따라서 선박운용과 관련된 전문 해기지식으로는 선박조종과 해양기상 등이 포함된 선박운항술, 화물관리와 취급인 선박적화와 선화운송, 선체의 유지 관리를 위한 선체구조 및 정비 등이다. [그림 1-1]은 선박운항과정의 개요를 나타낸 것이다.

[그림 1-1] 선박운항과정의 개요

선박운용 중에서도 항만 내에서 수행하는 하역작업을 제외하는 선박운항과정은 접 · 이안조선, 항내조선, 연안 · 대양항해, 정박 · 대기 등과 같이 크게 구분할 수 있다.

그러므로 선박운용적인 측면에서 초급 해기사에게 요구되는 기본 운항지식은 연안 또는 대양에서 본선의 침로유지를 위한 조타 및 변침능력, 속력조절능력, 충돌인지 및 회피능력 등이 포함된 조종성능이며, 이를 기반으로 외력(바람, 파랑, 조류) 판별에 기초가 되는 해양기상 및 외력이 선체에 미치는 영향 이해, 항해환경(천수, 제한수역, 협수로 등) 및 복잡한 선박간 상황인식 등이 가능하면 고급 항해사로서 선박의 운항성능을 활용하게 된다.

또한 운항성능을 기반으로 항내 접근조선 및 접 · 이안조선에 요구되는 예선운용, 계류라인의 활용 등과 같은 선체 자세 제어능력 등이 가능하면 선장 또는 도선사와 같은 종합적이고 체계적인 선박운용성능이 완성된다(그림 1-2).

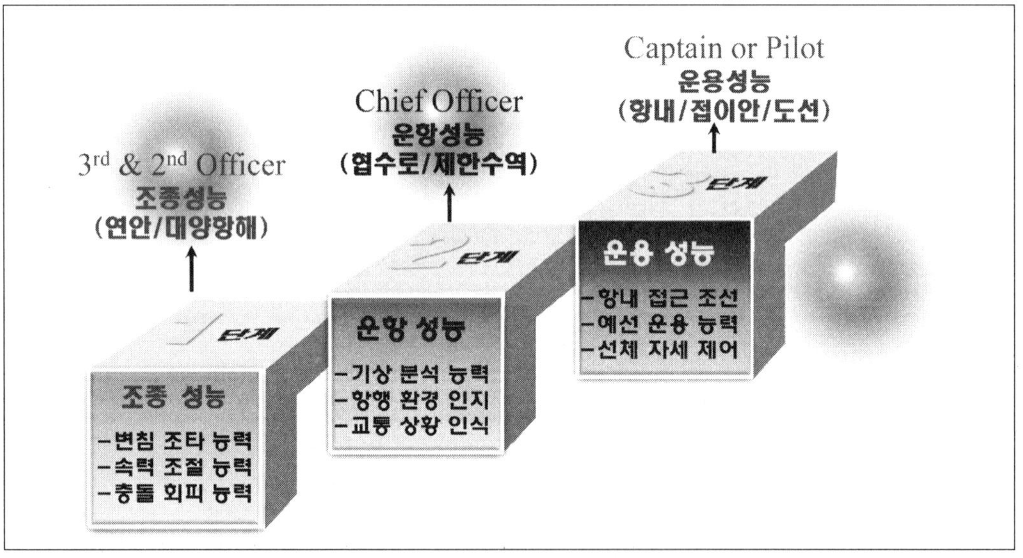

[그림 1-2] 선박항해사 운항능력 요소

이 책에서는 우선적으로 항해당직에 필수적으로 요구되는 선박조종술을 초급 해기사 관점에서 실무중심으로 이해하기 용이하게 설명하고, 선체에 외력(External Force)으로 작용하는 바람(Wind), 파랑(Wave), 조류(Tidal and Ocean Current), 시계제한과 관련된 안개(Fog), 그리고 각종 갑판 및 기관기기의 동작 및 운용과 연관성이 큰 온도(Temperature), 압력(Pressure) 등을 해석하는 해양기상 등과 관련된 운용술에 대해 기술한다.

[그림 1-3] 초대형 컨테이너선

1.1.1 선박조종의 수단

선박운항과정에서 선박조종(선회, 침로유지, 선속 및 자세유지 등)의 수단으로 실무에서 가장 빈번하게 이용되는 선체에 장착 또는 부착된 설비로는 [그림 1-4]에서 [그림 1-9]와 같이 조타기(Rudder, 舵), 엔진(Engine, 主機關), 앵커(Anchor, 錨), 스러스터(Bow & Stern Thruster, 横推進機) 등이다.

[그림 1-4] 한바다호 Rudder

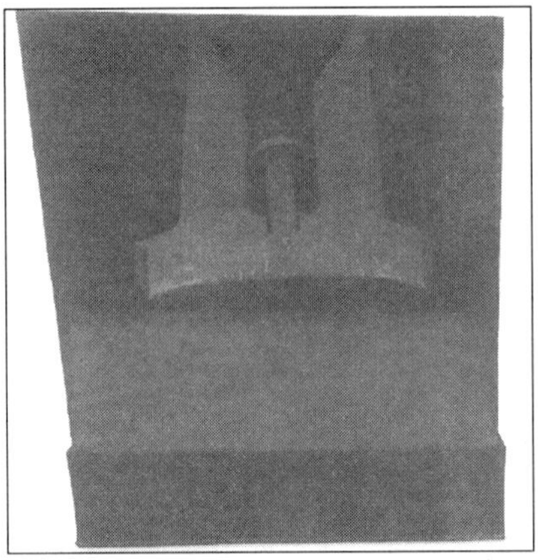

[그림 1-5] 한바다호 AC type Anchor

[그림 1-6] 한나라호 JIS type Anchor

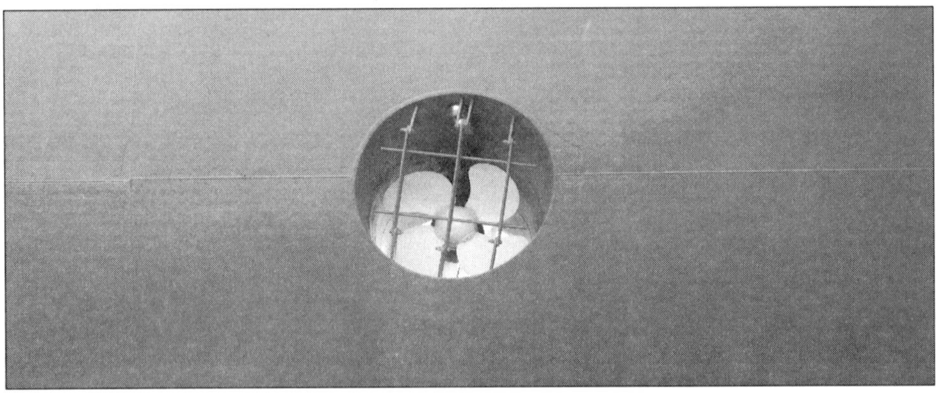

[그림 1-7] 한바다호 Thruster

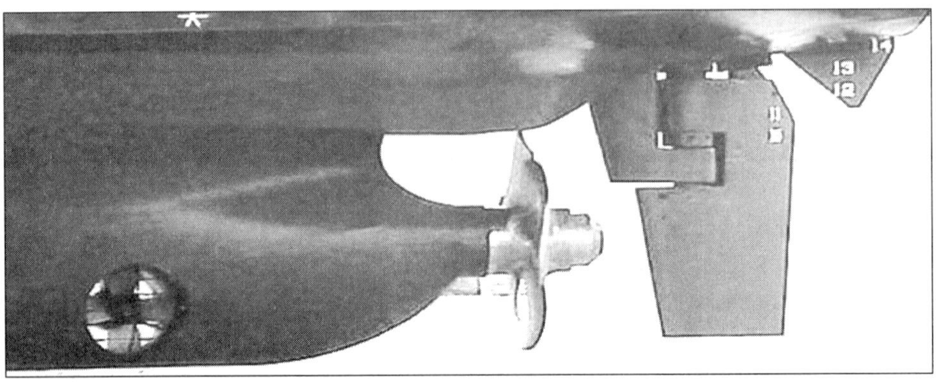

[그림 1-8] Stern Thruster

[그림 1-9] 한바다호 Propeller

해기사 관점에서 선박운항의 가장 기본적이면서 필수적인 핵심 수단이자 선회, 침로유지, 변침, 충돌회피 등에 가장 효율적으로 사용되는 것은 조타기(Rudder)이다. 이러한 조타기를 적절하게 이용하여 원하는 방향으로 선박의 침로를 유지하는 것이 운항실무에서 가장 중요한 항해당직사관의 임무이다.

따라서 효율적인 조타기의 사용은 변침과 충돌회피 등과 같은 선체 자세확보에 가장 확실한 수단이기 때문에 선박운항자에게 조타기는 전쟁에서 활용하는 오른손의 창(Spear)과 같은 역할을 하는 선박운항의 원동력이라고 할 수 있다.

반면 엔진(Engine)은 도선점(P/S)이 접근이나 항만 접·이안을 위한 선속의 조절 이외에 충돌회피 방안으로 선속을 감속하는 다소 보수적인 개념에서 방패(Shield)와 같은 기능이라고 할 수 있다. 선박의 엔진은 상하운동을 하는 피스톤을 회전운동으로 전환하여 샤프트 끝단의 프로펠러(Propeller)를 회전시켜 선박의 전·후진 속력을 발생시키는 추진장치이다. 궁극적으로 선박운항자는 조타기와 엔진을 적절하고 효율적으로 사용하여 선박의 자세 및 선위확보 등이 가능한 운용능력을 갖추어야 한다.

다음으로 앵커(Anchor)는 주로 입항을 위한 정박지에서의 대기 또는 수리나 각종 유류 등의 공급을 위해 일시적으로 이용되거나, 항내 조선에서 비상상황에 대응하기 위한 수단으로써 선속감속, 선박선회, 접·이안 보조수단으로 이용된다. 또한, 태풍이나 저기압 등이 통과할 때 비교적 넓고 차폐된 해역에서 일정 기간동안 피항하는 경우에도 이용되며, 선수 좌·우현에 배치되어 주로 JIS형(한나라호 Anchor)과 AC14(ASS형, 한바다호 Anchor)가 이용된다.

끝으로, Thruster는 선체 선수 또는 선미부 하부를 횡방향으로 관통한 터널 내부에 장착된 전동식 추진장치로 주로 선수(미)회두 및 선체 횡방향 이동을 목적으로 이용된다. 따라서 항내조선 및 접·이안조선 등과 같이 전진속력이 상대적으로 작을수록 큰 효과를 나타내며, 선수부에 장착되면 Bow Thruster, 선미부에 장착되면 Stern Thruster로 구분된다. 최근 대형 여객선에서는 선수부에 2~3개의 Thruster를 장착하는 경우가 많고, DPS(Dynamic Positioning System)를 채용하고 있는 선박은 선수와 선미부에 Thruster를 장착하는 것이 일반적이다.

1.1.2 선박운항과정

선박은 각 선박의 고유 화물특성에 따른 무역항(Trade Port)에서의 화물운송작업을 수행하기 위해 일련의 운항과정을 거친다. 무역항에 진입하여 정박, 계류과정을 통해 화물운송작업을 행하며 운송작업을 마친 후에는 또 다른 운송작업을 위한 무역항과 무역항 사이에서의 연안, 대양 항해가 이루어진다. 선박은 [그림 1-10]에서 보는 바와 같이 연속적 형태로 운항된다.

[그림 1-10] 선박운항과정

〈표 1-1〉 선박운항과정

Type	Departure	Coastal · Deep Sea	Arrival(Berthing)
Area	• Trade Port • Shallow Water • Confined Area	• Open Sea • Deep Sea	• Trade Port • Anchorage • Berth, Wharf
Condition	• Anchoring • Mooring • SBM(VLCC)	• Sailing	• Approaching • Berthing
Speed	• SBE • Var'ly Speed	• R/UP Eng. • Consistent Speed	• SBE • Var'ly Speed • FWE
Course	• Hand Steering • Var'ly Course	• Auto Pilot • Occasional Hand Mode	• Hand Steering • Var'ly Course
Duty	• All Station Stand by • Bridge : Captain, 3rd Officer • F'cle : Chief Officer • Poop : 2nd Officer	• Duty on Sailing • C/O, 2/O, 3/O • Sailing Plan	• Duty on Anchoring or Berthing • Cargo Stowage Plan
Pilot & Tug	• POB → Took Tug → Cast Off Last Line → Tug Away → PLH	–	• POB → Took Tug → First Line To Pier → All Line Made Fast → Tug Away → PLH
Expert Knowledge of Ship Handling	• Effect of External Force on Ship Maneuverability • Shallow Water Effect • Bank Effect • Sinkage • Interaction Between Ships	• Effect of External Force on Ship Maneuverability • Interaction Between ships • Alternate Course • Course Keeping • Collision Avoidance • Ship Handling	• Effect of External Force on Ship Maneuverability • Shallow Water Effect • Bank Effect • Sinkage • Interaction Between Ships

〈표 1-1〉은 일반적 선박운항과정을 출항, 항해, 입항모습을 구분하여 정리한 것이다.

선박은 무역항에서 화물의 적 · 양하작업을 마치고 출항하게 된다. 선박이안 시 선장과 3항사는 선교에, 1항사는 선수에, 2항사는 선미에 배치되어 계류작업을 시행한다. 이때 항내 구역은 천수구역, 제한수역이기 때문에 안전한 수로로 안내하기 위한 도선사가 승선하여 Tug Boat의 도움을 받아 선박을 이안시켜 도선점까지 선박의 조선을 도와준다.

이 구역은 천수현상, 측벽현상, 침하현상, 선박간 간섭현상, 외력에 따른 선체 거동이 발생하기 때문에 이에 따른 현상을 인지하고 깊은 주의가 요구된다. 이에 속력변동과 침로의 이동이 잦고 유동적이기 때문에 엔진은 Stand by 상태로, 조타기는 수동조타로 항해하게 된다.

출항 후 목적항을 향해 연안, 대양항해를 하게 되는데 이때는 Sailing Plan에 의거하여 각 사관이 항해당직을 서게 된다. 주로 R/Up 상태의 엔진 및 조타기의 Auto Pilot을 이용하여 안정된 속력과 침로로 항해한다. 이때 외력에 따른 선체거동의 영향이 있으며 선박간 간섭현상, 피항능력 등에 관한 항해사 전문지식을 필요로 하는 안전한 항해가 요구된다.

무역항에 입항하게 되면 출항 시와 마찬가지로 도선점 근처에서 도선사가 승선하여 안전한 수로로 선박을 안내하게 되며 부두 근처에서 Tug Boat를 사용해 접안하게 된다. 접안완료 후 도선사가 하선하고 나서 입항수속이 진행되며 후에 Stowage Plan에 의거해 하역작업을 진행하게 된다.

1.1.3 선박조종성능 평가방법

선박조종(Ship Handling or Maneuvering)이라 함은 일반적으로 선박이 장착 또는 보유하고 있는 포괄적인 조종수단(Rudder, Engine, Anchor, Thruster)을 활용하여 선박운항자가 의도하고자 하는 방향과 속력으로 선체를 유지하거나 변화시키는 일련의 행위를 의미한다. 선박의 조종성능(Maneuverability)이란 대상선박 고유의 조종능력으로 선박운항자가 조종수단을 사용할 때 나타나는 선체의 반응특성이라 한다.

따라서 조종성능이란 선체자세(침로유지 또는 변경, 선회)와 선속제어(전진타력, 후진타력, 정지타력) 성능을 평가하는 것이다. 이러한 조종성능은 선박운항자가 조종수단을 사용하는 방법과 시점에 따라 다르게 나타나며, 또한 외력(바람, 조류, 파랑)의 크기와 방향성분에 따라 영향을 받는다. 일반적으로 선박의 조종성능은 다음과 같은 항목들을 분석하거나 해석하여 대상선박의 조종성능이 좋고 나쁨을 평가한다.

① 선회성능(Turning Ability)

② 정지성능(Stopping Ability)

③ 변침성능(Course Changing Ability or Yaw Checking Ability)

④ 침로안정성(Course Keeping Ability)

1. 선회성능

선박의 선회성능(Turning Ability)이란 선박의 침로변경에 따른 필요한 해역의 크기를 판단하기 위한 성능으로 일정한 타각으로 선체를 360° 회두시킬 때 선회반경, 전진거리, 횡이동거리, 심거 등을 측정한다. 따라서 선회성능을 선박의 선속(Speed), 타각(Rudder Angle), 선형(Ship's Particulars), 적재상태(Condition), Trim, 수심(Depth of Water) 등에 따라 다르게 나타난다(그림 1-11).

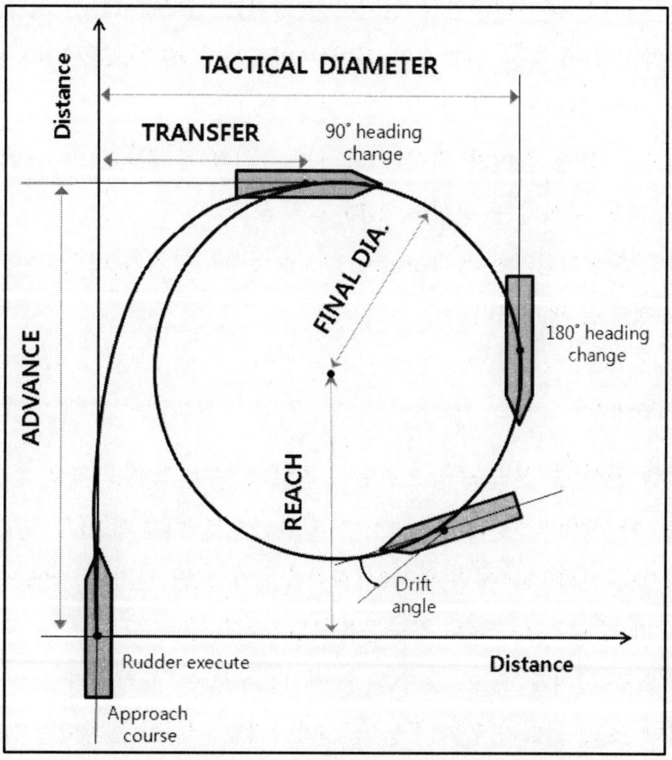

[그림 1-11] Turning Ability Test

1) 종거(Advance)

선박선회를 위해 Rudder를 사용하기 위한 전타 시점으로부터 원래 침로상에 선체가 90° 선회 시까지의 전진(진출)거리를 의미한다. 종거는 Reach에 정상선회 반지름(r)을 더한 값으로 표현되며, 최대종거(Maximum Advance)는 침로가 90°에 편각(Drift Angle) 만큼 선회할 경우에 해당된다.

$$종거(Advance) = Reach + r = \left(\frac{1}{2}t_1 + T\right) \times V + \frac{1}{k\delta} \cdot V = \left(\frac{1}{2}t_1 + T + \frac{1}{k\delta}\right)V$$

δ : 타각(Radians), k : 선회각속도(Rad/sec), T : 추종성지수(sec),

V : 전타시점에서의 선속(Knots), t_1 : 해당 타각을 잡는데 소요되는 시간

위의 식을 기초로 종거의 평가 또는 대소 비교는 다음과 같다.

① 종거는 추종성이 양호한 선박에서는 작고 반대로 다소 불량한 선박에서는 크게 나타나며, 타각을 부여하자마자 선회가 발생하는 선박에서는 종거가 작게 나타난다.

② 배수량의 변화에 따른 선회경의 차이는 미소하나 배수량(흘수)이 증가되면 종거는 커지는 것이 일반적이다.

③ 일반적으로 선체 길이가 길거나 관성능률(선체 중량분포)과 선회경이 큰 선박은 종거도 크게 분석되는 경향이 있다.

④ 종거와 정상선회경(Steady Turning Diameter)은 크기가 비슷하며, 선회경의 약 80~85% 정도로 평가된다.

2) 횡거(Transfer)

전타로 인한 선회 중 선박 중심으로부터 침로가 90°변화했을 경우 횡방향의 이동거리를 의미한다. Transfer의 평가 및 대소는 일반적으로 다음과 같은 경향이 있다.

① 선회성지수(선회능률)에 반비례(선회각속도가 크면 횡거는 작아진다)하고, 관성능률(선수미 중량분포) 또는 저항능률에 비례한다.

② 일반적으로 길이가 길고, 흘수가 크면 Transfer는 증가한다.

③ 타면적이 크고, 타효가 좋거나 동일 선박이라도 저항이 증가되는 Trim by the Head일 경우 Transfer는 작아진다.

3) 선회경(Tactical Diameter) & 정상선회경(Steady Turning Diameter or Final Diameter)

Tactical Diameter는 원래 침로의 중심선에서 선체가 180° 회두되었을 때의 중심까지의 거리를 의미하며, Final Diameter는 선회각속도가 일정하게 나타나는 정상선회 시 선체 중심이 그리는 원형의 궤적을 나타낸다. Tactical Diameter는 Final Diameter 보다 크며, 일반적으로 다음과 같은 경향이 있다.

① 선회성지수 또는 선회능률이 크면 선회경이 작아지며, 저항능률이 크면 선회경이 상대적으로 증가한다.

② 일반적으로 방형계수(C_b)가 큰 선박은 선회경이 작고, 선체길이가 클수록 관성능률이 증가되어 저항능률(모멘트)이 커져서 선회성이 감소되므로 선회경이 커진다.

③ 선미트림(Trim by the stern), 타면적(Area of Rudder), 편각(Drift Angle)이 커지면 선회경은 상대적으로 작아지고, 수심이 얕아지면 선회경은 증가한다.

4) 심거(Reach)

원래 침로상에서 선회경의 중심까지의 전진거리를 의미하며, Reach의 2배가 종거가 되지 않는 이유는 선박이 일정한 선속으로 항행 중 타각을 부여하면 곧바로 선회운동이 발생하지 않기 때문이다. 이러한 현상은 선회운동 중 나타나는 관성 및 수저항 등에 의해 타각을 발효한 시점으로부터 선회각속도가 나타나는데 이때 발생하는 시간지연(Time Lag)에 따른 것이다. Reach($V\left(T+\frac{1}{2}t_1\right)$)는 선속(V), 추종성지수(T), 타각을 잡을 때까지의 소요시간(t_1) 함수로 표현된다.

또한, Reach는 일정 타각을 부여했을 때 선체의 반응 즉 추종성의 대소를 평가하는 중요한 조종특성으로 분리되며, 일례로 Tactical Diameter가 작지만 Reach가 큰 경우, 즉 타각을 부여한 이후에 상당한 시간 이후에 타효가 발생하여 큰 선회각속도로 선회한다면 해당 시간동안 이동한 전진거리로 인해 선박운항자는 심리적 부담을 갖게 될 것이다.

반대로 Tactical Diameter는 크지만 Reach는 적다면 변침조선이나 타 선박과의 피항조선에 유리하므로 선박운항자의 심리적 부담이 감소할 것이다. Reach의 평가는 일반적으로 다음과 같은 경향이 나타난다.

① 추종성이 양호한 선박은 Reach가 짧아져 조종성능이 우수하다.

② 선체 길이에 비해 선폭이 크면 Reach가 작아지고, 관성능률(모멘트)이 크면 Reach 또한 증가한다.

③ 타면적이 크거나 타효가 좋으면 Reach가 작아지고, 배수량(흘수, 침수면적)이 증가되면 일반적으로 Reach는 커진다.

④ Reach와 선박길이의 비율(Reach/Length)을 선회타력계수라 하며 추종성 및 조종성능의 척도로 활용되며, 신침로거리(Distance of New Course) 산출에 이용된다.

2. 정지성능

선박의 정지성능(Stopping Ability)이란 선박이 일정한 선속으로 항행 중에 Propeller를 활용하여 선체를 정지시킬 수 있는 최단 정지거리를 나타내는 성능으로, 추진기(Propeller)를 역전(Astern)하거나 정지(Stop)한 이후에 선체 이동거리를 측정한다. 이러한 정지성능은 일반적으로 부두 전면에서 정지타력 제어, 위험물 또는 타 선박을 피하고자 변침할 공간이 없을 경우 Propeller를 역전시켜 선박을 정선해야 하므로 항내조선이나 위험물과의 피항 최소거리 확보 등에 중요한 조종특성을 판별하는 척도가 된다.

일반적으로 선박은 질량이 크기 때문에 관성력이 커서 Propeller를 역전시켜 정지할 때까지의 이동거리는 매우 길게 나타나며, 통상 선박의 정지거리는 선체 길이의 10배에서 15배 수준으로 평가되고 있다. 정지성능을 좌우하는 것은 선형(Ship's Type), 추진기 규모와 성능, 항해속력 등에 따라 다르게 나타난다(그림 1-12).

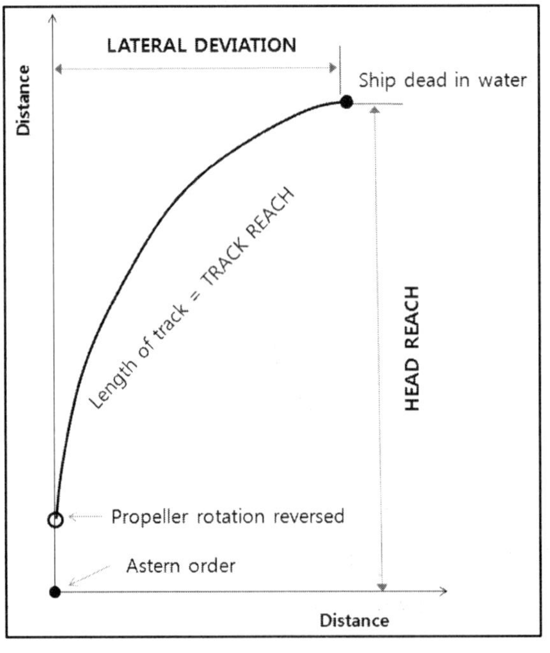

[그림 1-12] Stopping Ability Test

1) Stopping Distance 분류

선박에서 통상적인 항해 중 안전속력(Safe Speed) 이외 항내조선이나 긴급상황에 따른 정지거리는 다음과 같이 분류된다.

① Crash Astern(최단정지거리) : MCR(Maximum Continuous Rating) 상태로 항해 중 Propeller를 가능한 최대회전수(Full Astern)로 역전시킨 후 선박이 완전히 정지할 때까지의 거리를 의미한다. Crash Astern 시험에는 타를 사용하지 않으며, 단추진기의 경우에는 후진 엔진을 사용하므로 선수 우회두 현상이 발생하므로, 선수 보침이 어렵고 작은 외력에도 침로유지가 곤란해지는 경향이 나타난다. 실제 선박이 이동한 거리는 Track Reach와 Head Reach로 분류되며, 일반적으로 Propeller가 역회전을 시작하여 선체가 정선하기까지 이동한 전체거리인 정지거리(Track Reach)가 정지성능으로 평가된다.

② Inertia Stopping(관성정지거리) : 통상적인 항행속력으로 전진하다가 엔진을 역회전하지 않고 Stop 상태로 두었을 경우 관성에 의해 선박이 정지하는 거리를 의미한다. 관성력이 큰 선박의 경우 실제 선속이 0이 되는 시점까지는 상당한 거리 및 시간이 소요되므로 일반적으로 후진타력이 곧바로 발생할 수 있는 최소 속력인 2knots 전후의 선속까지의 이동거리로 평가한다. 관성정지거리는 Propeller를 역회전하지 않고 선체 저항에 의해 자연적으로 감속하는 특성을 이용하고자 하는 것으로, 도선점으로 접근 또는 비교적 넓은 항내수역이 확보된 상황 하에서 부두전면에서의 적절한 정지타력 유지방법으로 활용된다.

2) 정지성능에 미치는 요소

정지성능은 긴급조선상 매우 중요한 것으로 사용 후진추력, 기관의 종류, 배수량, 급속정지 전의 선속, 바람방향, 선형, 해조류 등에 따라 그 값이 달라진다.

① 사용 후진추력 : 후진추력이 클수록 선체는 빨리 정지한다.

② 기관의 종류 : 반전하는데 소요되는 시간에 비례하며 FPP가 CPP보다 길고, 터빈선이 디젤선의 약 2배 정도이다.

③ 배수량 : 배수량이 클수록 길어지며 동일 선박의 경흘수에 비해 약 2배의 정지거리가 된다.

④ 선속 : 후진기관을 사용하기 전의 선속에 비례한다.

⑤ 바람 : 바람을 선수로부터 받는 경우가 선미에서 받는 경우보다 정지거리가 짧다.

⑥ 선저오손 : 선저오손이 심한 선박일수록 선체 침하부의 저항이 크므로 정지거리가 짧아진다.

3) 급속정지조선의 실례

① 일반적으로 급속정지거리는 만재상태에서 통상속력의 경우 3~5L 정도 되는 것으로 알려져 있으나, 거대선이 만재한 상태에서는 15L 이상 되는 경우도 있다.

② Right-handed Single Screw선에 있어서 직진 중 기관을 반전하게 되면 횡력에 의해 선수가 현저하게 우회두하면서 정지하게 된다. 이러한 경우의 종거를 정지종거라 하며, 최단정지거리의 약 75% 정도이고, 최대전타에 의한 선회종거(Max. Advance)의 약 2~5배 정도이다.

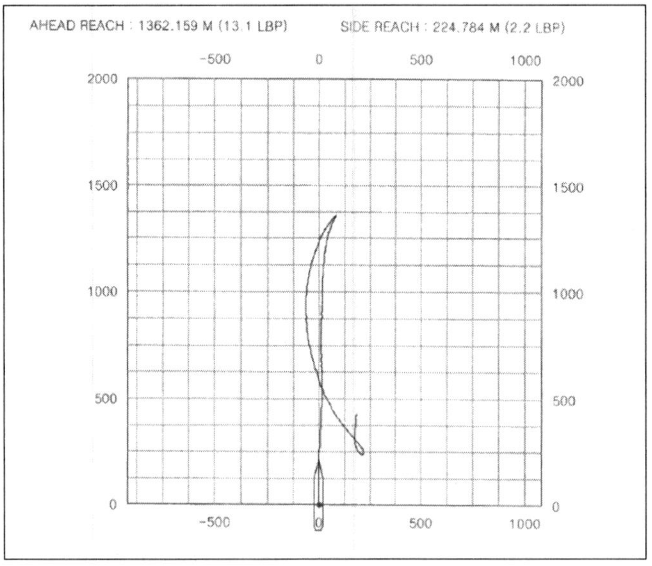

[그림 1-13] 한바다호 Crash Astern 항적

3. 변침성능

변침성능(Course Changing Ability or Yaw Checking Ability)이란 선박이 장애물과의 충돌, 타선박과의 위험한 조우관계를 회피하고자 침로를 변경하여 위험상황을 회피할 수 있는 성능을 의미하며, 변침성능은 선박이 일정한 침로로 항해 중 원하는 방향으로 침로를 변경하는데 소요되는 필요 시간을 측정하여 평가한다. 선박이 우현 또는 좌현으로 변침하고 있는 과정에서 반대방향으로 침로를 변경하는 것도 변침성능에 포함된다.

변침성능의 평가에는 주로 Zig-Zag Test가 이용되며, Zig-Zag Test는 일정 선속으로 항행 중 일정 타각(10° 또는 20°)을 사용하여 최초 선수방위에서 선수방위각이 사용한 타각만큼 도달했을 때 타각을 반대방향으로 주고, 선체가 반대방향으로 사용 타각과 동일한 선수방위각이 되면 또다시 반대방향으로 타각을 주어서 선체 회두를 유도하는 행위를 반복해서 수행하는 것이다.

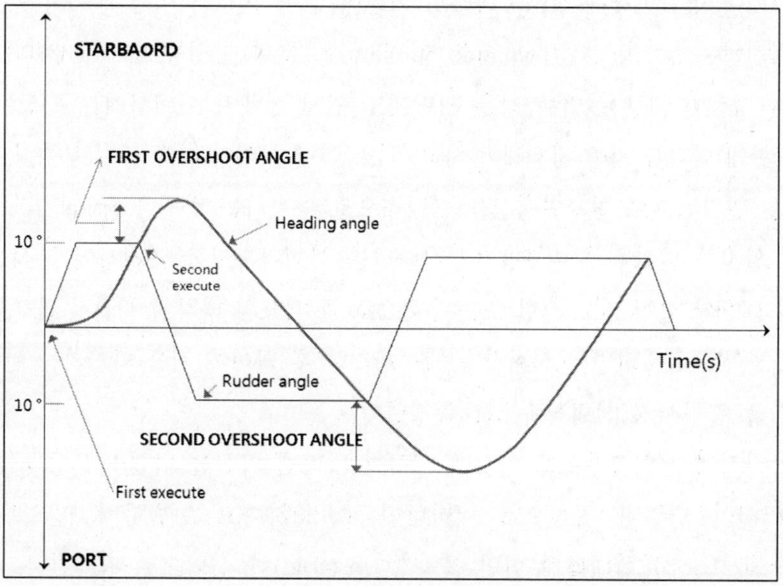

[그림 1-14] ZIg-Zag Test

[그림 1-14]와 같이 Zig-Zag Test는 타각과 선수방위각을 시계열로 계측하여 분석하는 것으로, 타효에 따라 일단 선회가 시작된 선박은 관성력에 의해 반대방향의 타각을 사용하여도 곧바로 타각을 사용한 방향으로 선체가 회두하지 않고 원래 선회하고자 했던 방향으로 회두한다. 원래 의도했던 선수방위각이상으로 회두한 각도를 Overshoot Angle로 정의하며, First Overshoot과 Second Overshoot Angle이 변침성능의 정도를 평가하는 척도로 활용된다.

따라서 Overshoot Angle이 크면 변침성능이 불량하다고 평가하고, 특히 First Overshoot Angle은 선박의 직진성과 연관이 크기 때문에 침로불안정 선박에 있어서는 First Overshoot Angle이 크게 나타난다. Zig-Zag Test 중 타각을 10° 사용하여 최초 선수방위각이 10°에 도달한 시간을 초기 선회시간(Initial Turning Time)으로 정의하여 초기 선회능력을 나타내는 평가기준으로 이용된다.

4. 침로안정성

선박의 침로안정성(Course Keeping Ability)이란 원하는 방향으로 선체를 일정하게 갈 수 있는지를 의미하는 성능으로, 일시적으로나 바람이나 파랑 등과 같은 외란(력)이 작용하여 선회나 방위변화가 발생하더라도 외란이 없어지면 더 이상 선회현상이 발생하지 않고 직진하는 동적안정성(Dynamic Stability)을 포함한 성능으로 평가된다.

침로안정성이 나쁜 선박은 작은 외력에도 쉽게 선체가 선회하려는 특성이 나타나기 때문에 반대 타각을 자주 사용해야 하고, 이로 인한 선속의 감속 등이 부수적으로 발생하게 된다. 일반적으로 침로안정성을 정량적으로 평가하는 방법은 Spiral Test이며, 해당 시험은 일정한 타각을 부여했을 때 나타나는 선회각속도를 측정하여 분석한다.

[그림 1-15]와 같이 최초 좌현 또는 우현으로 큰 각도의 타각에서 일정 간격으로 타각을 줄여서 선회를 유도하면서 선회각속도를 계측한 후 곧이어 처음 타각과는 반대방향으로는 타각을 증가시켜 선회각속도를 측정한다.

해당 타각별 선회각속도를 타각에 대하여 나타낸 곡선을 나선(Spiral)곡선이라 하고, 해당 곡선이 단일한 곡선으로 나타나면 Stable하다고 판별하며, 만일 이중 곡선(Hysteresis Loop) 형태를 보이면 불안정(Unstable)한 선박으로 평가된다.

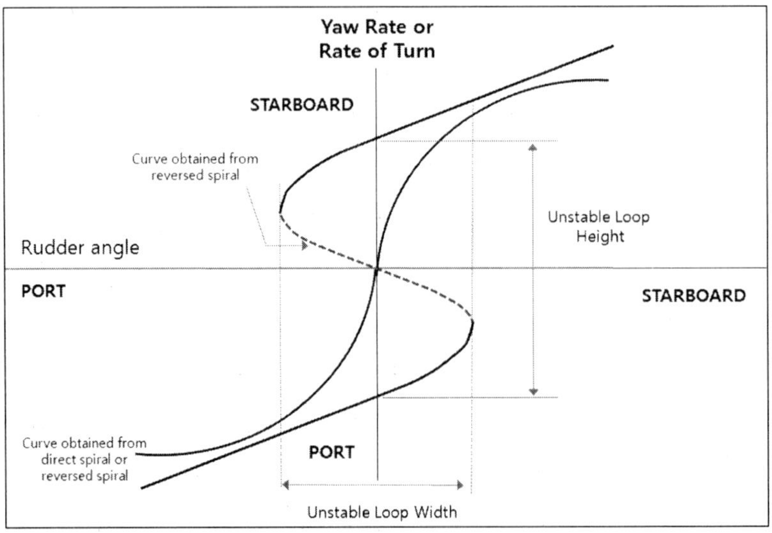

[그림 1-15] Spiral Test

1.1.4 IMO 조종성능 기준

선박의 조종성에 대한 기준을 정하여 해상에서의 충돌방지와 그로 인한 해양환경의 보호를 목적으로 IMO의 MSC(해사안전위원회)에서는 선박조종성의 기준(Standards For Ship Maneuverability)을 2002년 12월 4일 채택하여 부속서(Annex 6. Resolution MSC. 137)에 명시하였다. 따라서 2004년 1월부터 강제화된 조종성능 규정에 의거 선박설계단계에서부터 건조, 수리 및 운용 중인 모든 선박까지 IMO에서 규정한 조종성능을 만족해야 한다.

1. 전문용어

① Length(L) : 선수와 선미수선 간의 거리(LBP)

② Midship Point : 선수와 선미수선 간의 중심점

③ Mean Draught(T_m) : 선수와 선미수선에서 판독한 흘수의 평균치

④ Trim : 선미수선 흘수에서 선수수선의 흘수를 뺀 값

2. 시험 수행방법 및 전문용어

① Test Speed : 기관최대출력의 85%에 상응하는 해당 선박 선속의 최소 90%의 선속

② 선회시험 : Test Speed에서 Yaw 변화량이 없는 정상적인 상황 하에서 좌현 또는 우현으로 최대 타각 35°를 사용하여 실시

③ Advance : 조타명령이 발령된 시점에서부터 선수방위가 원침로에서 선수방위가 90°로 변화된 시점까지의 선박중심의 전진거리

④ Tactical Diameter : 조타발령 시 선박중심에서 선수방위가 180°로 변화된 시점에서의 선박중심까지의 수선거리

⑤ Zig-Zag Test : 일정 타각을 좌우로 사용하여 원침로에서 해당 타각에 상응하는 선수방위가 도달하도록 실시

⑥ 10°/10° Zig-Zag Test : 10°타각을 사용하여 원침로로부터 선수방위가 10° 변화되었을 때 반대방향으로 10°타각 수행

㉠ Yaw Rate가 0으로 정침된 상황에서 좌현 또는 우현 10°타각 발령

㉡ 선수방위가 원침로에서 10°변화 시 타각을 반대방향으로 시행

ⓒ 반대방향으로 타각이 시행되면 처음 방향으로 선회각속도가 감속되면서 타각 방향으로 선수방위가 변화하고, 선수방위가 원래 침로에서 10°변화하면 반대방향으로 10°타각을 시행

⑦ First Overshoot Angle : 위의 두 번째 시행에 따라 Zig-Zag Test에서 나타난 선수방위를 10° 초과한 선수방위 변화량

⑧ Second Overshoot Angle은 위의 세 번째 시행에 따라 Zig-Zag Test에서 나타난 선수방위를 10° 벗어난 선수방위 변화량

⑨ 20°/20° Zig-Zag Test : 앞의 6항의 순서대로 타각 10°, 선수방위 10° 대신에 각각 타각 20°, 선수방위 변화량 20°를 사용하여 실시

⑩ Full Astern Stopping Test : Full Astern 발령시점에서부터 선체가 완전 정지(대수속력)까지의 전진거리(Track Reach)로 결정

⑪ Track Reach : Full Astern 발령시점에서부터 선체 정지시점까지의 Midship Point 사이의 전진거리를 의미

3. 조종성능 시험환경

① 조종성능 시험은 정상적인 일반적인 항행상태에서 즉시적으로 이용 가능하거나 연속적이지 아니한 어떠한 항행보조 수단을 사용하지 않고 수행되어야 한다.

② 대상선박의 조종성능 평가는 다음과 같은 항행환경을 적용한다.

ⓐ Deep, Unrestricted Water

ⓑ Calm Environment

ⓒ Full Load(Summer Load Line Draught), Even Keel Condition

ⓓ Steady Approach at the Test Speed

4. 조종성능 평가기준

1) 선회성능(Turning Ability)

선회시험에서 Advance는 선체 길이의 4.5배 이하이며, 전술 선회경(Tactical Diameter)은 5L 이하이다.

2) 초기 선회성능(Initial Turning Ability)

10°타각을 Port 또는 Starboard로 사용 시 선수방위가 원래 침로에서 10°변화할 때까지의 이동거리는 2.5L 이하이어야 한다.

〈표 1-2〉 IMO 조종성능 기준

항 목	IMO Criteria of Standards for Ship Maneuverability
실시환경 (Conditions)	• Deep, Unrestricted Water • Calm Environment • Full Load, Even Keel Condition • Steady Approach at the test Speed
선회성능 (Turning Ability)	• Advance 〈 4.5L • Tactical Diameter 〈 5.0L
초기 선회성능 (Initial Turning Ability)	If, δ (Rudder) = 10°, θ (Heading Change) = 10° • Track Reach 〈 2.5L
변침성능 또는 침로안정성 (Yaw Checking or Course Keeping Ability)	• 10°/10° Zig-Zag Test(Φ, Overshoot Angle) A. First Overshoot Angle Φ_1 ; ① Φ_1 〈 10°, if (L/V 〈 10) ② Φ_1 〈 (5+1/2 · L/V)°, if (10≦ L/V 〈 30) ③ Φ_1 〈 20°, if (L/V ≧ 30) B. Second Overshoot Angle Φ_2 ; ① Φ_2 〈25°, if (L/V 〈 10) ② Φ_2 〈 (17.5+0.75 · L/V)°, if (10≦ L/V 〈 30) ③ Φ_2 〈 40°, if (L/V ≧ 30) • 20°/20° Zig-Zag Test Φ_1 ≦ 25°
정지성능 (Stopping Ability)	Crash Astern Test • Track Reach 〈 15L

3) 변침성능(Yaw Checking Ability)과 침로안정성(Course Keeping Ability)

① 10°/10° Zig-Zag Test에서 First Overshoot Angle 기준

㉠ 10°, 만일 L/V가 10초 미만일 때

㉡ 20°, 만일 L/V가 30초 이상일 때

㉢ (5+1/2 · L/V)0, 만일 L/V가 10초 이상 30초 미만일 때

② 10°/10° Zig-Zag Test에서 Second Overshoot Angle 기준

㉠ 25°, 만일 L/V가 10초 미만일 때

㉡ 40°, 만일 L/V가 30초 이상일 때

③ 20°/20° Zig-Zag Test에서는 First Overshoot Angle이 25° 이하

4) 정지성능(Stopping Ability)

Full Astern Stopping Test(Crash Astern)에서 Track Reach는 15L 이하이어야 한다. 그러나 대형선이 실제 본 기준을 만족하기 어려운 경우에는 담당 주무관청에 의해 기준을 변경할 수 있으나, 어떤 형태든지 20L을 초과해서는 아니된다.

5. 추가 고려사항

① 조종성능 시험이 앞에서 정의한 조건과 다른 환경에서 실시된 경우에는 기구에서 정한 절차와 방법(MSC/Circ.1053 on Explanatory notes to the Standards for Ship Maneuverability)으로 적절한 수정이 가해져야 한다.

② 조종성능 시험이 동적 불안정을 나타낼 경우, 불안정한 정도를 확인하기 위하여 대체 시험을 실시할 수 있다. Spiral Test or Pull-out와 같은 대체 조종시험은 앞에서 언급한 기구에서 정한 절차와 방법으로 수행한다.

1.1.5 조종성능지수(T & K)

1. 추종성지수(T)

전진 항주 중 타각을 주고 그로부터 일정한 선회각속도(정상 선회각속도의 약 65%)에 달할 때까지의 시간적 지연을 추종성지수(T)라 한다. 선회권에서의 심거(Reach)란 이러한 시간적 선회지연(Turning Lag)에 의해서 조타 후 정상선회를 시작할 때까지 원침로상의 거리가 되는 것이다.

추종성지수(T)가 적을수록 타각에 대응하는 선회각속도가 커져서 타효가 좋아진다. 일반적인 T의 수치는 대형 화물선인 경우 공선 시에 10초, 만선 시에 30초이며 VLCC의 경우는 만선 시 약 70초이다.

추종성지수(T)에 영향을 미치는 일반적인 요소를 정리하면 다음과 같다.

① 선체의 관성능률에 비례

② 침하면적에 비례

③ 배수량, 흘수에 비례

④ 방형비척계수(C_b)와 역재(Skeg) 부착에 반비례

2. 선회성지수(K)

타각에 대한 각속도의 늦고 빠름을 나타내는 선회성지수(K)는 선박 자체의 선회력을 나타내는 지수로서 K가 클수록 선회각속도는 크고 선회성은 좋아진다. 일반적으로 K의 수치는 대형선에서 공선 시 0.05, 만선 시 0.09정도이다. 매초당 선회각의 비율을 rad/sec로 나타내는 K는 선박의 선회력을 나타내는 계수로서 동일 타각일지라도 다음과 같은 요소에 따라 상이해진다.

① 타면적이 커지면 커진다.

② 선미를 Cut Up(역재를 제거)하면 커진다.

③ 선장에 비해 선폭이 커지면 커진다.

④ Trim by the Stern이면 작아진다.

3. T와 K의 관계

① T와 K는 서로 상반되는 성질이므로 어느 쪽을 향상시키면 다른 쪽은 반드시 나빠진다. 그러므로 선박의 수행임무에 따라 설계당시 적절히 배합되도록 선형을 결정해야 한다.

② 일반적으로 T값의 대소를 좌우하는 것은 선체의 관성능률의 크기와 배수량(흘수)이다. 따라서 T는 흘수에 대략 비례해서 변화한다. 그러나 K는 선체의 형상에 따라서도 변하지만 그보다도 타면적에 따라 크게 변화한다. 그러므로 흘수의 변화에 따른 K의 변화는 T처럼 크지 않다.

이와 같이 흘수의 대소에 의하여 K는 크게 변하지 않고 T가 변하는 점에 유의하여야 한다. 예를 들어 흘수가 커지면 타각을 주었을 때 선수가 회두를 잘 시작하지 않으나 선회경은 크게 달라지지 아니한다.

③ T는 작을수록 K는 클수록 좋다. 거대선은 일반적으로 T, K가 모두 커서 침로안정성은 나쁘고 선회성은 좋다. K는 Trim 변화에 따라서 달라진다.

④ [그림 1-16]은 T와 K에 따른 횡거 및 종거를 나타내고 있다.

㉠ T소, K대(추종성 · 선회성 모두 양호)

㉡ T소, K소(추종성 양호, 선회성 불량)

㉢ T대, K대(추종성 불량, 선회성 양호 : 거대선)

㉣ T대, K소(추종성 · 선회성 모두 불량)

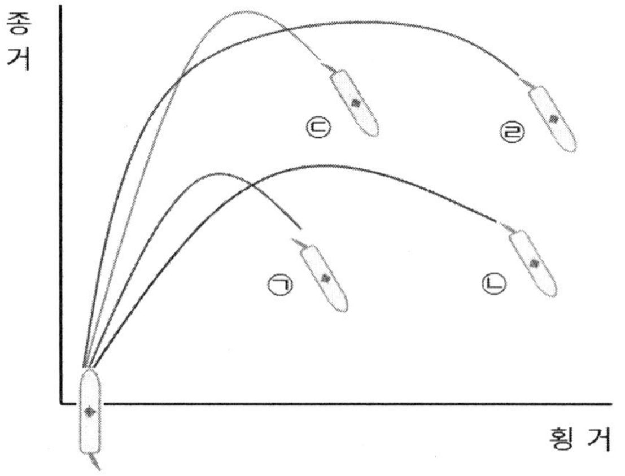

[그림 1-16] 조종성능지수(T & K)의 비교

1.2 조타와 선회권

1.2.1 조 타

Rudder는 Propeller의 후부에 장비되어 있으며 Propeller의 후류를 받아 생기는 압력에 의하여 항주 중인 선박을 일정한 방향으로 계속 전진하게 하는 기능(Course Keeping Qualities, 保針能力)과 원하는 방향으로 선박을 선회할 수 있는 능력(Turning Circles, 旋回性)을 가지고 있다. 자동차로 비유하면 핸들과 같은 기능을 하는 장치이다.

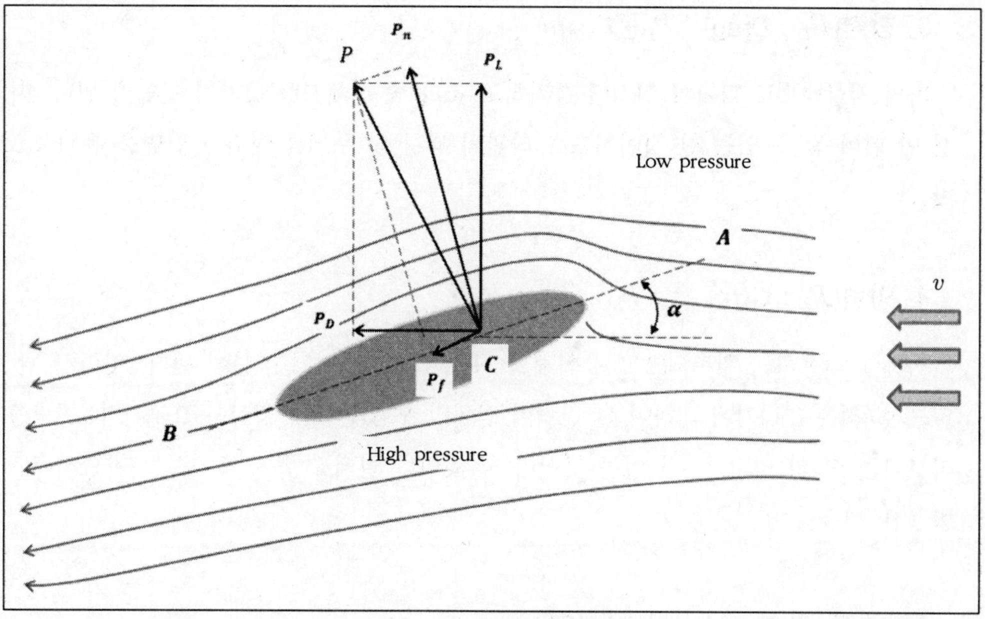

[그림 1-17] 타에 작용하는 압력

[그림 1-17]과 같이 평판 AB가 정지하여 있는 수중을 경사각 α를 가지고 속도 v로 전진할 때에는 물이 부딪히는 면은 정수압보다 높은 압력이 작용하고 그 배면에는 정수압보다 낮은 압력이 작용한다. 이들 압력의 합을 타압(P)이라 하며, 이 타압은 그림과 같이 타판에 직각인 직압력과 마찰력의 분력으로 나눌 수 있고, 또 직압력(P_n)은 수류에 직각인 양력(P_L)과 항력(P_D)의 성분으로 나눌 수 있다. 그리고 타압의 작용중심 C가 압력중심점이며, 타면 AB가 그 진행방향과 이루는 각 α를 입사각(Attack Angle)이라 한다.

1. 직압력(P_n : Normal Pressure)

타판에 작용하는 여러 힘의 기본력이 되며 통상 마찰력은 생략되므로 일반적으로 타압(P)은 직압력(P_n)을 말한다.

2. 마찰력(P_f : Frictional Pressure) : $P_f = P_D\cos\alpha - P_L\sin\alpha$

물의 점성에 의하여 타판의 표면에 작용하는 힘이나 다른 힘에 비하여 적으므로 일반적으로 생략한다.

3. 항력(P_D : Drag) : $P_D = P_n \sin\alpha$

타의 저항력으로 타각이 커지면 증가하고 조타 중 선체저항 증가의 원인이 된다. 따라서 이 힘이 될 수 있는 한 적어지도록 타판의 외형 및 두께를 정하고 단면을 유선형으로 만든다.

4. 양력(P_L : Lift) : $P_L = P_n \cos\alpha$

선체에 작용하는 횡추력으로서 선체를 회두시키는 우력의 성분이 된다. 따라서 될 수 있는 한 적은 조타각에 대하여 큰 양력이 얻어질 수 있는 타판형상이 요구된다. 이상형의 타로서는 P_D가 없고 P_L만 있는 것이라 할 것이나 실제로 유체 중에서는 반드시 P_D가 발생한다.

1.2.2 타의 형상 및 타면적

1. 타의 형상

타 주위의 유선이 타후면에서 와류를 만들지 않도록 일반적인 단면형상은 유선형상을 하고 있다. 타의 최대두께(t)/타폭(b)에 대한 실험결과(0.06~0.25), 항력은 두께가 가늘어질수록 크고, 양력은 최대두께(t)/타폭(b)비가 0.12~0.18일 때 최대인 것으로 조사되었다. 따라서 적합한 최대두께(t)/타폭(b)비는 0.18 정도이다.

2. 타면적

타면적이 크면 타효가 클 것이지만 저항 등의 이유로 일정한 면적을 유지하는 것이 유리하다. 일반적인 선박의 타면적 비율은 대형여객선 1/50~1/60, 일반상선 1/60~1/70, 군함 1/30~1/50이다.

$$\text{타면적 비율} = \frac{A}{L \cdot d}$$

A : 타면적, L : 수선간 길이(LBP), d : 만재 시의 평균흘수(m)

1.2.3 타압에 의한 선체운동

1. 선회운동

1) 타압에 의한 선회 모멘트

타압에 의한 선회우력항주 중인 선박에 타각을 주면 선체는 선회운동을 시작하는데, 이 선회운동은 타압에 의한 회전우력에서 발생한다(그림 1-18). 타각 θ를 주었을 때 타에 생기는 직압력을 P_n 이라고 하면

$$P_n = C \cdot A \cdot v^2 \sin\theta$$

C : 계수, A : 타면적, v : 유속, θ : 타각

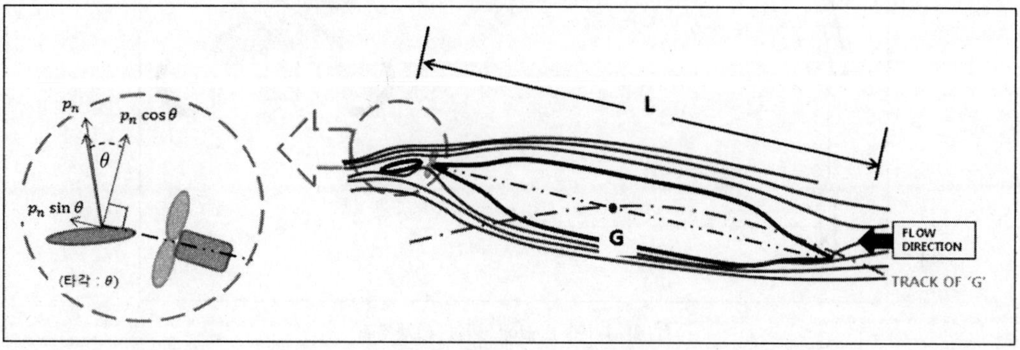

[그림 1-18] 타압과 선회운동

타압에 의한 선회 모멘트를 M이라고 하면

$$M = P_n \cos\theta \cdot \frac{1}{2}L = C_1 \cdot A \cdot v^2 \sin\theta \cdot \cos\theta \cdot \frac{1}{2}L$$
$$= C_1 \cdot A \cdot v^2 \frac{1}{2}\sin 2\theta \cdot \frac{1}{2}L = \frac{1}{4}C_1 \cdot A \cdot L \cdot v^2 \sin 2\theta$$
$$= C_2 \cdot A \cdot L \cdot v^2 \sin 2\theta$$

L : 선체길이, 선체무게중심 : $\frac{1}{2}L$에 있다고 가정한다.

위 식에서 최대 모멘트는 θ가 45°, 135°일 때이나 Critical Angle의 영향, 선미선체부의

강도와 형태, 조타기의 마력 등을 고려하여 일반상선에서는 실제 최대유효타각이 35°정도가 되도록 Rudder Post를 설치한다.

2) 타압에 의한 선회 모멘트에 따른 선체운동

[그림 1-19]에서 볼 수 있는 바와 같이 타압에 의한 선회 모멘트에 따른 선체운동은 선체의 G점을 통하는 축에 대한 회전운동과 선회권중심 O를 중심으로 하는 원주사의 궤도운동의 두 가지로 이루어진다.

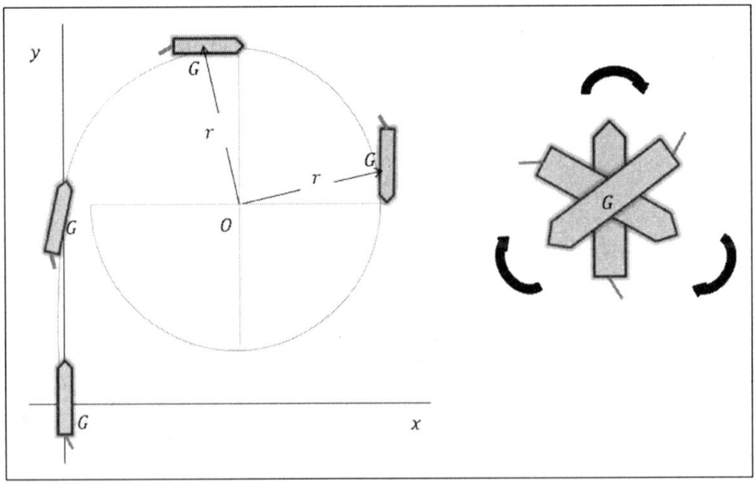

[그림 1-19] 타압에 의한 선체운동

① 자축에 대한 회전운동은 타압의 압력 $P_n \cos\theta$가 일으키는 것이고 이 힘은 회전 모멘트 $t(C \cdot A \cdot L \cdot v^2 \sin 2\theta\ )$를 형성한다.

② O점을 중심으로 하는 원주상의 궤도운동은 간접적으로 타압이 기초가 되어 이루어지는 운동이지만 직접적으로는 선체에 생기는 직압력의 분력인 선체양력이 일으키는 것이다. 타압에 의한 Torque는 선체 자체를 G점을 통하는 수직축에 대하여 회전시킬 뿐, O점에 대한 원주상의 운동은 직접 만들지 못한다.

O점에 대한 원주상의 운동을 형성하는데는 속도 v가 있고 거기에 구심가속도 a가 필요한데, 이 구심가속도 a는 선체의 원주운동에서 만들어지는 선체양력에서 형성된다. 즉, 항주 중 타각을 주면 타압에 의하여 선회 모멘트가 형성되고, 그 모멘트는 순간적으로 선수미선을 선체 진행방향에 대하여 α각만큼 비틀어 놓는다.

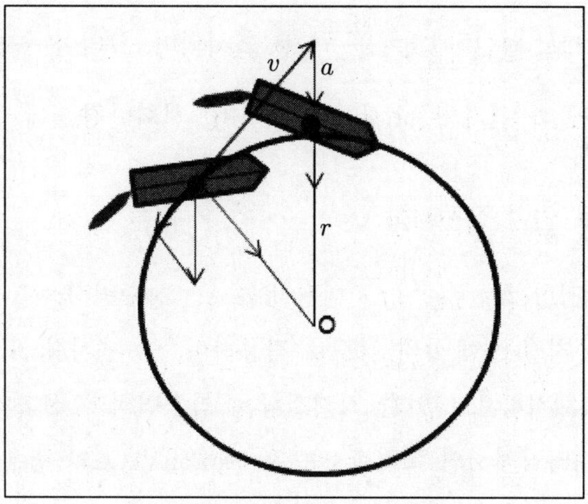

[그림 1-20] 타압에 의한 원주운동

이 때문에 선체는 v라는 유속을 가진 흐름 속에 α입사각으로 놓여 있는 익판과 같고, 선체에는 직압력 P_n이 생기고 이것은 양력 P_L과 항력 P_D로 분해될 수 있으며, 양력은 원운동에 필요한 구심가속도 a를 만들고 항력은 선속을 떨어뜨리는 것이다(그림 1-20).

2. 감속현상

선박이 선회하기 시작하면 타의 직압력, 선회원심력, 선체저항 등의 선수미선상의 분력은 다같이 직진저항으로 작용하므로, 추력이 일정할 경우 속력은 감소되고 정상선회가 되면 일정하게 된다.

1) 타의 직압력에 의한 직진저항

타압의 선수미 방향분력, 즉 항력에 의한 것으로서 그 수식은, 직압력의 선수미분력= $P_n \sin\theta = C \cdot A \cdot v^2 \cdot \sin\theta \cdot \sin\theta = C \cdot A \cdot v^2 \cdot \sin^2\theta$ 로 표시할 수 있으므로 속력, 타각, 타면적에 비례함을 알 수 있다.

2) 선회원심력에 의한 직진저항

선회원심력의 선수미방향분력에 의한 것으로 원심력 CF $= m \cdot a$이고, $a = v \cdot \omega$

$= v \cdot \frac{v}{r} = \frac{v^2}{r}$ 이므로, 원심력 CF= $\frac{m \cdot v^2}{r}$ 로 표시되며, 그의 선수미분력 $= (mv^2/r) \sin\alpha$ 이므로 속력의 제곱과 편각의 sin값에 비례하며, 선회반경 r에 반비례하여 증가한다.

3) 선체저항으로 인한 직진저항

선체에 대한 수저항 $R = fsv^2$ (f : 마찰계수, s : 침수면적, v : 선속, 2 : 1.825)은 선체 중심전방의 한 지점(B)에 β의 각도로 작용하며, 이 수저항 R'의 선수미방향분력은 $R'\cos\beta$이므로 선체저항으로 인한 직진저항은 침수면적과 선속의 제곱에 비례한다.

일반상선의 최대타각에서의 속력감소는 30~40%, VLCC의 경우에는 70~80%에 이른다. 천수구역에서 선회반경은 커지고 감속률은 적어진다. 무한수심에서 타각 35°시 속력감소 50%인 선박이 H/D=1.3에서 20% 감소, H/D=2.0에서 30% 감소한다.

속력감소의 과정은 소위 나선운동 과정 중에 극심하며 각변위량 30°에서 120°시 감속량은 최대가 되며 180°선회 후 정상선회운동 시는 속력은 일정해진다.

3. 횡이동

① 직진 중 전타하면 타압의 횡방향분력 $P_n\cos\theta$는 선체의 중심 G점에 작용하여 우력을 형성함과 동시에 횡방향으로 $a' = P_n\cos\theta/m$ (m : 부가질량을 포함한 선체질량) 만큼의 선체 가속도를 일으킨다. 이 횡이동에 대하여 물의 저항도 커지고 이것이 $P_n\cos\theta$와 같아지면 가속도는 영이 되고 측방향 이동은 최대가 되어 일정하여진다. 이 때문에 항주 중 선박이 전타하면 그 무게중심이 원침로로부터 회두 방향과 반대방향으로 일단 이탈하는데 이 현상을 Kick이라 한다.

② Kick은 양력 $P_n\cos\theta$에 의한 것으로 $P_n = 1/64 \cdot A \cdot v^2\sin\alpha$이므로 그 크기는 선속의 제곱, 타면적, 타각에 비례하며 배수량, 화물분포, 선형 등에 따라 달라진다. Kick의 최대량은 Hard-over 시 회두가 약 10~15°에 달했을 때이며, 선체중심의 이탈거리는 선체길이의 약 1/100에 불과하지만 선미는 최대 1/3~1/4까지 된다.

③ 조선상 Kick의 이용

㉠ 항해 중 현외로 사람이 빠졌을 시 Propeller에 빨려 들어가는 것을 방지하기 위하여 물에 빠진 현측으로 전타하여 선미를 Kick-out시킨다.

㉡ 항해 중 돌연 선수전방 가까운 거리에 장애물을 발견하여 이를 급히 피하여야

할 경우 우선 어느 한쪽으로 급전타시켜 선수를 비켜나가게 하고 장애물이 선수를 통과할 즈음 다시 반대현으로 전타하여 선미를 Kick-out시켜 선미접촉을 피하도록 한다(그림 1-21).

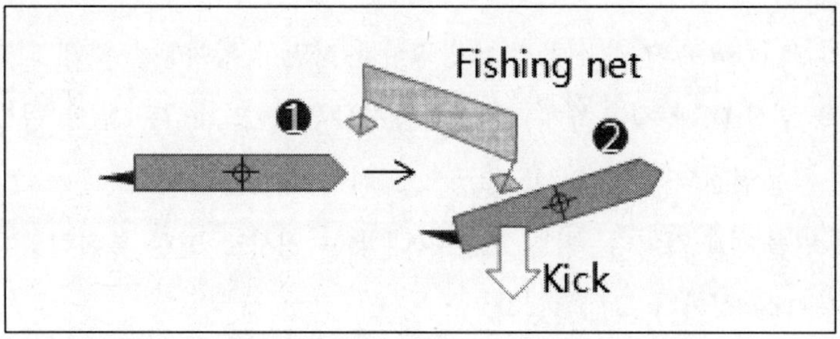

[그림 1-21] Kick에 의한 선수전방 장애물 피항

4. 횡경사

전타선회하면서 항주하는 선체가 그 전타선회로 인하여 일으키는 횡경사는 서로 반대방향으로 일어나는 초기 횡경사와 말기 횡경사로 구분된다. 이러한 초기 및 말기 횡경사는 대형선에 있어서는 GM값이 클 때에는 주의하지 아니하면 똑똑히 볼 수 없다. GM값이 적은 대형선이 선회운동을 할 때에는 횡경사는 명백하고 크게 나타나는데, 특히 원목수송선 등에서는 이 현상 때문에 위험을 느끼게 된다.

1) 초기 횡경사

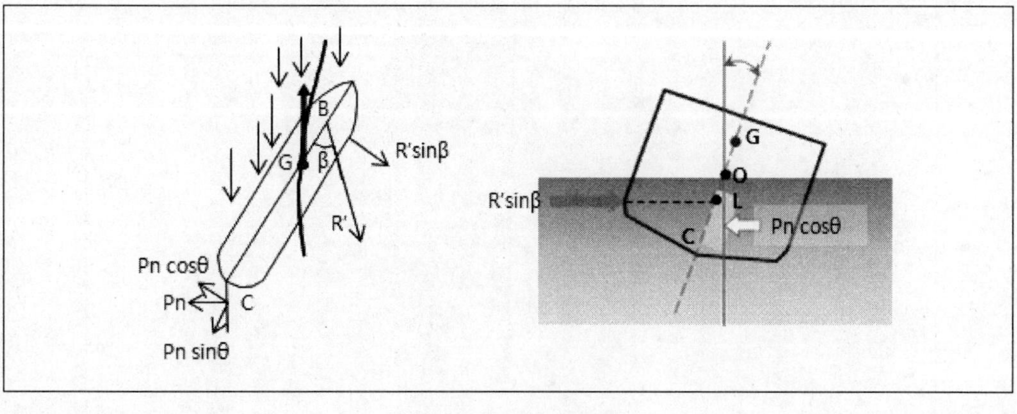

[그림 1-22] 초기 횡경사

직진항주 중 전타직후에는 아직 원심력이 작용하지 않는 단계로서 타에 의한 직압력 P_n의 횡방향분력인 $P_n\cos\theta$가 횡이동을 일으키면서 동시에 부면심(O)을 중심으로 작용하여 선체하부를 전타 반대현으로 밀어내고 선체를 내방경사시키는 우력, $P_n\cos\theta\cdot OC$를 만들게 된다.

이와 같이 $P_n\cos\theta$로 인해 선체가 내방경사를 하면서 횡이동을 하게 되면, 이와 대등한 측압이 대략 부심(B)에 작용하게 되어 외방경사우력 $R'\sin\beta\cdot OL$이 형성된다. 따라서, 이 두 힘의 작용점간의 거리 LC를 Arm으로 하여 내방경사우력 $P_n\cos\theta\cdot LC$에 의하여 초기경사가 만들어질 것이다. 이 초기경사(내방)는 경사로 인한 복원력의 작용(외방)으로 균형이 이루어질 것이다(그림 1-22).

2) 말기 횡경사

선박이 정상선회운동에 들어가면 원심력이 선체중심(G)에 작용하기 시작하고, 이 원심력은 직압력에 비하여 대단히 크므로 직압력에 의한 내방경사와는 반대방향인 외방경사를 일으키게 한다. 이와 같이 원심력(Centrifugal Force, CF)이 중심(G)에 작용하면, 이와 크기가 같고 방향이 반대인 물로부터의 저항인 측압을 받게 되어 경사우력을 형성한다. 이 말기 경사우력이 생기면 선체는 외방경사가 되지만 무한히 경사가 되는 것은 아니고 경사각에 의하여 반대방향으로 복원 모멘트가 형성되기 때문에 일정한 각도에서 멈추게 된다(그림 1-23~24).

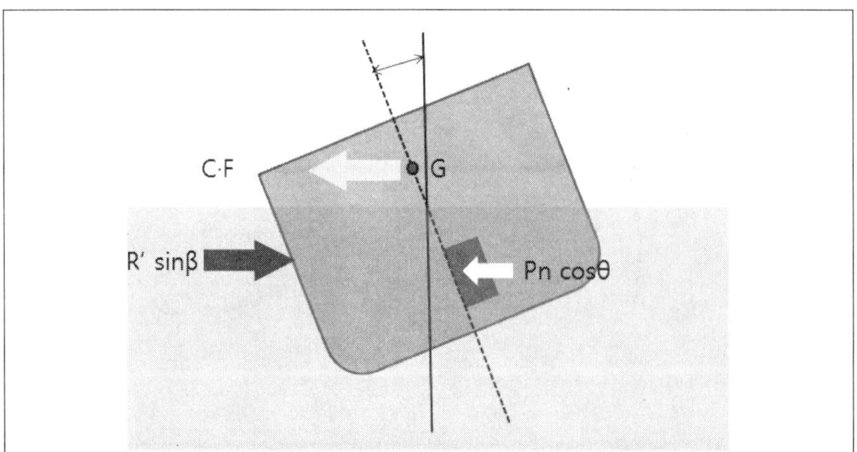

[그림 1-23] 말기 횡경사

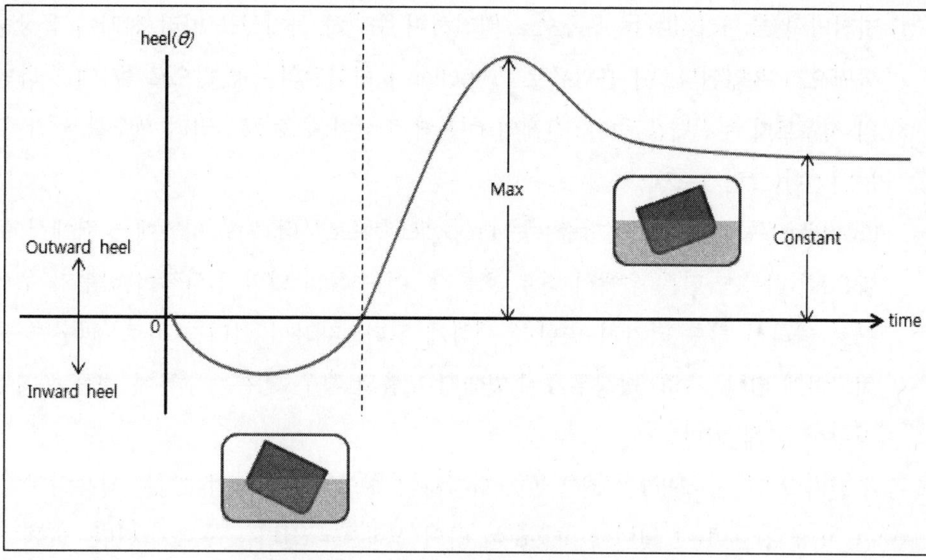

[그림 1-24] 선회 시 시간에 따른 횡경사 모습

5. 추진기와 조타기 주변의 흐름

선박의 추진기가 회전하면 Propeller 날개에 작용하는 힘과 Propeller 주변 수류의 선체 및 타에 작용하는 힘으로 타 중앙에서도 선수는 좌 또는 우로 회전하게 되는 현상이 발생한다. 이는 접 · 이안 등 저속 조선 시 현저하게 나타나므로 이러한 작용이 조선에 미치는 영향에 주의를 기울여야 한다.

[그림 1-25] 전진 시 한바다호 Propeller의 수류흐름

① 전진타력 시 Propeller는 우측으로 회전하며 수면하 선미선을 따라 선저에서 상방향 사면으로 흡입된다. 이 흡입류로 Propeller가 회전원의 우반원으로 돌 때는 좌반원의 경우보다 추진력을 증가, 전체의 추진력 축선이 우측으로 밀려 선수를 약간 좌회두시킨다(그림 1-25).

Propeller 우회전에 의한 방출류는 Propeller측으로부터 상부 타면에는 좌에서 우방향으로, 하부 타면은 우에서 좌로 흐른다. 이 수류의 타면 입사각이 하부가 우세하므로 따라서 하부 타압력 또한 우세하게 된다. 따라서 선미는 좌로, 선수는 우로 회두하게 된다. 특히, 타상부가 수면에서 노출된 경우 선수는 수류에 대한 우회두의 경향이 크게 된다.

② 후진타력 시 Propeller는 좌측으로 회전하며 흡입류는 타중앙에서는 작용하지 않지만, 타를 잡으면 그 뒷면에 작용하여 타의 방향으로 선미를 누르게 된다. 또한 선미로부터 선수로 Propeller의 수류가 방출되면서 선미 우현의 선측 외판에 깊은 입사각으로 광범위하게 방사되는 방출류의 측압작용으로 선미를 좌측으로 강하게 누른다. 따라서 선수는 현저하게 우회두를 띈다(그림 1-26).

또한 이러한 흡입류, 방출류의 영향 외에 회전하는 Propeller 추진력이 수면하에서 상하의 위치차이를 발생시키고, 상부 날개보다 하부 날개의 횡력이 우세하기 때문에 발생하는 회두작용인 횡압력 현상이 나타난다. 상부 날개의 추진력은 공기의 흡입과 기포 때문에 하부 추진력보다 약해진다.

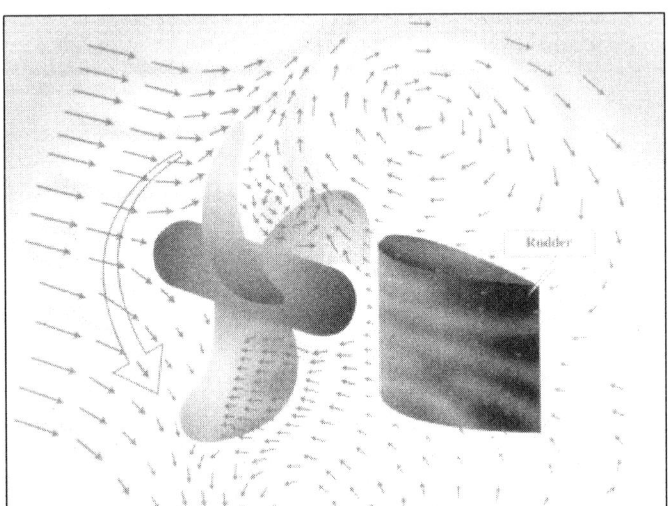

[그림 1-26] 후진 시 Propeller 주변의 수류흐름

따라서 선미는 하부 날개에 작용하는 우세한 추진력의 방향으로 움직이게 된다. 전진 시 우회전이므로 선미를 우측방향으로 누르고, 후진 시 좌회전이므로 선미를 좌측방향으로 누르게 된다. 상부 Propeller의 노출 시 이 현상은 더욱 뚜렷하게 작용한다. 이외에 반류의 영향으로 전진 시 선미가 좌로 이동하는 현상도 나타난다.

③ 종합적으로 Propeller의 작용을 살펴보게 되면 선박이 정지상태에서 전진하게 되면 타 중앙의 상태일 때 회전 초기에 횡압력이 커서 선수가 좌회두를 띄나 전진속력 증가 시 배출류가 강해지면서 선수는 우회두로 이동한다.

만약 타각을 우현으로 주게 되면 배출류로 인하여 키 압력이 발생하여 횡압력보다 크게 되어서 선미는 좌현쪽으로 향해 선수는 우회두를 띄게 된다. 반대로 타각을 좌현으로 주게 되면 횡압력과 배출류가 함께 선미를 우현으로 밀어내어 선수 좌회두가 강해지게 된다.

정지상태에서 후진타력을 주게 되면 타 중앙일 때 횡압력과 배출류의 측압작용이 선미를 좌현으로 밀어내어 선수 우회두 현상이 보인다(그림 1-27). 우타각을 주었을 시 횡압력과 배출류가 선미를 좌현으로 밀어내고, 흡입류에 대한 직압력은 선미를 우현으로 밀어서 평형상태를 유지하게 된다. 반대로 좌타각을 주었을 때에는 횡압력, 배출류, 흡입류가 전부 선미를 좌현쪽으로 밀어내어 선수는 강하게 우회두하게 된다.

〈표 1-3〉 선체에 영향을 미치는 Propeller의 작용

요 인	타각	선미작용		선 수	
		전진타력	후진타력	전진타력	후진타력
흡입류	중앙	우측	–	좌회두	–
	우현	우측	우측	좌회두	좌회두
	좌현	우측	좌측	좌회두	우회두
방출류	중앙	좌측	전타에 관계없이 좌측으로 강하게 작용한다.	우회두	우회두
	우현	좌측		우회두	
	좌현	우측		좌회두	
횡압력	–	우측	좌측	좌회두	우회두

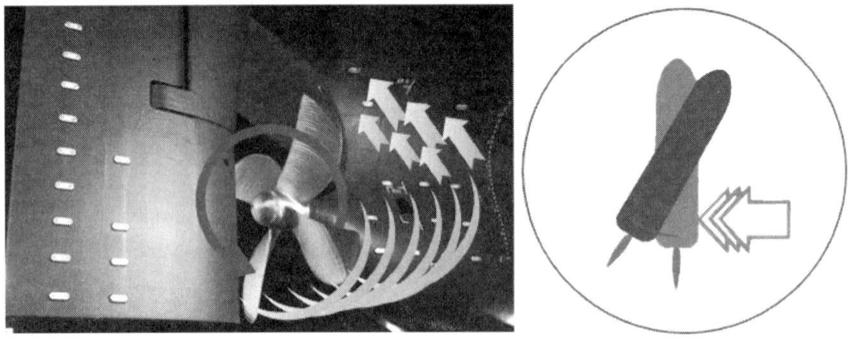

[그림 1-27] Astern 시 선수 우회두의 모습

1.2.4 선회권

1. 선회운동

직진상태에서 타각을 주면 선박은 선회하면서 [그림 1-28]에 그려진 것과 같은 원운동을 한다. 이렇게 360° 회전하면서 선박의 무게중심이 그리는 궤적을 선회권(Turning Circle)이라 한다. 조타에 의하여 생기는 타압은 선박에 연직축 주위의 회두 모멘트를

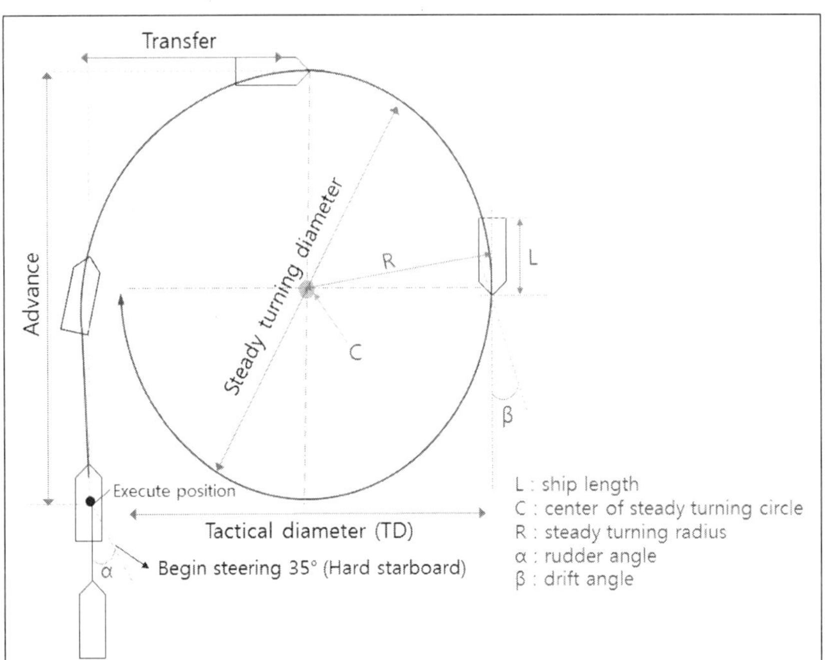

[그림 1-28] Turning Circle

줄 뿐만 아니라 횡이동을 주는 힘 및 전진운동에 대항하는 항력을 주게 된다. 그리하여 조타 개시직후에는 회두가 일어나기 전에 조타 방향과 반대방향으로 빗나가는 것처럼 보이면서 직진한다. 그러나 이런 시간은 극히 짧은 순간이고 곧 선회운동이 일어나는 것이다. 이리하여 회두가 증가함에 따라 자세각(또는 편각)도 증가하고 선속은 떨어지며, 타각에 대응한 정상의 회두각속도, 편각 및 선속에 달하고 일정의 중심점을 선회하는 원의 궤적을 그리게 된다.

이처럼 선회가 정상의 상태에서 도달한 후의 운동을 정상선회운동(Steady Turning Motion)이라고 한다. 그것은 보통 원침로에서 90° 정도 선회하였을 때에 이루어진다. 선회권은 같은 타각이라 할지라도 일반적으로 좌선회와 우선회에 있어서 그 크기가 다르다.

2. 선회권에 관한 용어

1) 전심(Pivoting Point)

실제로 역학적인 회전중심은 G점에 있으면서 외관상의 회전중심은 G점 이외의 어느 한 곳에 있는 것처럼 보이는 점을 전심(Pivoting Point)이라 한다. 바꾸어 말하면, 전심이란 선회 중 선회권의 중심으로부터 선수미선에 내린 수선의 교점을 말하며, 실제 역학적 회전중심은 중심에 있으면서도 외견상 회전중심은 전심에 있는 것처럼 보인다. 이 점에서 선수를 보면 선회권의 내측으로 들어가고 선미는 선회반대측으로 밀려 나가는 것같이 보인다. 전심을 구하는 식은 다음과 같다.

$$\text{전심} = \frac{\text{무게중심 G점을 지나는 연직축 주위의 회전반경 } K^2}{\text{무게중심에서 타압점까지의 거리 GC}}$$

① 전심 / 선체중심 / 선회편각(α) 사이의 관계에서 거리 PG = 선회권반경(r) × 편각($\sin\alpha$)로 나타낸다. 따라서 편각이 큰 선박은 전심이 선수 가까이에 위치한다.

② 전심의 위치

㉠ 선체가 정지 중인 경우 선수미에서 2척의 Tugboat로 선회시킬 때는 전심은 중심에 위치한다. 그러나 전진 중 선수미에서 2척의 Tug로 회전시킬 때는 선수로부터 선박길이의 1/8～1/3L 위치에 있게 된다.

㉡ 선체가 정지 중 선수(혹은 선미)에 1척의 Tug로 정횡방향으로 선회시킬 때는 전심은 선수(혹은 선미)로부터 2/3L되는 지점에 있다.

㉢ 선체가 자력으로 전진속력을 가지고 선회하는 경우 타압으로 인한 비회두측 압류와 원심력의 작용 때문에 전심의 위치는 선수로부터 1/3～1/4L(1/6L : 윤점동 교수)점에 있게 된다.

㉣ 옆바람을 세게 받을 때 선속이 약하거나 후진 시는 전심의 위치는 선미에 위치하여 선미가 풍상측으로 돌아간다.

㉤ 동일선이라도 재화상태에 따라 전심의 위치는 이동한다.

2) 편각(Drift Angle)

편각이란 선회 중 선박의 중심이 만드는 궤적과 선수미선이 이루는 각도, 혹은 선체에 부딪혀 오는 물의 흐름과 선수미선이 이루는 각도를 말한다.
일반적으로 편각은 5～20° 정도이며, 편각의 대소는 선회 모멘트와 저항 모멘트의 차이, 배수량, 선회반경 등에 따라 다르다.

① 선회 모멘트가 클 경우 편각은 크게 된다.
② 배수량이 크면 수저항이 커서 편각은 작다.
③ 선회반경에 반비례한다. 따라서 연직축의 관성능률이 크면 편각은 적다.
④ 선박길이가 크면 저항능률이 커서 편각은 적다.
⑤ 편각이 크다는 것은 선회권이 작다는 것, 중심과 전심의 거리가 크다는 것이다.
⑥ 편각은 추진기의 날개에 유입하는 흐름의 각이므로 일축선에 있어서 우선회하면 선회반대측의 날개에 추력이 더 실리게 된다.
⑦ 타의 직압력은 편각에 의하여 감소한다.

3) 종거(Advance)

전타점으로부터 각변위량이 90°되는 지점까지 원침로상에서 중심이 이동한 거리를 말한다. 종거의 크기는 추종성이 양호한 선박이 작다.

① 배수량(흘수)이 크면 종거는 커진다.
② 선회반경이 크거나, 연직축의 관성능률이 큰 선박, 길이가 긴 선박 등은 종거가 크다.
③ 선속이 클수록 커진다.
④ 종거는 일반적으로 선박길이의 3.5～4배이며 항내에서 선회하는 경우 여유수역 판단 시 큰 역할을 한다.

4) 횡거(Transfer)

전타 선회 중 각변위량이 90°되는 지점으로부터 원침로상에 내린 수선의 길이를 말한다. 각변위량이 180°되는 지점으로부터 원침로상에 내린 수선의 길이를 전술선회경 혹은 최대횡거라 한다.

① 저항 모멘트가 큰 선박은 횡거가 크다.

② 선박길이가 길고, 흘수가 크면 횡거가 크다.

③ 타면적이 큰 선박은 횡거가 작다. 최대횡거는 선박길이의 약 4배, 횡거는 선박길이의 2~2.5배이다. 정상선회경은 최대횡거의 약 80~85%이다.

5) 심거(Reach)

심거란 전타시점의 선체중심위치로부터 선회권 중심까지 원침로상의 거리이며 선박의 추종성을 판단하는 주요한 지표이다.

6) 킥(Kick)

직진 중 타를 한쪽으로 전타하면 선미가 현저히 전타 반대 현으로 이탈하는 현상을 말한다. Kick의 크기의 대소는 배수량, 선내화물의 선수미 방향의 적부상태, 타의 성능 등에 따라 다르다.

① 배수량이 크면 Kick 현상이 늦으며 크다.

② 연직축의 관성능률이 적을 때는 Kick 현상이 조기에 나타나며 그 양은 적다.

③ 타효가 좋으면 조기에 나타나며 그 양도 크다. 전타 시 중심 궤적의 원침로에서의 이탈은 선박길이의 1/100 정도에 지나지 않으나 선미의 이탈은 매우 커서 선박길이의 1/4 정도까지도 된다. 약 20°회두 시 Kick의 양이 제일 크다.

3. 선회권의 크기에 영향을 주는 제요소

1) 선박조종 요소

① 전타시간 : 보통 Hard-over 시까지는 7~15초 걸린다. 시간이 많이 걸릴수록 Advance가 커진다. Final Diameter는 변하지 않는다.

② 타의 제요소 : 선회권(Turning Circle)의 크기를 결정하는 요소는 선체의 크기, 침하

부 형상, 타 및 선속 등이지만 제요소를 일정하게 두고 타만을 생각하면 이것이 선회권에 미치는 영향은 다음과 같다.

㉠ 타각 : 선회를 일으키는 것은 타압에 의한 선회우력은 $P_n \cos \cdot \theta (1/2) L$이고 이것은 $C \cdot A \cdot v^2 \cdot \sin 2\theta$ 로 표시된다. A 및 v를 일정한 값으로 가정하면, 선회모멘트$= C_1 \cdot \sin 2\theta$로 요약할 수 있다. 따라서 이론상 최대유효타각은 45°이지만 일반상선에서는 최대타각 35°정도의 범위로 제한하고 있다.

그러나 선미에서 수류를 받는 실제 타판의 입사각은 $\theta - \alpha$, 즉 (실제타각－편각)이 되므로 타효가 나는 것으로 보면 35°가 훨씬 넘는 타각에서도 선회권은 적어진다고 할 수 있을 것이다. 선회권의 크기는 타각에 반비례하며, Hard-over의 절반타각에서는 Hard-over 시의 1.5배, Hard-over의 1/4의 타각에서는 약 2.5배가 된다고 한다.

㉡ 타면적 : 타압은 타면적에 비례하므로 타면적을 크게 하면 선회권은 작아져야 한다. 그러나 타면적비가 선체의 크기, 종류에 따라서 일정 이상이 되면 조타기의 마력, 선체강도 등의 견지에서 불리하게 될 뿐만 아니라 타 자체의 회전운동에 대한 저항이 커져서 선회권이 오히려 커지는 경향이 있다.

㉢ 속 력

$$r = m \cdot v^2 \cdot \cos\alpha \,/\, P_n \cos\theta (GC / GB - 1)$$

$$r = m \cdot v^2 \cdot \cos\alpha \,/\, C_1 \cdot A \cdot v^2 \sin\theta' \cdot \cos\theta (GC / GB - 1)$$

$$r = C_2 \cdot m \cdot \cos\alpha \,/\, \sin\theta' \cdot \cos\theta (GC / GB - 1)$$

위의 식과 같이 선회권 반경 r은 속도 v를 포함하지 아니하므로 선속에 관계없이 일정하게 됨을 알 수 있다. 그러나 속력이 선회권에 관계치 아니하게 되는 것은 Froude수가 0.3 이하인 경우라고 한다(윤점동 교수).

예를 들어 길이 200m의 선박이면, Froude수는 $0.3 = \frac{v}{\sqrt{9.8 \times 200}}$,

$v = 0.3\sqrt{1960} = 13.3\text{m/sec} = 26\text{knot}$이고, 보통 상선은 대개 Froude수 0.3 이하의 Full Speed를 갖고 있기 때문에 선속은 선회권과 무관하다고 볼 수 있을 것이다.

그러나 선속이 이보다 커지면 선회권은 크게 되는데, 그 이유는 속력이 커지면 타 배면에 형성되는 수류 관계로 양력이 감소하고 또 선체 주위의 파형 및 수류가 변하여 수저항 R'의 작용점 B가 선미쪽으로 더욱 이동하기 때문이다. 반대로 선속이 매우 적거나 타력 전진의 경우에는 Screw Current가 없어지므로 타압은 매우 감소하고 선회권은 커진다.

또한, 미속 전진의 경우에는 바람, 풍랑, 조류 등 외력의 영향을 받기 쉽고, 또한 대응타의 타효도 나쁘므로 속력이 클 때에 비하여 선박의 조종은 힘들게 된다. 추진기를 정지하고 타력으로 전진하고 있을 때에는 타판에 유입하는 물의 속도가 매우 적으므로 타효는 극히 저하되고 타면적이 마치 줄어든 것과 같은 영향을 미친다. 그래서 선회성뿐만 아니라 침로안정성, 추종성이 대단히 나빠지므로 항내에서 타력 진행 시 대형선의 경우에는 그렇지 않아도 좋지 않은 침로안정성, 추종성능이 더욱 저하되어 있는 것에 유의할 필요가 있다.

2) 선체상태별 요소

① 흘수 : 만재상태에서는 타면적비가 감소하게 되고 선회저항이 증가하기 때문에 흘수에 비례하여 선회권이 커지게 된다고 보나, 실험에 의하면 그 증가하는 크기는 미미하다. 그 이유는 측압면적의 증가로 선체양력이 상대적으로 커지게 되고 이로 인해 선회권이 작아지도록 영향을 받기 때문일 것이다. 오히려 경하상태에서는 만재상태에 비해 풍압을 받는 면적이 크고 더욱 선체의 질량이 줄어져 있으므로 침로에서 이탈하기 쉽고 특히 항내에서와 같이 저속에서는 조종이 힘들게 된다.

② 트림(Trim) : 배수량을 일정하게 두고 선미 트림으로 하면 타면적이 그대로 있으나, 선회저항의 작용점이 후방으로 이동하고 저항 모멘트가 커지기 때문에 선회경은 크게 된다. 같은 이유로 선수 트림은 선회경을 작게 만든다.

③ 선체의 중량분포 : 배수량 및 트림을 일정하게 두고 선체중량이 전후부에 널리 분포한 경우(Hogging 상태)와 선체중앙부에 모인 경우(Sagging 상태)를 비교하면, 전자의 경우는 연직축에 대한 관성능률이 크기 때문에 회전각가속도가 적고 따라서 선회성이 나쁘게 된다. 후자의 경우는 반대의 이유로 선회성이 좋아진다.

④ Heeling : Heeling된 쪽의 선회권이 더 크다.

3) 선체구조상의 요소

① 방형비척계수(C_b) : 선폭에 비하여 그 길이가 짧고 뚱뚱한 선형, 즉 방형비척계수가

큰 선박일수록 선회경이 적다. 길이가 긴 선체는 연직축 주위의 관성능률이 크고 또 회두에 대한 물의 저항 모멘트가 크기 때문에 선회성이 나쁘고 선회경이 커진다.

② 선체침하부에 Cut-up을 실시하는 것은 선체 측면적을 줄여 주는 것으로 선수 트림과 같이 선회성을 돕게 되므로 군함, 포경선 등은 이러한 형태를 채용한다. 그러나 이러한 선형은 침로안정성이 좋지 아니하다. 그러므로 선회성보다 침로안정성이 중요한 화물선 등에서는 선미에 Skeg 등을 붙여서 후부측 면적을 증가시키는 방법을 취하고 있다.

③ Flat Plate Keel선은 Bar Keel선에 비해 저항능률이 적어서 선회권도 작게 된다.

④ 타면적에 선회권은 반비례한다.

⑤ 기관실이 중앙에 있는 것이 선미에 있는 것보다 선회권이 작다(연직축 관성능률).

⑥ Voith-Schneider선(선저에 수직방향으로 설치하는 특수한 Propeller가 달린 선박으로 원반을 회전시키고 날개의 각도를 조절하여 선박을 원하는 방향으로 추진할 수 있다)과 같은 경우 선회권이 대단히 작다.

1.3 선체 저항

1.3.1 저항의 구분

선체가 가지는 저항에는 마찰저항, 조파저항, 와저항, 공기저항 등이 있으며, 이것들 총합계를 전저항(Total Resistance)이라 한다. 이들 각 저항의 분포는 선체형상, 크기 및 속력에 의하여 달라지나 전저항에 대한 구성비율은 〈표 1-4〉와 같다.

〈표 1-4〉 전저항에 대한 구성비율

마찰저항	저속화물선	80%	조파저항	저속화물선	10∼15%
	고속화물선	40∼50%		고속화물선	40∼50%
와저항		2∼10%	공기저항		1%

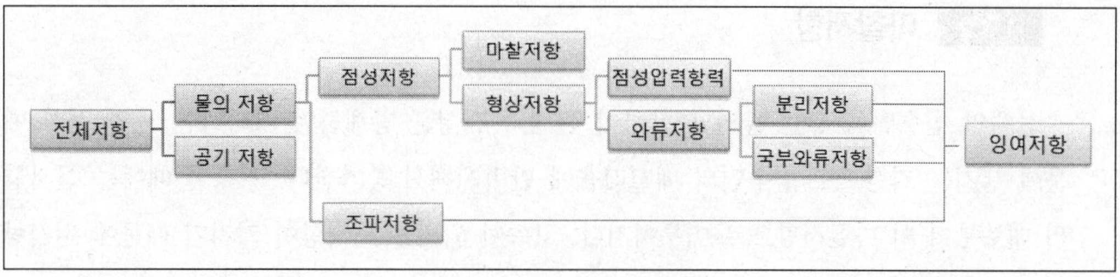

[그림 1-29] Froude 분류방법

선박의 저항은 발생원인에 따라 몇 가지 구성요소로 나누어 전체저항을 구한다. 대표적인 분류방법으로는 Froude 방법과 Hughes 방법이 있다.

Froude 방법은 전체저항을 물과 선체 표면의 마찰로 인한 마찰저항과 그 밖의 잉여저항으로 분류하였다. 그리고 잉여저항은 선박이 움직이면서 만들어내는 파도로 인한 조파저항과 선체표면의 급격한 형상변화 때문에 발생하는 소용돌이로 인한 조와저항으로 구분하였다(그림 1-29).

Hughes 방법은 전체저항은 점성이 없는 이상유체 속의 조파저항과 물의 점성 때문에 발생하는 점성저항으로 나누었고, 점성저항은 선체의 침수표면적과 같은 표면적을 가진 평판의 마찰저항과 선체가 평판이 아닌 곡면형상이기 때문에 발생하는 형상저항으로 구분하였다(그림 1-30).

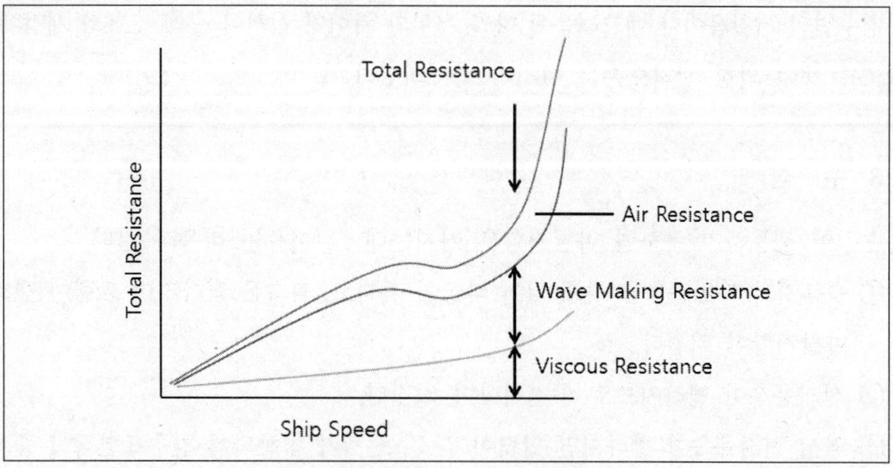

[그림 1-30] Hughes 분류방법

1.3.2 마찰저항

선체의 침수면에 닿는 물의 부착력이 선체의 진행을 방해하여 나타나는 물의 점성 때문에 생기는 저항으로 침수면의 매끄러움에 반비례해서 증가한다. 저속일 때에는 전저항의 대부분이 이 마찰저항으로 이루어지나, 고속이 되면 조파저항이 커지기 때문에 전저항에 대한 비율은 감소한다. 마찰저항에 영향을 미치는 요소는 다음과 같다.

1. 수면하 선체 표면적

마찰저항값(R)은 여러 가지의 실험식으로 구해지는데 주로

$$R = fsv^{1.825} \quad (f : \text{마찰계수},\ s : \text{침수면적},\ v : \text{선속})$$

로 표시되며, 여기서 S를 만재배수량 W와 선박길이 L의 관계를 표시하면

$$S = \tau = \sqrt{WL} \quad (\tau : \text{계수로서 약 } 2.65)$$

로 표시될 수 있으므로 배수량이 일정할 경우 선박이 길면 마찰저항도 커짐을 알 수 있다.

2. 선저 및 침수면의 상태

침수면의 거칠음이나 매끄러움에 따라 저항의 차이가 심하며 근래 도료의 개량에 따라 해조류 등에 의한 선저오손은 현저히 감소되었다.

3. 수 심

수심이 충분하지 못하면 마찰저항은 커지는데 그 이유는 다음과 같다.

① 수분자가 타원운동을 하게 되어 파장이 커지고, 파속은 작아지며 트림이 변화하여 마찰저항이 커진다.

② 선저유속이 빨라지므로 마찰저항이 커진다.

③ 역시 선저유속이 빨라지면 압력이 감소, 선체가 침하되어 침수표면적이 증가하여 마찰저항이 커진다.

4. 선 속

마찰저항은 선속의 약 2승에 비례하여 커진다.

5. 수로폭

폭이 협소하면 마찰저항이 커진다. 실험에 따르면 수로폭 / 선폭값이 5일 때 속력저하는 약 41%, 8일 때 약 15%라고 한다.

6. 기 타

파고가 높으면 수분자의 회전각속도가 커져서 마찰저항이 증가한다. 기타 선박의 보침성의 여부 및 선체부가물의 영향도 마찰저항에 영향을 미친다.

1.3.3 조파저항

선박이 수면을 항주할 때에는 수면부근의 수분자는 착란되고 정지상태의 물분자와의 사이에 압력의 불균형이 생겨 수분자는 운동상태가 되어 파를 생기게 한다. 선박의 선수와 선미부에서는 이로 인하여 八자형으로 퍼져나가는 발산파를 만든다. 또한 이와 별개로 선측의 유선운동에 의하여 생기는 압력변화로 인해 수표면에 승강이 일어나서 수립자의 관성과 중력의 작용으로 부수적인 파가 생기는데, 선수미방향에 직각방향으로 전파하며 이를 횡파라 하며, 진행속도는 선속과 같아서 선체에 대한 상대위치가 일정하므로 정지파라고도 한다.

선박의 선수와 선미는 각각 진행 시 현저한 발산파와 횡파를 만들므로 각각 선수파계와 선미파계의 파를 만든다. 이러한 파는 선체의 진행운동의 에너지를 상당부분 빼앗게 되고, 이 저항을 조파저항이라 하며 저속화물선은 전저항의 10~15%, 고속선은 전저항의 40~50% 정도이다.

1. 조파와 저항 간의 관계

저속의 경우에 생기는 파는 주로 선수미의 발산파이고, 이때의 조파저항은 다른 저항에 비해 적다. 점점 고속이 되면 선수미에 생기는 횡파가 커지며, 이 파는 서로 간섭하며 선체의 길이가 선수미횡파의 파장 λ의 정수배이면 저항이 증가하고, $\lambda/2$의 기수배이면 저항이 감소하는데 이를 Hump and Hollow라고 한다. 따라서 저항이 감소하는 Hollow 상태를 유지하기 위해 선박의 소요 항해속력에 대하여 적당한 길이를 선정하여야 한다.

2. Awash 현상과 Seesawing

선박이 진행 시 선수미에서 생기는 발산파의 영향으로 항내나 협수로에서 Awash 현상을 일으켜 소형선, 주정(舟艇) 등에 손상을 일으키고, 후속선에는 Seesawing 현상을 일으킨다.

3. 조파저항에 영향을 주는 요인들

① 선속 : 조파저항은 대략 저속에서는 선속의 2승에, 고속에서는 대략 선속의 5승에 비례한다.

② 배수량(흘수) : 배수량의 약 2/3승에 비례하여 증가한다.

③ 선체길이는 배수량이 일정하면 길이가 길수록 조파저항은 감소한다.

④ 선체에 강제횡요를 일으키는 파랑이 있으면 저항이 증가한다.

⑤ 선형의 양호 / 불량이다.

⑥ Bulbous Bow는 저속선에서는 마찰저항을 증대시키나 고속선에서는 약 25%의 조파저항, 조와저항을 감소시킨다.

1.3.4 와저항

유속이 어느 정도 이상이 되면 유선은 선체에 의하며 흐트러진다. 즉, 선체가 수류중을 이동하면, 물분자와 선체의 부착력에 의해 선체에 접근하여 있는 물분자와 떨어져 있는 물분자와의 사이에는 속도차이가 생기고, 선미에 이르게 되면 멀리 떨어져 있는 물분자는 와동을 하게 되는데, 이에 따라 선체후부에 매우 요란한 와류가 생겨서 선체는 전방으로부터 후방으로 힘을 받게 되는데 이를 와저항이라고 한다. 이는 마찰저항의 일종이며, 전저항에서 차지하는 비율은 2~10% 정도이다.

와저항은 속력의 영향을 받는 것은 물론이고(속력의 2승에 비례) 선체형상, 물의 흐름에 대한 선체의 자세에 관계되므로 형상저항 또는 관성저항이라고도 한다. 이 저항은 선미골재, 타, Bilge Keel 등의 취부위치, 선체중앙 평행부와 선미접속부의 곡률의 대소 및 선체의 중앙 횡단면적과 선체후부의 길이와의 비율이 불균형 시 크다.

1.3.5 공기저항

수면상에 노출된 선체의 부위, 즉 Superstructure, Freeboard, 기타 갑판상 여러 구조물은 선박이 진행하면서 공기저항을 받는데, 바람이 없을 때는 전저항에 대한 비율이 약 1% 정도이나 바람이 강할 때에는 전저항 중 상당한 비율을 차지한다. 특히 공선상태에서는 영향이 커져서 공선 시 풍력 3~4에서 받는 저항은 반재 시의 풍력 5~6, 만재 시 풍력 7~8의 저항과 같다고 한다.

1.3.6 부가물 저항

단추진기선에서의 주된 부가물(Appendage)은 빌지키일(Bilge Keel)과 타(Rudder)이고, 다추진기선에서는 보싱(Bossing), 노출축(Open Shaft), 스트럿(Strut) 등이며, 타가 두 개가 될 수도 있다. 이러한 모든 품목들은 배의 저항을 증가시키며 이들의 저항은 모형시험으로부터 결정된다.

Propeller의 이론적인 전진거리와 실제 전진거리의 차를 실각, Slip이라고 하며 이 차이는 수중에서 저항 등 여러 가지 원인에서 기인한다. Pitch가 M(m)인 Propeller가 수중을 매분 A회 회전할 때 Propeller가 전진하는 속도는 MA (m/min)이며, 이를 Propeller 스피드라고 하나 저항 등 여러 원인으로 인해 Propeller는 MA 만큼 전진하지 못한다. MA를 기관마일, 실제로 전진한 거리를 항해마일이라 할 때 Slip은 다음과 같은 식으로 나타낼 수 있다.

$$\text{Slip} = \frac{(\text{기관마일} - \text{항해마일})}{\text{기관마일}} \times 100$$

예를 들어 원양 항해를 나선 한나라호가 부산을 출발하여 나트랑에 도착하였을 때의 항해거리는 333마일이며 기관마일은 380마일이었다. 이때 Slip은 약 12.4이다.

1.4 Anchor 운용

1.4.1 Anchor의 구조

[그림 1-31]은 Anchor의 구조로 다음과 같다.

① Stock : Anchor Shackle과 Shank의 상단부에 부착된 구조물로 재래 Anchor(ASS Type Anchor)에서 Anchor가 돌지 않고 Fluke가 제대로 해저에 박히도록 한다.

② Shank : Crown과 Arm을 포함한 앵커의 무게중심부와 Anchor Shackle을 연결시키는 기둥이다.

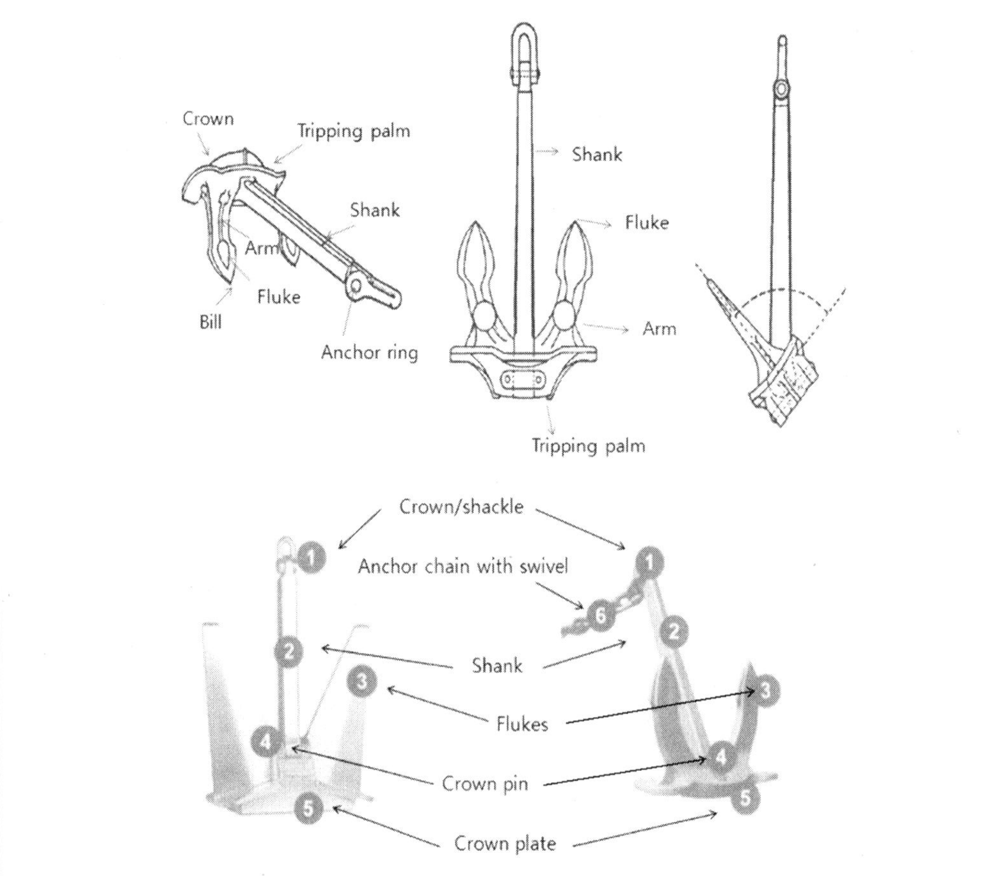

[그림 1-31] Anchor의 구조

③ Palm : Anchor의 손바닥 역할 부위로서 Arm 끝부분 중 갑자기 평퍼짐하게 넓어지는 부위이다.

④ Arm : 해저면에 묻히면서 파주력을 발생하게 하는 부분으로 Anchor의 양끝 날개를 말한다.

⑤ Fluke : 해저면을 깊숙히 파고 들어가는 부분으로 파주력 형성의 주 부위로서 Arm의 상부 끝부분을 말한다.

⑥ Bill : Fluke의 최상단 꼭지점을 말한다.

⑦ Crown : 닻이 해저에 투하되었을 때 최초로 닿은 부분으로 Anchor를 세워 놓았을 때 최하단부를 말한다.

⑧ Tripping Palm : Arm 하부와 Crown이 접하는 경계부위 중 하부이다.

1.4.2 Windlass의 구조

① Windlass Motor : 주 구동력으로 전기 또는 유압식이 있다.

② Driving Gear : 모터에 연결되어 돌아가는 치차이다.

③ Windlass Shaft : Driving Gear에 의해서 회전되는 축이다.

④ Warping(Gypsy) Head : Windlass의 바깥끝단에 부착되어 있는 드럼(Drum)이다.

⑤ Wildcat Locking Handle : Wildcat을 Engage/Disengage시키는 레버이다.

⑥ Friction Brake Band : Brake Lining의 마찰력을 이용하여 제지력을 얻는 곳으로서 Steel Brake Band 내부에 Lining이 끼워져 있으며, 이는 잦은 사용으로 마모되므로 규정 마모 Limit까지 되면 즉시 교체하여 제 역할을 할 수 있도록 해야 한다.

⑦ Hand Brake : Brake Band가 조여지도록 몸체에 연결된 원형의 손잡이 부분으로서 시계방향으로 돌리면 조여지고 반시계방향으로 돌리면 풀려진다.

⑧ Wildcat : 체인이 Chain Locker로부터 올라와서 Hawse Pipe를 거쳐서 해저로 이탈되지 않고 움직이도록 하는 홈이 파인 구조이다.

⑨ Wildcat Drum : Wildcat를 돌아가게 하는 드럼이다.

⑩ Riding Chock : Compressor Bar라고도 하고 Chock를 내려서 체인을 눌러서 핀을 끼우면 고박된다.

⑪ Chain Stopper : Anchor를 양묘 후 격납 시 통상은 라싱용 와이어를 걸어서 체인의 고박을 더욱 견고히 하는 방법이다.

⑫ Sen-house Slip : 앵커체인의 끝단을 Chain Locker 내 벽면에 고정시키는 구조물이다.

1.4.3 묘박작업의 관련 용어

① Cock-bill 투묘준비 : Stand-by Anchor로서 수심이 약 30미터 이하의 경우 Anchor를 Hawse Pipe에서 수면(Water Line) 근처까지 끌어내어 투묘준비하는 것이다.

② Walk-back(Walk-out / Back-out) 투묘준비 : 보통 수심이 15Fathom(27.5M) 이상인 경우 투묘할 때 Anchor를 해저 근처까지 끌어내어 투묘준비를 하는 것인데, 이때 선속은 Anchor에 영향을 주지 않는 최저속이어야 한다.

Walk-back 2 Shackles in Water

해저구조물이 있는 경우를 제외하고 심해투묘를 포함하여 거의 모든 경우에 Clutch Gear를 Engage하여 수면상까지 1 Shackle을 하강하고 보고 후 Gear를 Disengage하여 투묘준비를 한다.

③ Bring-up/Brought-up : Let Go Anchor 후 Anchor Fluke가 해저에 파고들어 안정된 파주력을 얻게 된 상태를 말한다.

④ Short Stay, On the Bottom : 인묘조선 시 체인의 길이가 수심의 약 2배, 즉 파주각(Anchor Fluke(Bill)이 해저면과 이루는 각도, Holding Angle)은 약 5~15°이다.

⑤ Up and Down Cable/Anchor : Anchor가 해저에서 일어나려고 하면서 체인이 Hawse-pipe 직하의 수직이 된 상태를 말하며, 보통 Short Stay 이후 곧 일어난다.

⑥ Anchor Aweigh : Anchor가 해저를 떠나는 상태이다.

⑦ Foul Anchor : Anchor와 체인이 꼬여 서로 엉킨 상태이다.

⑧ Foul Hawse : 쌍묘박 상태에서 선체가 풍조압력에 의하여 선회를 하여 수면상의 양현 체인이 꼬인 것을 말한다. 체인의 꼬임 상태를 선체가 원위치 Open Hawse에서 선수가 반대방향으로 반바퀴 180°돌아(Half Turn) 체인이 꼬인 것을 Cross, 360° 한 바퀴 돌아(One Turn) 꼬인 것을 Elbow, 한 바퀴 반 꼬인 것을 Round Turn, 두 바퀴 꼬인 것을 Round Turn and Elbow(Two Turn)와 같은 명칭을 사용한다.

그리고 Clear Hawse 방법에 있어서 대형선은 대부분 Tugboat를 사용하여 선미를 꼬임의 반대방향으로 선회시켜 체인의 꼬임을 푸는데, 선수에서 보아 앵커체인의 첫 번째 교차된 상부측 체인쪽(Upper Chain)으로 선회시키면 되는 것이다.

1.4.4 묘박의 기본적인 단계

기본적인 묘박은 대개 다음과 같이 이루어진다. 즉 묘박지에 접근하여 Final Heading으로 선회하는 과정 물론 사정이 허락한다면 미리 Final Heading을 취하여 묘박장소로 접근하는 경우도 있을 것이다. 그 후 묘박장소에 도착해서 기관을 후진시킨 후 투묘하는 과정과 이후 체인이 Brought-up하는 과정을 거쳐 묘박이 완료되게 될 것이다. 어떠한 경우에도 이 단계는 크게 변하지 않으므로 이 4가지 단계를 하나하나 살펴보도록 한다.

1. 묘박지로의 접근

1) 감속 운전

묘박지에 접근할 때에는 선속을 감속시켜야 한다. 선속의 감속은 묘박계획을 수립하는데 필요한 시간을 제공하고, 어떠한 사태에 대비할 시간적인 여유를 주며, 특히 긴급사태가 일어났을 경우 선박을 정지하고 기다릴 수 있는 시간적 여유를 주기 때문이다. 어느 정도 감속시켜야 하는가는 묘박지의 여유수역, 주변의 교통밀도, 항로상태, 기상상태, 본선 제동거리 등에 따라 다르므로 일률적으로 이야기할 수는 없으나, 6마일을 남겨 두고는 Harbor Speed로 항행하여야 하며, 4, 3, 2마일에서 각각 Half, Slow, Dead Slow로 진행하면 무리가 없을 것이다.

2) 본선 움직임의 동향 파악

본선의 움직임을 대수속력으로 파악하지 말고 근처 묘박하고 있는 선박이나 육상물표 등과의 상대적인 움직임으로 파악하려고 노력하여야 한다. 즉 본선이 풍조에 의해서 밀리는 정도를 감으로 느껴야 하며, 본선의 정횡부근에 있는 물표로는 본선의 전진/후진의 정도를 파악하고 좌우 방향으로의 편위는 선수미 부근에 있는 물표로 확인할 수 있다. 이는 짧은 시간으로 이루어지는 것은 아니므로 평소에 본선에 설치되어 있는 Doppler Log 등과 비교해 가며 관찰력을 쌓아야 할 것이다.

3) 본선 선회권의 확인

본선의 선회권은 정상 수심과 평온한 기상에서 통상적으로 자선 길이의 3배나 3.5배 정도에서 이루어지며 만약 선회 중에 RPM을 증가시키면 이 선회권은 감소하게 된다.

4) 본선의 제동거리

묘박지에서 자신이 원하는 위치에 본선을 정선시켜 투묘할 수 있다면 묘박계획을 여유있고 체계적으로 세울 수 있을 것이다. 물론 선박의 제동거리는 선박의 흘수(Displacement), 기상, 기관의 사용정도 등에 따라 상이하다.

2. 투묘위치의 선정

1) 투묘지점

Anchor를 투하하는 곳은 선교가 아니라 선수이다. 그러나 명백한 이 사실을 많은 조선자들이 망각하는 수가 많다. 작은 배의 경우는 별로 큰 문제가 되지 않으나, 길이가 2Cable에 달하는 대형선의 경우는 문제가 될 수 있으므로 항행 위험물이나 묘박하고 있는 타선과의 거리가 나중에 선박이 선회를 하면 크게 달라지기 때문이다.

2) 두 선박 사이에 투묘할 경우

일렬로 나란히 투묘하고 있는 선박의 중간에 투묘할 경우는 기계적으로 그 중간에 투묘하지 말고 나중에 180°로 선회할 경우를 생각하여 앞 선박에 조금 더 가깝게 투묘하는 것이 좋다.

3) 투묘 시의 후진타력

일반적으로 선박에서는 너무 일찍 기관후진을 중지하는 일이 많다. 선박이 약간의 후진타력이 있어야 체인이 해저에 Pile Up되는 것을 막을 수 있으며, 해저에 똑바로 깔리게 할 수 있으므로 선박이 완전히 정선해 있는 상태에서 투묘하는 것보다 어느 정도의 후진타력을 갖게 해야 한다.

이 경우 본선이 얼마만큼의 속도를 가지고 있느냐 하는 것은 Doppler Log를 사용할 수도 있으나 전통적으로 Quick Water를 이용한 선속측정법을 자주 사용한다.

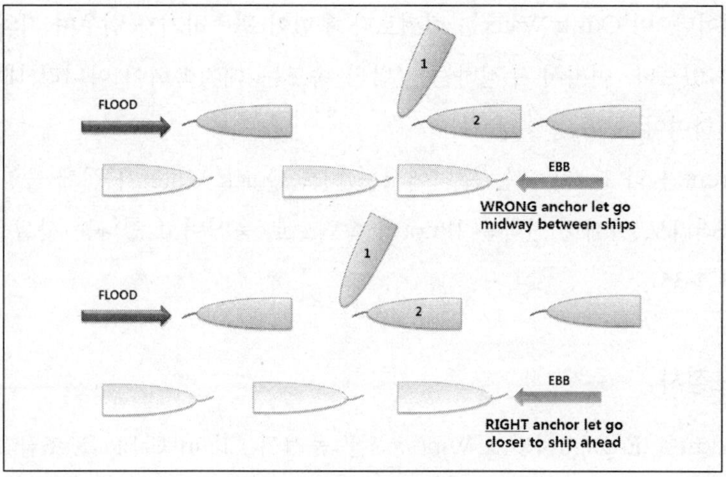

[그림 1-32] 투묘위치의 선정

4) Quick Water의 이용

Quick Water는 기관후진 시 선미에 일어나는 와류를 말한다. 통상 묘박지에 접근하여 후진기관을 사용하면 Quick Water가 선미에서 일어나고 그것을 선미에 달면서 선박이 전진하면 약 3knot의 선속을 가졌다고 추정한다.

만약 Quick Water가 선미부근에서 선수쪽으로 앞서기 시작하면 약 2knot의 선속이며, 선수쪽으로 앞서 나가는 Quick Water가 선체의 중간 부근까지 오면 선박은 거의 정선해

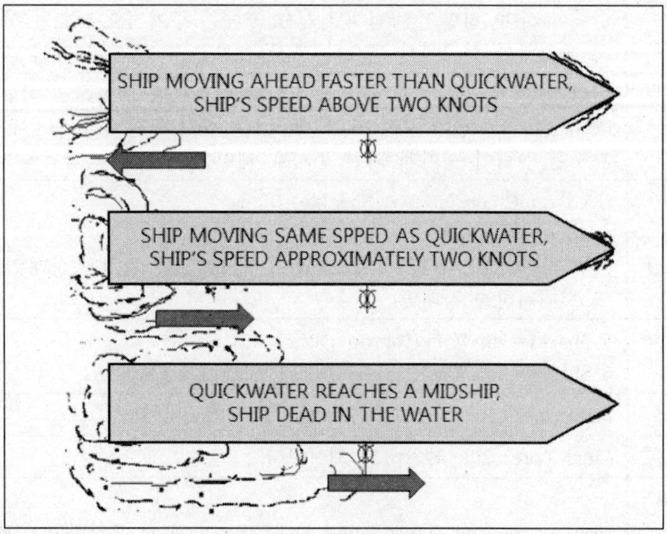

[그림 1-33] Quick Water의 이용

있는 상태이다. 이 Quick Water는 좌현보다 우현이 관측하기가 쉬우며 거의 모든 경우에 적용할 수 있으나, 여기서 추정하는 선박의 속도는 대지속력이 아니라 대수속력이라는 점을 유의하여야 한다.

즉 Current가 약 1knot 있는 수역에서는 비록 Quick Water가 선체 중앙에 와서 투묘를 했다하더라도 실제로 선박은 1knot의 속력으로 움직이고 있다는 사실을 명심하여야 한다(그림 1-33).

3. 투묘절차

① Wildcat를 Engage시키고 Windlass를 돌려서 Chain Cable을 조금 감아들인다.

② Deck Stopper를 풀고, Riding Chock를 개방한 뒤 Walk Back(묘쇄를 풀어주는 방향으로 운전하는 것)하여 Anchor Crown이 수면에 접하도록 한다.

〈표 1-5〉 투묘 시의 구령 및 응답

Order	Answer Back
Stand by Starboard(or Port) Anchor	Stand by Starboard(or Port) Anchor하고 준비가 끝나면, Stand by Starboard Anchor, Sir(Compressor Bar를 들어 올려놓고 Clutch Gear는 빼놓은 상태에서 Brake Band로만 잡아놓은 상태로 언제든지 Brake Band만 풀면 Let-go가 될 수 있는 상태를 말함)
Let go the Anchor	Let go, Sir하고 곧 투묘한다. (Brake Band를 풀어서 Anchor가 해저로 떨어지도록 하는 작업을 말하며, 언제라도 Brake Band로 체인의 장력을 조절할 수 있도록 Brake Band 부근에서 S/B하고 있어야 하며, 하단의 방법대로 투묘 후에는 주기적으로 또는 선교의 요구에 따라서 보고하여 선교에서 필요한 조치를 취할 수 있도록 해야 함)
Pay out 또는 Slack Away Chain	이런 때는 Bridge에서 보고 곧 알 수 있으므로 명령대로 이행만 하면 된다. (일정 Shackle에서 일단 Brake Band를 잠그고 앵커가 해저에 박히도록 하다가 과도한 장력이 생기게 되면 추가로 체인을 내어주는 작업을 말함)
Hold on Chain (at Two Shackles)	Hold on Chain.(at two Shackle) Hold on되면 Hold on, (at two Shackle) Sir (선교의 지시에 따라서 2 Shackles이 윈드라스에 걸쳐진 상태로 Brake Band를 잠그고 대기하는 상태임)
5 Shackles in Water (or on Deck)	5 Shackles in Water(or on Deck) 5 Shackles in Water(or on Deck), Sir
Make fast Chain	Make fast Chain하고 난 후 Make fast Chain, Sir
Clear Forecastle	Clear Forecastle 복창하고 해산한다.
Hold on at one Shackle and Drag the Anchor	Hold on at one Shackle and Drag the Anchor 복창하고 그대로 수행한다.

③ Friction Brake Band를 잠그고 Wildcat를 Windlass의 Main Shaft에서 분리시킨다. 이렇게 하여 필요할 때 Friction Brake Band만 풀면 언제라도 투묘될 준비가 되었으면 Anchor 투하 시 사람이나 물건이 Chain Cable에 걸리지 않도록 사전에 주의를 하여야 한다.

④ 투묘 중 Shackle마다 보고내용 및 기준

㉠ Anchor가 신출되는 순간부터 체인 신출량, 체인방향(몇 시), 장력상태를 보고한다.

㉡ Shackle 보고의 기준

ⓐ In Water : Kenter Shackle이 수면에 닿았을 때

ⓑ On Hawse Pipe : Kenter Shackle이 Sideshell과 Hawse Pipe와의 연접부위에 닿았을 때

ⓒ On Deck : Kenter Shackle이 Hawse Pipe의 Deck와 연접부에 닿을 때

ⓓ On Windlass : Windlass에 Kenter Shackle이 닿을 때

ⓔ 체인 방향의 기준 : 선수방향을 12시로 하고 우현 빔이 3시, 선미부는 6시, 좌현 빔이 9시로 하고, 그 사이 사이는 매시각 모양으로 유추하여 보고하여 선교에서 타 및 엔진(Engine)의 사용기준으로 활용하게 된다.

㉢ 장력(Tention) 보고의 기준

Slack(Weak), Moderate, Strong, Very Strong으로 Slack은 Anchor Chain이 수직 또는 그 부근에 위치할 때 Moderate는 체인이 약간은 뻗쳐 있지만 장력은 심하지 않고 수면상에 나온 상태에서 쳐진상태, Strong은 Chain이 쳐지지 않고 일직선으로 뻗쳐 있는 상태이나 Chain Control이 되는 상태, Very Strong은 Chain과 갑판과 접촉하는 면이 탱탱하고 소리가 나는 등 Engine 사용 등으로 장력을 줄여야 하는 상태이다.

⑤ F'cle Clear 구령이 떨어지면 체인의 장력상태를 재확인하여 장력이 없음을 확인한 후에 Clutch Gear를 넣는다.

⑥ Compressor Bar를 내려서 핀이 제대로 삽입되는지 확인하고 필요시 레버를 하강 또는 올려서 핀이 제대로 끼워질 때까지 움직여서 조정 후 핀이 제대로 Lock되면 Brake Band를 Full Tight하고 나서 Clutch Gear를 빼낸다. 그 이유는 외력 영향으로 체인이 Slack되더라도 Wildcat만 돌아가고 Windlass가 손상되지 않도록 하기 위함이다.

4. Chain의 신출

통상적으로 Anchor의 Shank가 해저에 평행하게 누워 Fluke가 완전하게 해저를 파고 들어가면 Anchor에 의한 파주력은 대개 Anchor 무게의 4배 정도이다. 그러나 Shank가 해저에서 들려 약 5°의 간격이 생기면 파주력은 25%를 잃게 되며 만약 15°가 들리면 50%를 잃게 된다. 따라서 체인을 신출할 때 너무 일찍 체인을 Tight시키면 Shaft가 해저에 평행하게 눕지 못해 주묘의 원인이 될 수도 있다는 사실을 염두에 두어야 한다. 통상 수심의 2배 정도는 체인을 일시에 내어 주며 그 후 체인 방향이 선수로 뻗어나가기 시작하면 1 Shackle씩 천천히 신출하도록 한다.

5. 양묘절차

① Windlass의 운전상태를 점검하고 기관실에 연락하여 Wash Deck Pump를 돌리게 하여(통상 Sanitary 혹은 위생수) Chain Cable에 묻어 올라오는 뻘을 씻을 준비를 한다.

② Wildcat를 Engage시키고 Friction Brake Band를 푼다.
Chain Cable을 조금 감아 올리고, Deck Stopper를 풀고 Riding Chock를 개방한다. 일항사는 양묘작업을 총 감독하면서 선교와 연락하여 명령을 하달하고, 갑판장은 작업을 직접 지휘하며 Deck Hands는 Windlass을 조작하는 것이 통상적이다.

③ Windlass가 Cable을 감아 올리는 속도는 1분에 9M, 즉 1 Shackle 올리는데 약 3분이 걸리도록 설계되는 것이 보통이다.

〈표 1-6〉 양묘 시의 구령 및 응답

Order	Answer Back
Stand by Heave in Starboard(or port) Anchor	Stand by heave in Starboard(or port) Anchor. 준비완료 후 Stand by, Sir
Heave in	Heave in, Sir
Hold on	Hold on 복창하고 Hold on한 뒤 Hold on, Sir
Brought-up Anchor	Anchor Crown이 해저에서 떨어진 상태로 Chain이 수직으로 놓여진 상태
Stow the Anchor	Stow the Anchor 복창하고, 이행 후 Stowed, Sir
Clear Forecastle	Clear Forecastle 복창하고 해산한다.

1.4.5 파주력과 묘쇄의 신출량

1. 파주부와 파주력

닻을 해중에 떨어뜨리면 Crown이 최초에 해저에 닿고 Shank가 눕는다. 현재 대부분의 선박에서 사용하는 Stockless Anchor에서는 Shank와 동시에 양 Fluke도 눕게 되고 또 해저를 파고들어가게 된다. 이때 닻에 연결된 묘쇄로부터 힘이 해저에 평행하게 작용하고 완전하게 해저에 박히게 된다.

이렇게 해저에 파고들어가 떨어지지 않으려는 힘을 파주력(Holding Power)이라 한다. 또한 묘와 해저에 가로누운 묘쇄의 수평부분을 파주부(Holding Part)라 한다.

선박이 묘박할 때의 파주력은 다음 식으로 나타낼 수 있다.

$$P = Pa + Pc = \lambda a\, Wa + \lambda c\, Wc\, l$$

P : 전파주력(ton)

Pa : 묘(Anchor)에 의한 파주력(ton)

Pc : 묘쇄(Chain)에 의한 파주력(ton)

λa : 묘의 파주계수

λc : 묘쇄의 파주계수

Wa : 묘의 수중에서의 무게(ton)

Wc : 묘쇄의 1m당 수중에서의 무게(kg · m)

l : 파주부의 묘쇄길이(m)

선박에서 사용하는 닻은 두 종류로 대별할 수 있는데 재래형 닻(Admiralty Standard Stockless Anchor)과 고파주력 닻(Admiralty Cast Type No.14)이 있다.

고파주력 닻인 AC14형 닻은 닻의 Bill이 Shank에 비하여 상대적으로 길고 끝이 예리하며 또한 넓이가 넓다. 그리고 닻의 Crown에 붙어 있는 Palm이 크고 또한 Crown의 양끝이 길게 뻗어 나가서 이것이 닻의 회전운동을 막아주는 Stabilizer의 역할을 하게 되므로, 무게에 비하여 큰 파주력을 발생하게 되고 보통 ASS Anchor의 파주력을 발생한다. 이러한 것들을 고려한 Anchor의 실제 파주계수는 해저의 저질에 따라 다르나 대략 〈표 1-7〉과 같다.

〈표 1-7〉 AC14 닻의 파주계수

저질 / 계수	Soft Mud	Hard Mud	Sandy Mud	Sand	Shell & Sand	Gravel	Flat Rock
λ_a	10	8	8	7	7	6	2.5
λ_c	1	1	1	0.8	0.8	0.8	0.8

2. 현수부

선박이 외력을 받고 묘박하여 있을 때 묘쇄의 현수부분, 즉 Hawse Pipe에서 해저에 닿는 부분을 현수부(Catenary Part)라 하며 이 부분은 파주력을 형성하지는 않는다. 현수부의 길이는 다음과 같은 식으로 나타낸다.

$$s = \sqrt{h \times \left(h + \frac{2R}{w_c}\right)} \ \text{(m)}$$

h : 해저에서 Hawse Pipe까지의 높이

w_c : 단위묘쇄의 수중무게(kg/m)

R : 선체가 받는 저항의 수평분력

따라서 수심이 깊고 외력이 크면 현수부 길이는 길어지고 그만큼 파주부를 형성하는 묘쇄의 길이가 짧아지므로 파주력은 감소하게 된다.

3. 현수부에 의한 Shank의 앙각 형성과 파주력의 감소

묘쇄의 현수부가 늘어나서 Anchor의 Shank를 들어 올리거나 좌우로 흔들면 파주력은 현저히 감소한다. Anchor Shank가 해저면에서 들리는 각도가 5°이면 파주력은 4분의 1정도 감소하고 15°이면 파주력은 거의 반 정도로 감소한다.

Anchor를 이용한 조선에서 묘쇄를 수심의 1.5배 내지 2배 정도로 내고 주묘저항을 이용하여 전진제동을 걸거나, 용묘회두(Dredging Round)를 하는 것은 Anchor의 Shank를 들리게 함으로써 Anchor의 파주력을 적게 하여 이것을 이용한 것이다.

4. 통상적인 묘쇄의 신출량

통상적인 묘박에서는 다음과 같은 식을 이용하여 간단히 계산한다.

통상의 묘박 $S=3D+90$ (m)

황천 시의 묘박 $S=4D+145$ (m)

S : 신출 묘쇄의 길이(m), D : 수심이고 $Nd=1.5\sqrt{d}$ 이며, Nd는 신출해야 할 Shackle의 수이며 d는 수심(Meter)이다.

위의 식은 신출해야 할 Shackle 수를 바로 알 수 있으므로 실제적으로 많이 쓰이는 방법이나 바람이 세고 파도가 높을 경우는 이와 관계없이 충분한 양의 체인을 내어 주도록 한다.

1.4.6 묘박 시 유의사항

1. 자선의 조종성능 파악

본선의 조종성능을 채 파악하지도 않고 묘박지에 접근한다는 것은 굉장히 위험한 일이다. 배의 선회시험은 선박이 타와 기관의 사용에 따라 어떻게 대응하는가 하는 것에 대한 지식과 감을 조선자에게 주며, 이것은 묘박지와 같은 제한된 수역에서 선박을 조선하는데 아주 중요한 것이다.

또한 이러한 조종성능은 선박의 상태와 기상에 따라 변화한다는 것을 염두에 두어야 하며, 가능한 한 기상상태를 이용하는 방향으로 선박을 조선해 나가면 무리가 없을 것이다. 즉 조류는 타선이나 위험물쪽으로 본선을 압류해 나갈 수도 있으나, 반대로 멀어지게 할 수도 있다는 것을 의미하는 것이다.

2. 풍조의 영향

풍조는 묘박지에 접근하는 방향과 묘박 후의 Final Heading, 묘박지에서의 본선 조종성능에 영향을 미치는 중요한 요소이다. 풍조는 본선의 속도가 떨어짐에 따라 본선에 커다란 영향을 미치게 되며, 컨테이너선이나 PCC선, 여객선, Gas Carrier 등과 같이 풍압면적이 큰 선박에서는 그 영향이 특히 강하므로 주의를 요한다. 일반적으로 본선의 조선자는 원양을 항해하면서 Full Speed에 익숙해져 있으므로 풍조가 본선에 미치는 영향을 과소 평가하기 쉽다.

그러므로 묘박지나 Pilot Station에 접근 시는 특별히 Leeway에 주의하여야 하고 충분한 안전수역을 확보하여야 한다. 조류가 흘러가는 방향에 다른 묘박선이나 위험물을 두고 항행하는 것은 가능한 한 피하여야 하며, 부득이 그렇게 해야만 하는 경우에는 충분한 여유수역을 두고 통항하여야 한다. 묘박지에 접근해서 2knots로 감속한 선박이 2knots의 조류가 흐르는 수역을 통과한다면 어떤 한 지점을 통과하는데 본선이 밀리는 거리는 본선의 길이만큼이 될 것이다.

따라서 조류가 흘러가고 있는 방향에 있는 타 묘박선을 안전하게 통과하기 위해서는 본선의 길이보다 훨씬 많은 여유수역을 두고 통과해야 한다는 것을 알 수 있으며, 얼마만한 거리가 안전할 것인가는 본선의 속력, 조류와 바람의 세기 등에 좌우된다.

3. 수심의 영향

Shallow Water Effect는 본선의 조종성능에 큰 영향을 준다. 수심이 감소함에 따라 본선의 Tactical Diameter는 증가하며, 본선의 보침성은 좋아져 변침을 하기 위해서는 보다 많은 타각을 요구한다. 따라서 Slow Speed로 묘박지의 얕은 수심으로 진입하려는 선박은 수심이 본선 흘수의 1.2배 정도가 되면 Tactical Diameter가 정상적인 상태에서보다 2배 이상 증가한다는 사실에 유의해서 묘박지에서 보다 넓은 여유수역을 확보하여야 한다.

그러나 대부분의 경우는 선교에 게시되어 있는 Tactical Diameter를 천수에서도 그대로 사용하고 있는 것을 볼 수 있는데, 이 값은 수심이 본선 흘수의 2배 이상 되는 곳에서 행한 시험에 의하여 얻어진 값이므로 천수구역에서는 큰 차이가 있다는 것을 유의하여야 한다. 또한 수심이 깊은 곳에서의 묘박은 다음과 같은 주의를 요한다.

① 수심이 30미터 이상되는 곳에서는 Brake가 체인을 잡을 수 없으므로 Walk-back시켜 해저에서 7~8미터 정도 떨어진 상태에서 Stand-by시켜 투묘하여야 한다. 심해 투묘 시 본선의 Speed는 0.5knot 이상이 되면 체인에 과도한 장력이 걸리게 되므로 선속을 이 이하로 낮추어야 한다. 또한 Walk-back된 상태에서 길게 늘어진 체인을 달고 Speed를 올려서는 안된다.

② 투묘의 최대수심은 선박의 Windlass 용량(Capacity Load : *W*)에 의해 결정되나 실

제는 기기의 노후 등으로 이것보다는 줄어들 것이다.

$$W = (2\text{Anchor Weight} + \text{길이 80m의 Chain Cable Weight}) \times 1.35$$

1분에 9m 이상의 체인을 감아들여야 한다(1 Shackle에 약 3분). 단, 1.35는 체인과 Hawse Pipe의 Bell Mouth(Bolster) 및 Deck Flange와의 마찰계수이며, 보통 1Anchor의 무게는 체인 2 Shackle의 무게와 비슷하다.

③ 충분한 파주력을 위해서는 신출 체인은 수심의 3배 정도가 필요하므로 수심이 너무 깊으면 해저의 파주부 체인이 너무 적어 Holding Power가 부족하다. 일반화물선의 경우 선수 Anchor Chain은 10 Shackle 정도이므로 최대 안전수심은 90~100미터 정도가 된다.

4. 조종여유수역(Maneuvering Room)

묘박지에 묘박하고 있는 선박들과 근처의 항행장애물 등은 묘박지에 출입하는 선박들의 행동반경을 제약하는 요소가 된다. 묘박지로 진입 시 본선의 행동 가능 여유수역이 충분한지를 사전에 파악하여야 하며, 만약 묘박지가 비좁아 본선의 조종이 제약을 받는다면 묘박지에서 떨어진 곳이라도 안전한 수역에서 묘박하여야 한다.

일단 좁은 묘박지에 들어가면 다시 빠져나오기가 생각보다 어려운 경우가 많으므로, 들어서기 전에 이를 사전에 결정하고 근처의 Fairway라든가 투묘 금지구역은 피하여 투묘하도록 한다. 물론 입항 전에 항구의 항만사정 등을 사전에 조사하여 묘박지가 비좁을 경우는 어떻게 할 것인가에 대해 미리 연구해 두는 것이 좋다.

1) 투묘 후 타선과의 거리

투묘 후 타선과의 거리는 통상 본선의 길이와 신출한 체인량에 2를 곱한 값을 사용한다. 즉 4000TEU의 컨테이너 선박이 수심 20미터 되는 곳에 투묘하였다면 $Nd = 1.5\sqrt{d}$ 에 의해 신출한 체인량은 7 Shackle이므로 본선 길이와 체인 신출량을 합하면 480미터 정도가 되어 근처의 다른 묘박선과는 5Cable, 고정된 항행 장애물과는 3Cable 정도 떨어지면 안전한 거리가 될 것이나 당시의 기상이나 풍조의 방향 등을 잘 고려해서 결정하여야 한다.

2) 수역이 넓은 곳에서의 투묘

또한 묘박지 내에서 수역이 넓다고 아무 곳에나 묘박할 것이 아니라 다음 묘박하는 선박을 고려하여 가능한 한 다른 묘박선과 적당한 거리를 두고 묘박하도록 하여야 한다. 이렇게 해야 다음 묘박선이 본선에 적당한 거리를 두고 묘박할 수 있을 것이며 이러한 것이 바로 Good Seamanship인 것이다.

5. 선수 및 선교 당직항해사 통보사항

① 양현묘 중 어느 쪽을 사용할 것인가
② 투묘 직전 대각도 선회 여부
③ 신출할 체인량(초기 신출량 및 최종 신출량)
④ 투묘 시 기관의 사용
⑤ 묘를 Short Stay로 사용할 경우

6. 중요한 항로표지의 식별

입항전 Charts, Publications 등을 자세히 연구하여 현저한 물표나 묘박지에서의 거리 등은 기억해 두는 것이 좋다. 또한 묘박지 근처를 항행할 경우 본선의 위치는 이러한 물표를 이용하여 머리 속에 그려 나가야 하며, 항해사들이 해도에 기입해 놓는 위치는 보다 정확한 위치를 참조해야 할 때 사용한다.

1.4.7 묘박방법

1. 단묘박

한 쪽의 주묘(Bower Anchor)만을 사용하여 묘박하는 방법으로서 묘박장소에 충분한 여유수역이 있고 조류의 변화가 비교적 작은 수역에서 가장 일반적으로 행하여지는 방법이다.

① 단묘박(Lying at Single Anchor) 중에 선박은 풍조의 영향에 따라서 항상 풍조에 추종하는 자세를 취하므로 묘박위치(Anchor Position)를 중심으로 하여 신출한 묘쇄장에 대응하는 원궤적 내에서 움직인다. 이 때문에 단묘박은 넓은 선회면적을 차지한다. Foul Anchor가 되기 쉬우며, 즉 풍조의 방향변화 등의 원인으로 묘쇄가

묘의 Fluke 등에 걸려서 파주력이 상실되는 수가 있다.

② 반면에 단묘박은 투묘, 발묘가 간단하고 작업시간이 짧다. 황천 등 응급보안 묘박 자세로의 대책이 용이하다.

③ 단묘박의 투묘법으로는 전진투묘법, 후진투묘법, 심해투묘법(정지투묘법)이 있으나 보통의 수심에서는 일반적으로 후진투묘법에 의한 단묘박이 많다.

2. 쌍묘박

선박이 양현묘를 상당한 거리 간격으로 투묘하여 선수가 거의 양현묘의 중간에 위치하게 함으로써, 풍조의 방향에 따라 자세가 변하며 주로 한쪽 현의 묘에 의하여 묘박하는 방법을 쌍묘박(Mooring)이라 한다(그림 1-34).

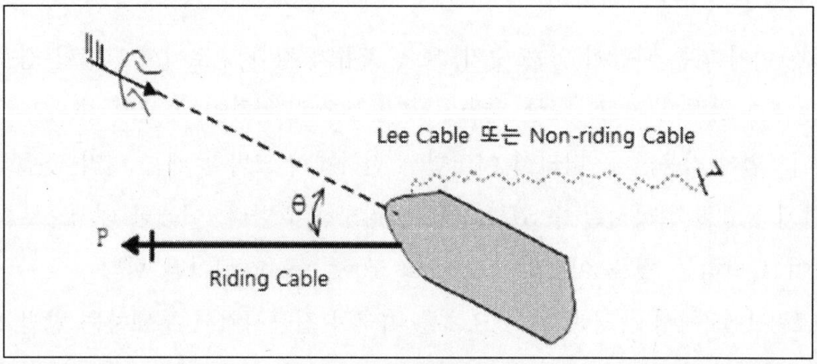

[그림 1-34] 쌍묘박

일반적으로 쌍묘박 시에는 양현묘의 묘쇄는 같은 길이가 되도록 신출해 주며, 풍조에 의하여 장력이 생긴 묘 또는 묘쇄를 Riding Cable이라 하며, 장력이 생기지 않는 묘를 Non-Riding Cable이라 한다.

쌍묘박법은 협소한 박지에서 선체의 Swing을 방지할 목적으로 묘지의 주 풍조와와 묘의 연결선이 일치하도록 투묘하여 Riding Anchor에 계류하는 방법으로서 양묘쇄를 같은 길이로 충분히 Tight시켜주어야 한다(Tight시키지 않으면 양묘쇄가 꼬일 우려가 많다).

① 쌍묘박은 단묘박에 비해 〈표 1-8〉과 같은 장단점이 있다.

〈표 1-8〉

장 점	단 점
• 선체의 Swing 범위가 작으며 선체의 동요와 전후진 운동이 완화된다. • 풍력이 강해지면 양현 묘쇄를 신출하여 2묘박으로 강대한 파주력을 얻을 수 있다(풍향이 묘위선에 직각일 때). 풍향의 변화에 대해서는 양현 묘쇄를 적당히 신축 조정하여 대처할 수 있다.	• 단묘박에서는 Foul Anchor가 되기 쉽지만 쌍묘박에서는 Foul Hawse(=Foul Cable)가 될 우려가 있다. • 쌍묘박에서는 양묘 모두 주묘가 될 때에는 Anchor를 걷어서 다시 투묘하는 것 이외에 대책이 없다. • 투묘, 발묘 등의 묘작업에 많은 시간을 요한다.

② 쌍묘박의 투묘법에도 전진투묘법(Running Moor or Flying Moor), 후진투묘법(Ordinary Moor)의 두 가지 방법이 있으며 일반적으로 전진투묘법을 많이 쓴다.

3. 이묘박

강풍과 이에 따른 파랑이 있는 수역, 또는 조류가 강한 수로에서 묘박할 경우에는 선체에 작용하는 외력이 크고, 또한 외력이 변동함으로 인하여 선체의 동요가 일어나므로 묘쇄에 큰 힘이 작용한다. 따라서 이러한 조건하에서 묘박할 때는 미리 파주력을 증대시키고 선체 동요를 완화시킬 수 있는 방법을 강구해야 한다. 이러한 대책으로서 양현묘를 사용하여 묘박하는 것을 이묘박(Riding at Tow Anchors)이라 한다.

① [그림 1-35]에서 ㉮의 방법은 묘쇄를 비교적 접근시켜서 투묘하는 방법으로 묘쇄장은 양현이 동일하다. 풍조가 일정하여 Swing이 없을 때는 파주력이 최대이나 풍조가 변할 때는 Swing이 크며 장력이 많이 걸린다.

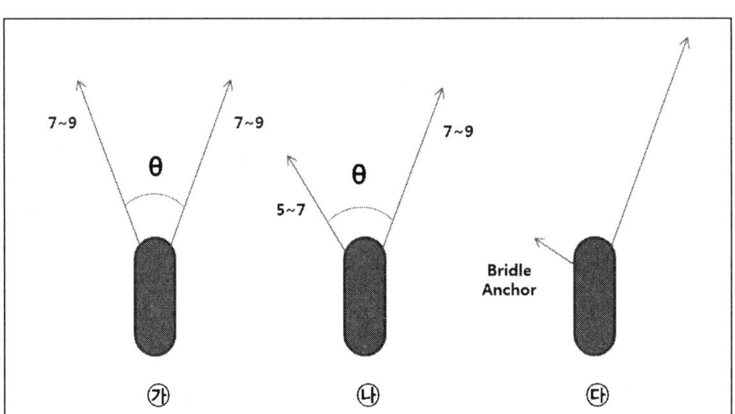

[그림 1-35] 이묘박

이묘박법은 양묘의 협각이 작을수록 파주력이 크고 그 협각이 0(Zero)일 때는 파주력이 단묘박의 2배가 된다. 그러나 Swing의 방지라는 측면에서 볼 때 양묘의 협각(θ)이 50°~60°일 때가 가장 양호한 묘박자세를 이룬다.

이 묘박법은 풍향의 변화에 대응하기에 부적합하다. 교각이 60°일 때는 단묘박의 1.73배 정도의 파주력이다.

$$2T\cos\frac{\theta}{2} = 2T\cos 30° = \sqrt{3}\,T = 1.73T$$

② ㉯의 방법은 선체의 Swing이 가장 심하며 이로 인하여 각 Anchor에 교차로 급장이 작용하여 주묘와 묘쇄의 절단위험이 많다.

③ ㉰의 방법은 강풍의 경우에 ㉮의 경우보다 파주력이 약하지만 선체의 Swing이 없어서 급장이 작용하지 않고 풍위의 변화에 순응하기가 쉽다. 또한 풍위의 변화에 따라서 선수가 회두하게 놔두고 최대강풍의 시기에 제진묘를 신출하여 교각을 50°~60° 정도로 하는 이묘박으로의 이행이 가능한 방법으로써 이묘박방법 중 가장 이상적인 방법으로 알려져 있다. 투 · 양묘 또한 간단하다.

4. 선수미 묘박

선수에서 1개 또는 2개의 묘를 투하하고 또한 선미에서 1개의 묘를 투하하여 일정 방향에 선수미를 유지하는 방법으로 특수한 경우에 사용한다. 특히, 선수에 2개의 묘를 투하하고 후진하여 선미로부터 부표나 육안에 계류색을 잡는 방법으로 계류하는 것을 지중해식 계류(Mediterranean Moor)라고 하며 지중해 연안에서 많이 쓰인다.

5. 선미 묘박

협소한 항이나 선박이 폭주하는 묘박지 또는 가항수로의 폭이 제한된 강 등에서 선미로부터 풍조를 받으며 입항 또는 항해 중에 중묘(Kedge Anchor or Stern Anchor)를 써서 선미 투묘에 의해 기간 동안 가박하는 방법이다.

1.4.8 투묘법

투묘법에는 전진투묘법, 후진투묘법, 심해투묘법(정지투묘법) 등이 있다.

1. 전진투묘법

1) 단묘박 시 전진투묘법

예정 Berth에 진입하여 상당한 잔여 타력으로 진행하면서 투묘하고 묘쇄를 신출하면서 묘박태세를 취하는 방법이다. 투묘 시 후진기관을 사용하여 타력을 감쇄해야 한다.

① 장점

㉠ 전진에 의한 보침 및 조선이 용이하므로 예정위치에 정확하게 투묘할 수 있다.

㉡ 필요하면 묘쇄를 희망하는 방향으로 똑바로 끌고 갈 수 있다.

㉢ 단시간에 묘작업을 끝낼 수 있다.

② 단점

㉠ 묘쇄 및 선체에 충격이 심하여 전진타력이 과대하면 묘쇄가 Windlass에서 튀거나 무리한 힘이 가해져서 묘쇄가 절단될 우려가 있다. 전묘쇄를 신출하여 타력을 억제하여 정선할 수 있는 선속의 한계는 2.5knots임(기관과 묘쇄를 같이 사용하면 4knots까지 가능)을 명심하여야 한다.

㉡ 특히 만재상태에서는 전진투묘라 하더라도 타력을 안전한 범위까지 감쇄한 후에 투묘하여야 한다. 각 국의 도선사들이 대형선에서 전진투묘만 했다하면 거의 예외 없이 Windlass의 Brake Band Lining을 단번에 손상시켜 놓는 것은 속도의 안전한계를 무시하기 때문이다. 통상의 투묘는 타력이 0.5knot 이내가 안전하다.

2) 쌍묘박의 전진투묘법(전진쌍묘박, Running Moor or Flying Moor)

전진타력에 의하여 제1묘를 투하하고 선체가 정지될 때에 제2묘를 투하하는 방법이다. 즉, 선체가 머물고자 하는 예정 Berth로부터 신출예정인 한쪽 현 묘쇄의 길이 정도의 전방에서 제1묘를 투하하고 계속해서 묘쇄를 신출하여 전진하여(이때 필요하면 극미속의 기관과 타를 사용해서 똑바로 나간 후에) 제1묘의 묘쇄가 예정 신출량의 2배 정도 나가면 남은 타력이 모두 없어지도록 묘쇄를 Holding하여 해저에 일직선으로 깔리도록 한 후에 제2묘를 투하한다. 그 후에 먼저 투하했던 제1묘를 감으면서 제2묘를 신출하여 양묘쇄가 같은 길이가 되도록 Tight시켜주는 묘박법이다.

이 방법은 후진투묘법에 비하여 볼 때 보침이 용이하므로 풍조가 있더라도 조선이 쉽고 예정위치에 비교적 정확하게 투묘할 수 있다. 일반상선에서 쌍묘박 시에 흔히 사용하는 방법이다.

2. 후진투묘법

1) 단묘박 시의 후진투묘법

예정 Berth의 조금 전에 후진기관을 걸고서 투묘예정 위치에서 타력이 없도록 한 후에 투묘하는 방법이다. 실행상 반전기관에 의한 배수류가 소형선의 경우 선수에 채 미치지 못하였을 즈음과 대형선의 경우 선체 중앙부에 채 미치지 못하였을 즈음에 투묘하고, 기관을 정지하면 4~5 Shackle 정도의 묘쇄가 신출될 때에 선체가 멈추고 서게 된다.

일반상선에서 단묘박 시에 흔히 행하는 방법이며 잔여타력에서 후진기관(보통은 반속후진을 사용하며 전속후진은 비상대책으로서 예비로 남겨둔다)을 걸면 얼마나 더 전진하다 정지하는가를 사전에 짐작하여야 한다.

보통은 예정점까지 선체의 길이(L) 정도가 남았을 때 반속후진하여 정지하면 투묘하고 후진타력이 생기면 기관을 정지한다.

① 장점

㉠ 투묘 직후 곧 묘가 해저에 잘 박힐 수 있다.

㉡ 전진기관에 의해 후진타력의 억제가 용이하기 때문에 선체와 묘쇄에 무리한 힘이 가해지지 않는 이점이 있다.

② 단점

강한 풍조를 옆에서 받게 되면 예정위치에 정확한 투묘가 안 되는 점이 있다.

2) 쌍묘박 시의 후진투묘법(후진 쌍묘박법, Ordinary Moor, Standing Moor)

예정 Berth를 제1묘의 예정 신출길이만큼 지났을 때 선체의 행각이 정지하고 후진타력을 갖기 시작하도록 조선하여 제1묘를 투하하고, 이를 신출하면서 기관 및 타를 적절히 이용, 가능하면 직후진하도록 하여 처음 투묘한 묘쇄가 예정길이의 약 2배가 되면 제

2묘를 투하한다. 이후에 제1묘를 감으면서 제2묘를 신출하여 양현 묘쇄를 거의 같은 길이로 Tight시키는 방법이다.

장점은 과대한 응력이나 손상을 방지하는데 효과적이라는 것이다. 단점은 자세유지와 보침조선이 불량하여 외력이 있는 좁은 박지에서는 곤란하고 작업시간이 많이 걸리는 것이다.

쌍묘박 투묘 시의 주의사항은 다음과 같다.

① 묘위선이 그 박지의 주풍조와 일치하도록 해야 한다.

② Foul Hawse를 방지하기 위하여 묘쇄를 완전히 Tight시켜 두어야 하며 Foul Hawse 시 묘쇄의 절단에 대비하여 Joining Shackle을 Deck상이나 Windlass상에 오도록 함이 좋다.

③ 제2묘쇄를 투하할 때까지 본선의 타력(행각)이 과대하면 그 억제가 곤란할 뿐만 아니라 때로는 묘쇄 절단의 위험이 있다.

④ 쌍묘박 시에 풍조를 선수에 받도록 투묘하여야 하며 전진투묘 시에는 풍하측 묘를 후진투묘 시에는 풍상측 묘를 제1묘로 한다.

3. 심해투묘법(정지투묘법)

① 심해라고 함은 소형선에서는 1 Shackle(27m) 이상, 대형선에서는 40m 이상의 수심을 말한다. 수심이 깊은 곳에서 통상의 투묘법과 같이 Cock Bill 상태에서 투묘하면 묘와 묘쇄는 대단한 힘으로 낙하가 되며 다음과 같은 결과를 초래한다.

㉠ 묘와 해저와의 접촉 시의 충격으로 묘의 변형이나 손상을 받기 쉽다. 특히, 해저의 저질이 단단하면 더욱 위험하다.

㉡ 묘쇄는 신출이 될수록 가속이 되어 신출의 억제가 곤란해진다. 그로 인하여 Windlass Brake의 고장 또는 묘쇄의 절단이 일어날 수 있다.

㉢ 신출된 묘쇄가 묘의 위에 중첩되어서 좋은 파주력을 얻기 힘들다.

따라서 다음과 같은 요령으로 투묘해야 한다.

ⓐ 수심이 30m를 넘을 때 : 약 1 Shackle(27m) 정도를 Walk-back하여 극히 약한 타력으로 Brake에 의한 투묘를 한다.

ⓑ 수심이 50m를 넘을 때 : 묘가 해저에 닿을 때까지 Walk-back하여 극히 약한 타력으로 Brake에 의한 투묘를 한다.

ⓒ 수심이 80미터를 넘을 때 : 묘쇄의 전신출량을 Walk-back으로 한다.

ⓓ 해저가 급경사된 곳 : 육지에 가깝게 해저가 급경사되어 있을 때에는 처음부터 예정수심 정도의 묘쇄를 Walk-back하여 미속으로 육안을 향하여 접근하다가 해저에 접하면 예정산출량을 Walk-back하여 묘박한다.

② 심해투묘 시의 주의점

㉠ 측심의(Fathometer, Echo Sounder) 또는 Hand Lead로 수심을 확인한다.

㉡ 투묘 시 타력은 투하한 묘를 해저에 Dig-in시키기 위해서는 적당한 타력이 필요하지만 행각(타력)이 과대하면 묘쇄의 신출속도가 너무 커져서 Windlass Brake의 손상 우려가 있다. 일반적으로 심해투묘 시 타력은 0.5knot 정도 이내가 적당하다.

㉢ 묘박 가능한 수심의 한계는 Windlass의 정격 양묘능력이 묘를 감아올릴 수 있는 범위의 수심이다.

1.4.9 황천묘박

1. 선체의 Swing

선체는 대부분 Swing이 일어나며 이것으로 인해 묘쇄에 급장이 생기며 주묘할 위험이 크다. 급장은 묘쇄선과 선수미선이 일치하고 난 직후에 선수가 풍향과 약 30° 각을 이루게 될 때이다.

진회를 억제하여 급장을 줄이는데 효과적인 방법으로써 다음과 같은 것들이 있으나, 현실적으로 단묘박이나 부표계류 중 어느 때나 이용할 수 있고, 실시가 용이하여 현실적인 방법은 한쪽 묘쇄를 7~9 Shackles 이상 최대한 길게 신출하고 다른 Anchor로써 굴레를 씌우는 방법이다(그림 1-36).

① 쌍묘박(Mooring)으로 한다.

② 이묘박 시에는 가능한 양묘의 협각을 60°정도로 유지하여(V60, ×60) 최대 풍속에 대비한다.

③ 굴레(Bridle)를 씌우는 방법(제진묘 투하) 황천이 예상될 때는 제진묘(진회 억제묘)를 Open Hawse 또는 Cross Hawse(Hammer Lock) 방식으로 Bridle시킨다.

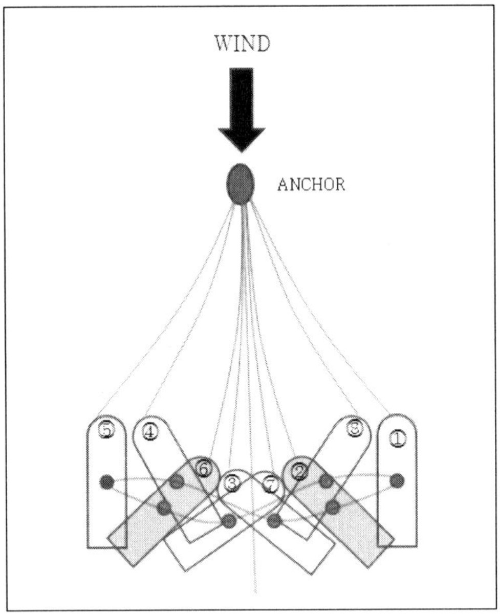

[그림 1-36] 선체의 Swing

④ 묘쇄를 최대로 신출하여 파주력을 증대하고 급장을 완화하며 묘쇄의 현수부에 Spare Chain, Sinker 등을 달아서 묘쇄에 걸리는 급장을 완화시킨다.

⑤ 부표계류 중 황천 시에는 묘쇄를 길게 신출하고 난 후에 제진묘를 수심의 1.5~2배 정도로 투하한다.

⑥ 흘수를 늘린다. 빈 탱크에 Full Ballasting하여 수풍면적을 감소시키고 수면하의 수저항을 증가시킨다.

⑦ Trim by the Head로 하여 선수 수면하 수저항을 증대시키고 바람의 작용중심을 선미쪽으로 이동시켜서 Swing을 억제한다. 선체의 Swing은 선수가 ∞자로 움직이면서 일어난다.

회두저항능률이 선미부분이 가장 클 뿐 아니라(L4에 비례) 선미에는 타, Propeller 등 저항물이 많기 때문이다. 선미트림으로 하면 선수의 수풍면적이 커지며, 따라서 선수의 수저항이 적어지고 Swing이 크게 되어 급장이 크게 된다. 선수 트림으로 하면 수저항 작용중심은 전방으로 이동해 가고, 바람의 작용중심을 선미쪽으로 편위시켜서 Swing을 억제할 수 있다.

⑧ 설치되어 있으면 Bow Thruster를 사용하여 Yawing Moment를 조정한다.

⑨ 외력에 대항하기 위한 주기(Engine)를 병용한다.

황천의 내습이 예상되면 선장은 즉시 기관을 준비하고 선박의 안전상 필요하면 빨리 사용할 수 있도록 해야 한다. 선체에 상당한 풍압력이 작용하여 주묘 또는 묘쇄의 손상을 줄 위험이 있을 경우에는 황천준비를 하고서 기관에 의한 전진타력을 이용하여 외력에 대항한다.

즉, 기관을 병행하여 묘쇄의 긴장을 완화시키고 급격한 충격하중이 가해지지 않도록 하고, 항상 선체를 풍향에 대해 대응 자세를 유지할 수 있는 상당한 추력을 주어야 한다.

그러나 기관을 과도하게 사용하여 Over Run이 된다든가, 풍향에 대한 자세가 크게 벌어진 채 기관을 사용하여 추력을 생기게 하면 묘는 끌리게 되고 선체는 주묘 이동하게 된다.

따라서 기관의 사용은 묘쇄의 파주력을 보조하는 것으로 생각하여 다음과 같이 조작해야 한다.

㉠ 선체의 요잉운동을 방지하기 위해 앞에서 기술한 바와 같은 조치를 취한다.

㉡ 특히 선수에서 묘쇄의 방향 및 장력을 관찰해야 한다.

㉢ 기관의 전진, 정지를 짧은 시간으로 나누어 반복하여 묘쇄의 장력과 추력 및 외력이 평형상태가 되도록 하고 변동을 주지 않아야 한다.

㉣ 그러나 대형선에서 기관을 짧은 시간동안 수회 반복하여 계속 사용한다는 것은 불가능하다고 할 수 있으므로 상황에 따라 적절히 사용해야 한다.

㉤ 기관을 병용함에 주의할 점은 기관을 과도하게 사용하면 더욱 파주상태 및 자세를 나쁘게 하는 결과를 초래할 수 있으나, 황천 시에 주묘를 방지하는데 유효한 방법이라 할 수 있다.

2. 제진묘의 사용

제진묘라 함은 단묘박 중 풍향 · 풍속의 변화, 유향 · 유속의 변화 또는 풍랑의 변화 등 외력의 변화로 인한 선체의 전 · 후진운동, 좌우 진회운동 및 그러한 운동타력을 억제하여 묘쇄의 절단과 주묘 등을 방지하기 위하여 투묘하는 묘를 말한다(그림 1-37).

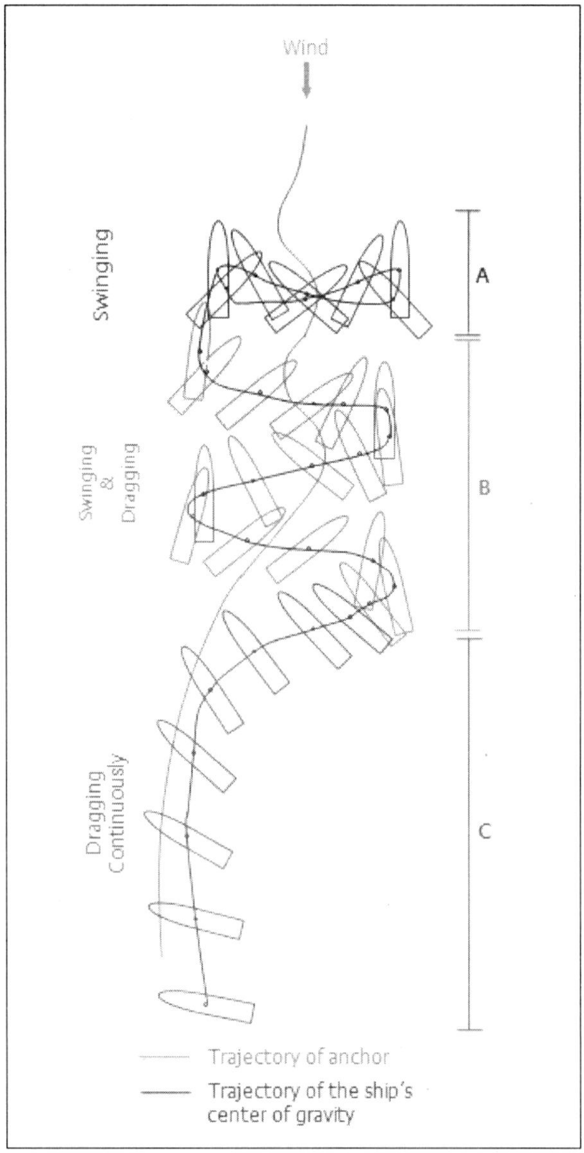

[그림 1-37] Anchor의 주묘모습

3. 태풍 내습에 따른 선박 피항

우리나라는 연평균 2~3회 태풍이 내습하고 있으며 태풍 내습 시 선박은 외해로 이동하거나 또는 피항지로 이동하여 피박(避泊)하게 된다. 대표적 피항지로는 남동권역은 진해만, 남서권역은 광양만과 목포항이 있으며 서해권역(인천항 등)과 동해권역(포항항 등)

의 항만 선박은 외해로 이동한다.

피항 중에는 기상상황을 시시각각 확인해 선박 항해장비를 총동원하여 안전장소 확인 및 선박간 안전거리를 유지하며, Anchoring을 실시하고 필요시에는 타 안전장소로 이동한다. 태풍중심의 강풍 시에는 주묘의 위험으로 부근 선박과 충돌, 해안좌초, 표류 등의 사고가 발생할 수 있기 때문에 선교의 당직자들은 자선과 타선박의 이격거리, 자선과 타선의 주묘 여부 등을 확인하며 주의깊게 당직에 임해야 한다.

[그림 1-38]은 한나라호의 2015년 태풍 고니의 내습 시 진도 부근 장소에서 피항 중 레이더 화면(Range 3마일) 모습이다. 관찰결과, 기상상태의 악화로 인해 길이 100m 전후 선박들은 기존 이격거리를 보다 더 확보하여 선박 간 약 5Cable로 유지하여 타선의 움직임을 감시하는 모습이다.

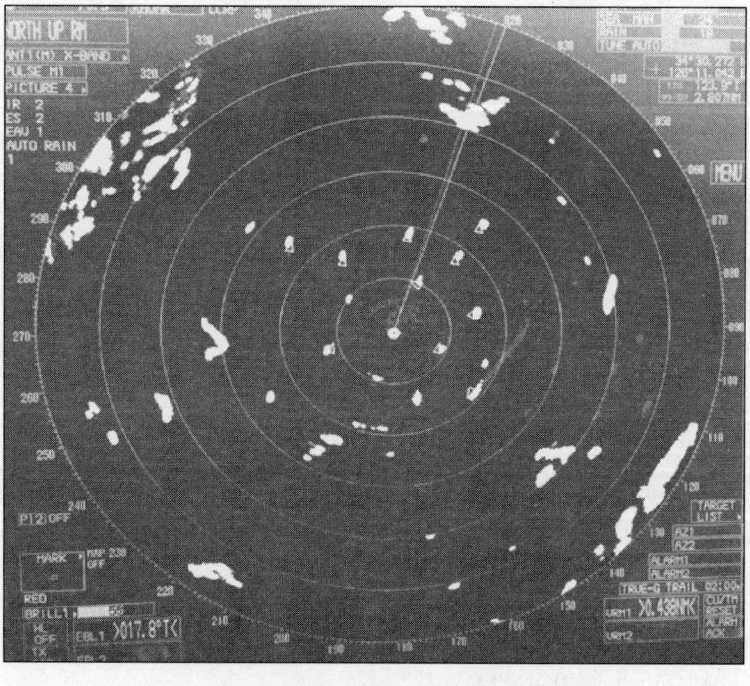

[그림 1-38] 레이더에 관찰된 태풍 피항 중 선박들

1.4.10 접·이안조선

1. 접안조선 계획 시 고려할 사항

① 항구나 계류장소의 일반상황을 세밀하게 파악한 후에 예정 Berth에 접근하는 침로

를 선정한다.

㉠ 항내에 권고항로가 설정되어 있는 경우에는 이를 따라야 한다.

㉡ 암초 등 위험물 부근을 항행 시는 피험선을 분명히 정한다.

㉢ 조타목표를 설정하고 가능한 한 중시목표를 설정한다. Leading Line이 설정되어 있으면 이에 따른다.

㉣ 풍조가 있을 경우에는 가능하면 풍조를 선수에서 받을 수 있는 침로를 선정한다.

② 속력감소에 대한 계획을 세우고 항상 속력을 파악할 수 있도록 한다.

㉠ 외해에서 항계로 진입 시는 미리 감속시켜야 할 지점을 설정하여 가능하면 일찍부터 감속하여 항계진입 시는 5~7knots 정도가 되도록 한다.

㉡ 항계를 통과하면 기관정지 후 타력으로 진행하도록 하고 방파제 등을 통과할 때는 전진기관을 사용하여 통과한다.

㉢ 예정 Berth로부터 2마일 떨어진 곳에서는 4knots, 1마일은 1knots 정도의 속력을 유지한다.

㉣ 속력은 Doppler Sonar, 정횡방향의 물표, 감각 등을 이용하여 항상 파악하고 있어야 한다.

③ 풍조의 유무 및 그 이용, 특히 예정 Berth 부근의 조류를 파악한다.

④ 긴급 시에 대한 비상조치도 미리 강구하고 대비하여 둔다.

⑤ 풍조를 감안한 충분한 예선을 수배하고 예선을 잡는 방법에 대하여 도선사와 협의한다.

2. 접안조선 시 고려할 사항

1) 안벽에의 접근

안벽에의 접근각도는 다음과 같은 요소에 의해 달라진다.

① 상대풍향과 풍압의 작용

② 조류의 유향과 조류의 작용력

③ 선체의 흘수, 기관 및 선체의 조종특성

④ 부두형상, 구조, 강도를 포함한 물리적 특성

⑤ 예선지원 여부

⑥ 접안하여 있는 타선과의 관계

2) 외력의 영향을 무시할 수 있을 때의 기본적인 접근법

① 안벽에 대략 자선길이 정도 접근 시 속력은 1Knots 이하가 되도록 한다.

② 우현접안 시는 안벽과 거의 평행하게 접근해서 후진기관 사용으로 인한 선미이탈로 곤란을 당하지 않도록 한다.

③ 좌현접안 시는 안벽과 약 15° 정도를 유지하여 후진기관 사용 후 선체가 안벽에 평행이 되도록 한다.

3) 풍조의 조선상 이용

외력의 영향을 어떻게 조선에 이용할 수 있는가를 생각하여야 하며 다음과 같은 점을 고려한다.

① 안벽쪽으로부터 불어오는 바람(Offshore Wind)은 부두를 향한 선체의 횡방향 이동을 억제시킨다. 따라서 무풍 시보다 안벽에의 접근각도를 크게 해서 반대측 묘를 투묘하여 Dragging하면서 타를 Hard-over, 기관을 Kick Ahead시켜 전진운동을 억제시키면서 선미의 횡방향 운동을 증대시켜 이를 바람이 상쇄시키도록 한다.

② 안벽을 향하여 부는 바람은 선체를 안벽과 약간의 거리를 두고 정지시킨다면 자연히 선체를 안벽쪽으로 이동시킨다. 횡방향 운동이 과도할 시는 역시 묘를 써서 억제한다.

4) 횡방향 운동의 파악

횡방향 운동은 주로 전진타력을 가진 선체의 회두에 의한 것과 예선 및 투묘에 의하여 생기며 선수미 방향에 있는 육상물표와 Heading을 비교, 또는 선수미와 안벽의 거리 등을 주의깊게 관찰하여 운동상태를 파악할 수 있다.

5) 후진기관의 사용

후진기관의 사용에 따른 선미의 좌편향 현상을 이용하여 선체가 안벽에 평행하게 유지되도록 한다.

6) 접 · 이안조선 시 계류색의 이용

계류색으로 선체의 선수미방향 및 횡방향 운동억제 및 회두작용에 이용한다.

3. 계선설비 및 계류색

1) 계선설비 용어

① Hawser Rope : 선박의 계선시 사용하는 Rope로써 통상 Φ 40mm 이상의 것을 말하며 합성섬유와 Wire Rope가 있다(2700TEU CNTR의 Rope : 60mm, Breaking/68.67ton)

② Bollard : Mooring Rope, Hawser 등을 매기 위한 기둥으로써 2개로 되어 있다.

③ Bitt : Mooring Rope, Hawser 등을 매기 위한 기둥으로써 1개로 되어 있다.

④ Cleat : 갑판상 또는 Bulwark 등에 설치된 것으로써 Guy-rope나 Tug-line 등의 고박에 사용한다.

⑤ Recess-bitt : 선체 외판 주위의 여러 개소에 오목한 자리를 만들어 설치한 Tug-boat용 Bitt이다.

⑥ Fair Leader : Hawser Rope 등을 감을 때 접촉부위를 회전시킴으로써 마모를 방지하고 Rope의 방향을 바꿀 때 또는 격납을 용이하도록 한다.

⑦ Panama Chock : 계류색을 선내로 끌어올리거나 내리도록 Bulwark에(Mooring Hole, Pipe) 설치된 원형 또는 타원형의 구멍으로써 마모를 방지하기 위해 Round로 되어 있다.

⑧ Universal Chock : 계류색이 통과하는 곳에 수직 또는 수평으로 Roller가 설치되어 Rope의 마모를 방지하는 것으로 주로 Wire Rope를 사용하는 대형선에 설치되어 있다.

⑨ Eye Plate(Pad Eye) : 소형의 Rope를 고박하는 장치로서 눈모양으로 된 것이다.

⑩ Ring Plate : 소형의 Rope를 고박하는 장치로서 고리모양으로 된 것이다.

⑪ Hawser Pipe : Anchor Cable이 올라오는 큰 통로로서 Anchor-chain 세척용 해수 Pipe가 설치된다.

⑫ Capstan : Mooring Rope 등을 감아올리는 데 사용하는 수직 Barrel이다.

⑬ Hawser-stopper : 계류색으로 잡은 줄을 Bollard에 고박시키기 위해서 1차적으로 줄의 장력을 유지시킬 때 사용하는 줄로서 Hawser(Fibre) Rope에는 Rope Stopper(Φ16~18mm), Wire Hawser Rope에는 Chain Stopper(Φ8~10mm)가 사용된다.

⑭ Seizing-rope : Bollard에 8자형으로 감겨둔 줄이 장력이 걸리더라도 풀려지지 않도록 하는데 사용하는 줄로서 8자의 가운데를 묶으며 통상 15~20mm의 P.P Rope

등이 사용된다.

⑮ Fender : 선박과 부두 혹은 선박 사이의 접촉손상을 방지하기 위한 막이로서 Cork-fender, Wooden-fender, Tire-fender, Air-fender(Yokohama-fender), Rubber-fender, Rope-fender 등이 있다.

⑯ Heaving Line(Rope) : 계류색을 보내거나 본선에 올릴 때 사용되는 줄로서 Φ6~8mm, 길이 100M 이내 가는 줄이다.

⑰ Rat Guard : 쥐막이 이다.

⑱ Gangway Net(Safety Nets) : 갱웨이 주변에 설치하는 안전망이다.

⑲ Messenger-rope : 육안이나 Buoy에 Rope(Wire, Fibre)를 건네줄 때 Heaving Line의 강도로서는 약하여 계류색의 무게를 감당할 수 없을 때 Heaving Line과 계류색 사이에 연결되는 Rope로서 Φ14~20mm 정도의 Nylon Rope 등이 사용된다.

2) 계류색 명칭 및 용도

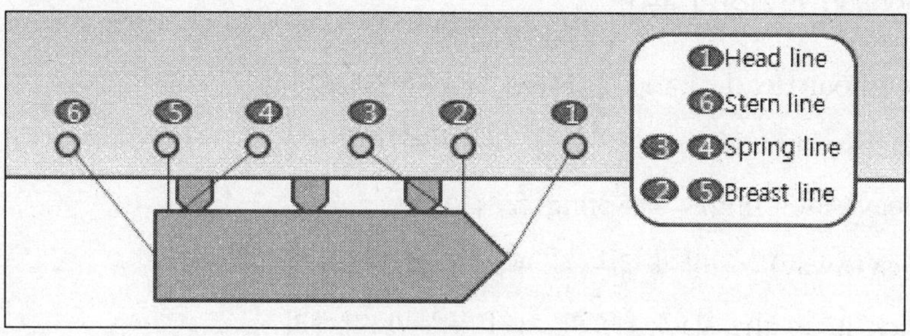

[그림 1-39] 계류색 명칭

① Head Line : 선체의 후방운동을 억제하거나 선체를 전진 시에 사용하며 본선의 중심선과 줄이 이루는(Bow-line) 각도는 45°가 적절하다.

② Fore-breast : 선체와 안벽 혹은 부두와의 접안상태 유지 및 선체의 외방운동을 억제하며 본선과 부두와의 연결각도가 직각이 될수록 좋다.

③ Fore-spring : 선체의 전방운동 억제와 선체의 접안상태에서 후진 시 사용하는 것 외에 안벽계류 중에 전진타력을 잡으며 선체를 정위치에 고정시키고, 배를 이안 시에는 선미를 접안상태에서 떨어지게 하는 계류줄로 쓸 수 있다. 줄과 선수미선의 각도가 적을수록 좋다.

④ After-spring : 선체의 후방운동 억제와 접안상태에서 전진 시에 사용한다.

⑤ After-breast : 선체의 접안상태 유지와 외방운동을 억제한다.

⑥ Stern-line : 선체의 전방운동 억제와 접안상태에서 후진 시에 사용하며 줄과 선수미선과의 각도가 작을수록 좋다.

㉠ 접안작업 중의 유의사항 : 선박이 부두에 접안 시작 중에도 선박은 속력을 1~2knots 정도 가지고 있으므로 기관사용으로 전진력을 줄일 수 있으나, 기관사용이 안 될 경우라도 전진력은 억제되어야 하므로 선수부의 Spring-line은 전진력을 억제할 수 있는 새 줄을 잡되 가능한 한 길게(선수미선과 부두선과는 소각도가 됨) 잡는다.

㉡ 계류색 작업 시 유의사항 : 계류색 작업 시 Make-fast 때에는 섬유색(Fibre-rope)은 Bollard, Bitt, Cleat 등에 4회 이상 감아야 안전하며, Wire-rope는 Bollard나 Cleat에 4~5회 8자로 감고 세 가지 색으로 가운데를 Seizing해야만 풀려지지 않는다.

3) Mooring 작업상의 용어

① Send-out(Head Line) : 줄(Head Line)을 내보내라

② Slack-away : 줄이 늘어지도록 내주어라

③ Heave-in(Spring) : 줄(Spring)을 감아라

④ Easy(Away) : 긴장이 없어질 때까지 늦추어라

⑤ Pick it up the slack : 줄의 처진 부분만 감아라

⑥ Make-fast : 줄을 당겨서 고박하라

⑦ Single-up : 선체를 잠시 매어둘 최소한의 Mooring Line만 남겨두고 그 밖의 줄을 거둬라(보통 1-Head Line, 1-Spring, 1-Breast를 남긴 상태를 말함).

⑧ Let-go(Cast-off) : 줄을 풀어 거둬라

4) 계류색을 잡는 법과 푸는 법

① 예상되는 Berth에 선수가 진입하게 되면 선수에서는 Head Line과 Spring을 먼저 내어주되 전진타력이 있는 경우에는 Spring-line을 먼저 잡는다. 이때 둘다 Drum에 감긴 줄을 사용하도록 하여 Heave-in 및 Slack-away를 자유로이 할 수 있도록 한다.

② 전진타력이 없거나 있더라도 본선이 앞으로 나가야 할 때 혹은 후진타력이 있을

때에는 선수에서는 Head Line을 먼저 잡는다.

③ 선미에서는 후진타력이 있을 때 혹은 후방에 장애물이 있을 때 혹은 강가에 위치하는 부두와 같이 선미쪽으로 강한 조류가 있을 경우에는 Spring을 먼저 잡는 것이 좋다.

④ 선미에서는 계류상태를 수시로 보고하여 Engine 사용에 지장이 없도록 하며 Engine 사용시에는 계류색이 Screw에 감겨들지 않도록 주의한다.

⑤ 간만의 차이가 심한 부두에서는 가능한 한 계류색을 멀리 잡아 Standing-part의 길이가 길게 한다.

⑥ 선수미에서는 먼저 Head Line-2, Spring-2를 각각 Made-Fast 후에 Tug-line을 Let-go하고 나머지 Line을 이후에 잡는다.

⑦ 출항 시 Line을 거두어들일 때에는 Single-up 시에 본선에서 멀거나 작업이 곤란한 Line을 먼저 감아들이고, All-line Let-go 시에는 Line-let-go부터 먼저 한 후에 줄을 감아들이도록 하며, 만일의 사태를 대비하여 선수 및 선미에서는 Sailer's Knife를 꼭 가까이에 두어 이안 시 풀어지지 않는 줄을 잘라버릴 수 있도록 해야 한다(바람이 옆에서 강하게 불 때 유의).

⑧ 접안 시에는 항상 충분한 Line을 준비해 두어야 하며 줄이 모자라 1개의 줄로서 Spring이나 Breast를 2중으로 잡는 경우가 없도록 하여야 한다.

5) Mooring Rope의 취급요령

① Rope 취급요령

㉠ 선박 입출항 시 충분한 인원을 선미, 선수에 배치시킨다.

㉡ 지휘자의 지휘에 따라 일사분란하게 움직인다.

㉢ 입항전 모든 Mooring Rope는 S/B 상태로 준비하여 빠른 시간내에 본선 Rope가 부두의 비트에 걸리도록 한다.

㉣ Spring Mooring Rope에는 트랜시버를 휴대한 숙달된 전문인원을 배치시킨다.

㉤ 출입항전 Windlass, Winch 등의 작동상태를 사전 점검하고 정상 여부를 확인한다.

㉥ Winch 맨과 지휘자의 신호는 확실하게 정하여 사전에 전원 습득할 수 있도록 교육한다.

② Rope 취급시 주의사항

㉠ Rope가 Tight될 때 Winch 맨을 제외하고는 모두 멀리 떨어져 있어야 한다.

㉡ Winch 맨은 지휘자의 지휘를 잘 살펴보며 주의해서 Rope를 다룬다.

㉢ 항구의 제반 여건 등을 고려하여 Rope의 나가는 순서 등을 미리 파악하고 해당 선원들에게 교육 및 주지시킨다.

㉣ Tide 및 화물 적양하로 인한 선박의 부양상태 등을 고려하여 충분히 여유가 있게 잡는다.

㉤ Rope의 마모 정도를 수시로 체크하고 절단될 우려성이 있는 Rope는 빠른 시일 내로 교환한다.

③ 본선 Mooring Rope로 Tug Line 사용 시 주의사항

㉠ 사용 중인 Rope 중에서 제일 튼튼하고 양호한 것으로 내준다.

㉡ 일단 Tug Line를 잡은 후에는 그 근처에 절대로 가지 않는다. 만약 기타의 작업으로 어쩔 수 없이 가야 할 경우에는 Tug Boat가 밀 때를 이용해 신속히 작업을 마치고 벗어난다.

㉢ Tug Line을 잡을 위치와 비트, Fair Leader 등을 Tug Boat와 교신하여 사전에 파악하여 두고 적절한 강도를 가진 히빙 라인을 준비하는 한편, 인력으로 예인선을 끌어 올릴 때는 합당한 인원을 미리 배치시킨다.

㉣ 예인선을 벗겨낼 때는 홋줄 끝단의 후려침을 방지하기 위한 적절한 조치를 취하고 작업원 이외는 멀리 떨어져 있는다.

㉤ 예인선을 너무 빨리 Let-go시켜 홋줄이 Propeller에 걸리지 않도록 하고 본선에서 내준 예인선을 끌어올릴 때도 Propeller에 걸리지 않도록 신속하게 끌어 올린다.

㉥ 가능한 한 예인선이 본선 비트로부터 일직선이 되도록 잡아 홋줄의 마모를 줄임은 물론 절단 시 반대편으로 홋줄이 튕겨나가는 것도 방지할 수 있다.

④ 본선 조치사항 및 건의사항

㉠ 선박의 모든 작업에 있어 항상 주인 의식을 가지고 모든 업무를 임하도록 한다.

㉡ 안전사고에 대비한 모든 장구, 즉 헬멧, 안전화, 장갑 등을 반드시 착용한다. 아무리 날씨가 더워도 헬멧 등을 벗는 일이 없도록 한다.

㉢ 현재의 Mooring Rope를 예인선으로 사용 시 그 강도가 미약하여 절단될 우려성이 농후한 바 차후 강도가 높은 전용 예인선을 청구하여 사용한다.

1.5 외력과 특수 운항

1.5.1 외력의 영향

대양에서 Sea Speed로 항주하는 경우는 외력의 영향이 있다 하더라도 선박의 안전조종에 크게 영향을 주지 않는다. 그러나 항내와 같은 곳에서 저속으로 항주할 때는 선박의 속력의 크기, 흘수와 수심의 비, 바람과 조류, 수로의 폭, 접근 항행선박 등이 선박의 안전조종에 큰 영향을 미치게 된다.

1. 바람의 영향

정선수에서 바람을 받으면 풍압 때문에 선속이 떨어지고 정선미에서 바람을 받으면 속력이 증가한다. 사방향에서 바람을 받으면 선체는 풍하측으로 밀리면서 풍하측으로 회두하든가(저속 전진의 경우 혹은 후진의 경우), 풍상측으로 (고속 전진의 경우) 회두하게 된다. 이것은 고속 전진의 경우에는 전심이 선수쪽(1/13~1/16)에 위치하며, 저속 전진 혹은 후진의 경우에는 전심이 선미쪽으로 이동하기 때문이다.

여유수역이 부족하고 극히 낮은 속력의 타력을 사용하여야 하는 항내조선 시에 있어서는 약간의 바람만 받아도 풍하측으로의 밀림을 방지시키거나 회두를 억제시키기에 어려움을 겪게 된다. 또한 풍압면적이 많아지게 되는 공선 시에는 만재 시보다 바람의 영향을 많이 받게 되며 개략적으로 공선 시에 받는 풍력 3~4의 영향은 반재 시에 받는 5~6의 풍력영향과 같고, 만재 시의 풍력 7~8의 영향과 같다.

1) 선체에 작용하는 풍압력

① 풍압력 : 선체에 작용하는 풍압력은 선체의 정면투영면적에 작용하는 힘과 측면투영면적에 작용하는 힘의 합성력으로 구성되어있다.

② 풍압중심 : 수풍각(θ)이 적으면 풍압중심은 선수에 가깝고 수풍각이 크게 되면 점점 후방으로 이동하여 수풍각(θ)이 90°에 가까워지면 선미쪽으로 이동된다.
선수로부터 풍압중심까지의 거리는 화물선, 유조선, 여객선 등과 같이 상부구조물의 형태가 상이하더라도 선형에 따라 큰 차이가 생기지 아니한다(그림 1-40).

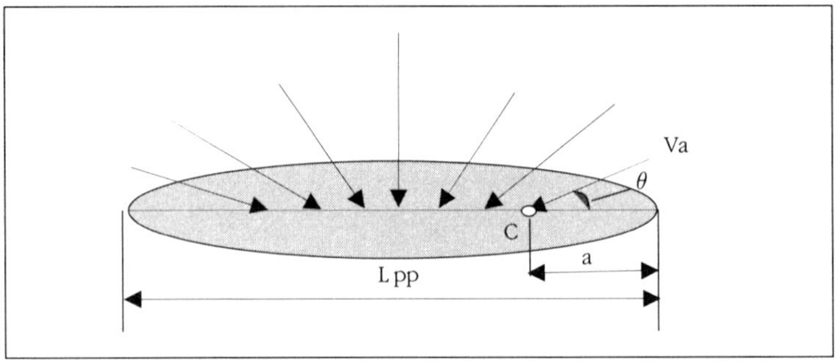

[그림 1-40] 풍압중심

③ 풍압에 의한 회두 모멘트 : 풍압 모멘트를 일으키는 힘의 성분은 정횡방향의 힘과 중심에서 전심까지의 거리에 비례하여 작용한다.

풍압 모멘트 = Y × GC(중심에서 전심까지의 거리)

이 모멘트의 정성적 경향을 따져보면 선수, 선미, 정횡으로부터 오는 바람은 모멘트를 유발하지 않으므로 선수나 선미방향에서 오는 바람이 최대의 모멘트를 일으킨다.

2) 바람에 의한 횡방향 압류

바람에 의한 횡압류속도는 선체가 정지 중일 때 가장 크고 선속이 증가함에 따라 감소한다. 또한 선박은 항주중 풍압에 의하여 압류되면서 항주하므로 선수방위와 항적은 일치하지 아니한다. 이러한 선수방위와 항적과의 사이각을 Lee Way라고 한다. 통상 Lee Way 10° 이상이 되면 보침이 불가능하며 항해가 곤란한 상태로 되고 풍속이 크고 선속이 떨어질수록 풍압차는 커진다.

3) 바람에 의한 회두작용

① 향풍성과 이풍성이 생기는 원인

[그림 1-41]에서 보는 바와 같이 선체가 일정한 속도를 가질 때에는 유압의 착력점 E가 선수방향으로 치우쳐 있게 되고, 선속이 아주 낮거나 없을 때는 선체의 중심부근 또는 중심후방으로 치우쳐 있게 된다.

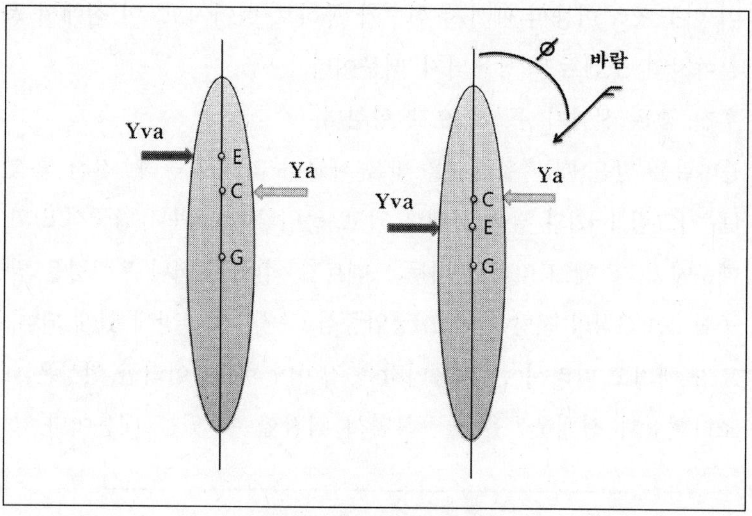

[그림 1-41] 향풍성과 이풍성

선체가 정지 중일 때는 Rudder와 Screw Blade 또는 선미트림 등으로 유압의 착력점 E는 선체의 중심후방으로 오게 된다.

그러나 선속이 클 때 선박이 정횡전방에서 바람을 받을 경우는 수류의 입사각이 적으므로 수저항의 착력점 E는 풍압중심 C보다도 선수에 가까이 있게 되고, 선체의 무게중심 G 주위의 모멘트는 선수를 풍상측으로 향하게 하는 것이다.

풍향이 선수 사방향으로부터 정횡에 가까워질수록 풍압착력점 C는 선체의 무게중심 G에 가까워지므로 점점 향풍성이 커지게 된다. 만약 대응타각으로 이것을 억제하지 못하면 선박은 조종불능으로 된다.

선속이 풍속에 비하여 상대적으로 낮게 떨어지면 사행시의 수류 입사각이 커지므로 수저항의 작용점 C가 G점에 가까워지므로 선수가 풍하로 떨어지고 이풍성을 갖게 된다. 저속일 때는 대응타를 잡더라도 타효가 없으므로 이풍성을 억제할 수 없고 조종불능으로 된다.

② 조선 시 고려하여야 할 바람에 의한 회두작용

㉠ 선속이 상당히 있을 때는 선수가 풍상으로 가는 경향이 생긴다.

㉡ 저속이 되어 타력으로 진행하면 타효가 없어지고 선수가 풍하로 떨어진다.

㉢ 정지 중은 정횡 후방 10°~20° 방향에서 바람을 받으면서 표류한다. 그 이유는 선박이 횡방향으로 표류 시 수압중심은 G점 약간 후방에 있게 되므로, 풍압중심

이 이곳으로 이동할 때까지 선수가 풍하로 떨어지고, 이 점에서 풍압과 유압이 같아지며 모멘트가 상쇄되기 때문이다.

㉣ 후진 중은 선미가 풍상측으로 향한다.

㉤ 앞바람을 받을 때는 뒷바람을 받을 때보다 타효가 좋다. 전진 중 앞바람을 받을 때는 [그림 1-42]와 같은 상태로 되고, 풍압중심(C)와 유압중심(E)의 거리가 짧기 때문에 EC가 짧고 따라서 회두 모멘트가 적다. 그러나 뒷바람을 받을 때는 유압중심 E는 G점의 전방에 있고, 풍압중심 C는 G점 후방에 있게 되어 큰 회두 모멘트가 생기고 따라서 큰 대응타각을 잡아야 한다. 이러한 현상은 대양항해 시에 조타현상과 선체운동을 관찰하면서 직감할 수 있는 내용이다.

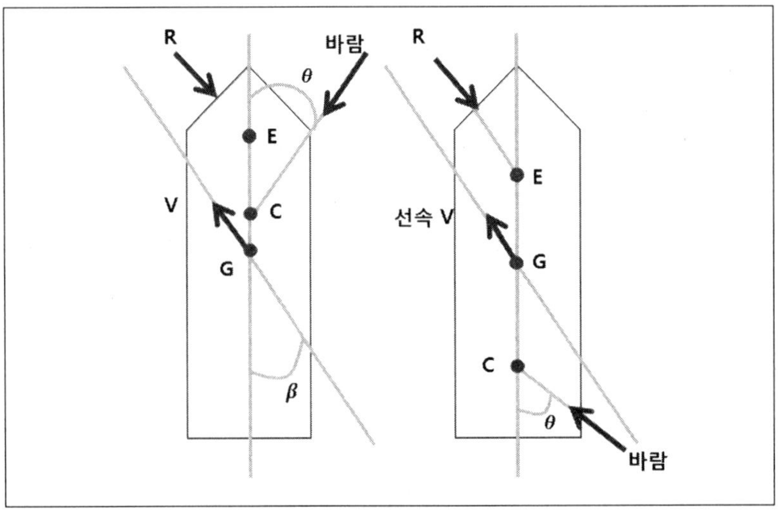

[그림 1-42] 바람에 의한 회두작용

③ 바람이 선체에 작용하여 조선에 미치는 영향을 분석하면 다음과 같다.

㉠ 합풍압의 선수미방향 분력은 전진저항에 영향을 미쳐 속력의 증감원인이 된다.

㉡ 합풍압의 정횡분력은 횡표류의 원인이 된다.

㉢ 합풍압의 작용점의 전후위치에 따라 선체를 풍상 또는 풍하측으로 회두시키는 원인이 된다.

㉣ 합풍압의 작용점의 상하위치에 따라 선체횡경사의 원인이 된다.

2. 조류의 영향

항내조선에서 조류의 영향은 대단히 크다. 왜냐하면 선속이 거의 없으니까 조류의 영향이 상대적으로 커지기 때문이다. 조류에 대하여는 다음 사항을 고려해야 한다.

① 항내 및 그 주위의 수류는 대부분 조석류이나 풍향 기타 기상조건에 따라 변할 수 있다. 이는 해안선의 수위, 정박선의 선수방향, 부표의 경사 등을 보고 알 수 있다.

② 조류는 선체의 회두보다 이동을 야기한다. 그러나 급한 조류 중에서 후진할 시는 선미가 조류상방으로 향하는 경향이 있다.

③ 선수방향에서 조류를 받을 때에는 Advance가 짧아지게 되고 이에 따라 단위거리당 발생하는 타효가 크게 향상되나, 순조항행 시에는 역으로 단위거리당 발생하는 타효가 저하되어 상대적으로 큰 대응타각을 주어야 한다. 바꾸어 말하자면 선수방향에서 오는 조류는 선속을 떨어뜨려 대응타를 잡는데 걸리는 시간 및 거리를 연장시켜주는 효과를 내며, 선미방향에서 오는 조류는 역으로 선속을 향상시켜 대응타를 잡는데 걸리는 시간 및 거리를 줄이는 효과를 내는 것이다.

선체가 조류의 영향을 정횡에서 받다가 선체일부만 받게 되면 회두우력으로 작용한다(정횡방향의 구조물 때문에 선체의 일부분만 횡조류의 영향을 받게 되는 경우로서, 횡조류가 있는 방파제를 지나거나 안벽이 끝나는 곳을 통과할 경우에는 이러한 영향을 받게 된다).

3. 풍조의 동시 영향

선체가 풍조를 동시에 받을 때는 풍조의 각각의 크기 및 그 방향에 따라 그 영향이 달라지겠지만 압류에 대한 고려는 조류에 두고, 조선의 자유를 잃는데 대한 고려는 바람에 두어야 한다. 예를 들면 조류가 강한 곳에서 Slack Water 시 만재선은 조류의 영향, 그리고 공선은 바람의 영향을 받아 그 선수방향이 서로 다른 것을 알 수 있다. 그 이유는 공선은 풍압면적이 크고 만선은 수면하 선체면적이 크기 때문이다. 이와 같이 풍조의 영향은 선박의 만재상태에 따라서도 그 영향이 달라진다. 풍조의 영향이 동시에 작용하는 곳에서는 압류는 조류, 조선의 자유상실에는 바람의 영향을 고려하여 조선에 임해야 한다.

4. 파랑의 영향

파랑이 작을 때는 파랑이 불규칙하므로 조선상에 미치는 영향이 거의 없다고 할 수 있다. 그러나 파가 커져 파정(Crest)과 파골(Trough)의 모양이 확실해지면 선박이 전진 중 파를 한쪽 현으로 받을 경우 파압의 차에 의하여 선체는 파하로 압류되고, 후진 중에는 Propeller의 배수류 및 타의 저항으로 인하여 선미가 파상으로 향하고 선수는 파하로 압류된다. 또 정선 중에는 선수가 약간 파하로 향할 때까지 선회하여 파곡에 평행하게 된 상태로서 표류되며 파를 옆으로 받으므로 선체의 동요가 심해진다.

파장이 선체길이 또는 그 이상으로 커지면 선체는 종요(Pitching)와 횡요(Rolling)를 하게 되며, 또한 선수, 선미충격(Panting) 혹은 Sagging / Hogging으로 인하여 선체중앙부에는 큰 응력이 생긴다.

또한, 선박이 진행 중 파랑을 비스듬히 받으면 선체길이방향의 부력의 불균형과 횡요로 인한 선체 각 부의 질량에 작용하는 관성력이 달라지게 되어 선체에는 비틀림 모멘트가 발생하고 선미 흘수가 작을 때는 종요에 의하여 선미가 부상하여 Propeller의 공전(Racing)이 생긴다.

또한, 전진속력이 적을 때나 정지 중에는 선수요(Yawing)로 인하여 침로가 불안정하게 되고 좌우 선수의 모멘트의 차에 의하여 선체는 파골에 가로눕게 되는데 이를 Broaching-to라 한다.

5. 제한수로의 영향

흘수에 비교하여 수심이 얕거나 선폭에 비하여 폭이 좁은 수로를 제한수로라 한다. 따라서 한 수로가 제한수로인가의 여부는 선박의 크기에 따라 결정된다. 깊고 넓은 수역에서는 조종성능이 좋은 선박이 제한수로를 항행할 때에는 조선이 곤란하게 된다. 이러한 조종성능의 저하는 제한수로에서 오는 유체역학적인 원인 때문이다. 이러한 현상을 제한수로의 영향이라고 한다. 제한수로에서는 선박이 진행시 선체 주위의 수중압력분포가 현저하게 변화하는데 이를 선체에 대한 수직방향의 영향인 천수영향과 수평방향의 영향인 수로폭 및 측벽영향, 그리고 기타 해저경사의 영향으로 크게 구분할 수 있다.

1) 천수의 영향(Shallow Effect)

선박의 흘수에 비하여 수심이 얕게 되면 선수미에 생성하는 조파의 성질이 심해파로부터 천수파로 변한다. 또 수류도 선측, 선저로 입체적으로 자유롭게 흐르던 것이 해저의 제한 때문에 제한된 평면적인 흐름이 되어 선체 주위의 수위와 압력분포가 변한다. 이로 인하여 다음과 같은 현상이 일어난다(그림 1-43).

① 속력이 감소한다 : 선수미로부터 생성되는 조파의 상호간섭이 커져서 조파저항이 증대되며 또한 가속된 선적류 때문에 마찰저항이 커져서 속력이 감소한다.

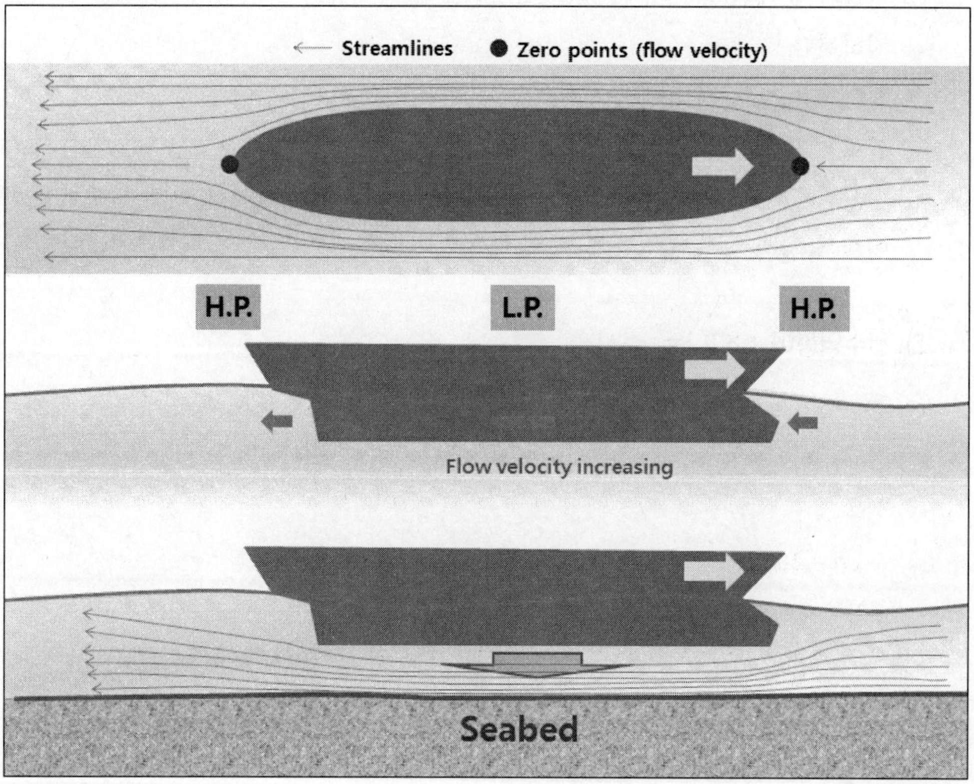

[그림 1-43] 천수의 영향

② 선체가 침하하여 흘수가 커진다 : 수심이 불충분할 때는 선저와 해저간을 유통하는 수류의 단면적이 적기 때문에 베르누이 법칙에 의해 유속이 커지며, 이에 따라 압력이 감소하여 선체가 침하, 흘수가 증대한다.

③ 트림이 변한다 : 보통 상선의 속력범위 하에서는 선수 Trim이 된다. 단, F/N이 0.25가 넘게 되면 선미 Trim이 생긴다. 이것은 다음과 같은 이유 때문이다.

㉠ 심해를 항주할 때에는 파의 수립자는 완전히 원운동을 하게 되지만 수심이 충분치 못하면 파의 수립자는 타원운동을 하게 되며, 이에 따라 선속이 장파의 파속에 가까워지면서 선수는 앞쪽의 장파에 타오르고, 선미는 뒤쪽 파가 후방으로 밀려난 상태가 되어 현저히 Trim By The Stern이 된다.

㉡ 선저류는 그의 통로를 제한받기 때문에 선수 선저부의 수압은 증대되지만 선미 선저부의 수압은 추진기의 흡인작용에 의하여 감소되어 선미 흘수는 더욱 깊게 주저앉아 선미 Trim이 증가한다.

④ 타효가 둔해진다. 천수의 영향으로 타주위에 와류가 증가하며 이 때문에 타효가 저하된다.

⑤ 천수영향으로 주위의 물의 자유로운 통항이 방해되어 접안시 횡압력이 증가한다.

⑥ 선체가 진동한다. 물은 점성유체이므로 흐름이 다르고 압력분포가 달라지면 와류가 형성된다. 그러므로 선체하부 흐름의 가속에 따른 비정상적인 와류가 생기며 이로 인해 유선이 교란되고 진동이 발생한다.

2) 천수영향이 나타나는 수심

① 일반적으로는 흘수(draft)의 약 5~7배 미만의 수심을 의미한다.

② Taylor의 실험식에 의하면 천수영향이 나타나는 수심 h는

$$h = 10d \times \frac{v}{\sqrt{l}}$$

d : 흘수, v : 선속(Knots), l : 선박길이

로 표시되며, 천수영향은 선속과 선박길이의 비가 약 10배에 흘수를 곱한 수 이하에서 나타난다고 제시하고 있다.

③ J.P.Hooft는 실험에 의해 다음과 같이 말하고 있다.

㉠ 선체 전진저항의 증가 : 저속선에서는 $4d$, 고속선에서는 $10d$ 이하일 때

㉡ 전진 및 정횡방향의 조종성에 대한 영향 : $2.5d$ 이하

㉢ 조종성에 대한 영향을 육감으로 느낄 수 있는 때 : $2.5d$ 이하

3) 천수영향에 대한 대책

① 저속항행을 한다.

② 수심이 불확실하면 고조시에 항행한다.

③ 배수량 3만톤 이상이 여유수심이 1.5m 이하면 충분한 Tugboat를 준비한다.

④ Swell, Heeling 및 선체동요로 인한 흘수증가를 고려한다.

4) 여유수심의 결정 시 고려할 사항

조선에 필요한 선저하의 여유수심은 "해도수심+조석차 - 정지 시 선박 흘수"로 정의할 수 있으며, 해도수심오차, 항주 시 선체침하량, 조석오차, 해상/기상상태 등을 고려하여 조선에 안전한 여유수심을 정하여야 한다.

① 해도수심의 정밀도 : 해도수심에 대한 국제기준에 의한 허용측정상 오차는 수심 20m 미만에서 0.3m, 20m~100m에서 1.0m, 100m 이상에서는 10% 이하이다.

② 해상/기상상태

㉠ 기압변화 : 기압 1mb 증가 시 수위는 1cm 낮아진다.

㉡ 해수비중에 따른 흘수변화이다.

㉢ 조위의 변화에 유의한다.

㉣ 풍향, 풍속에 따른 수위변화이다.

㉤ 항내에서 항외로 장기간 강풍이 불었을 때는 수위가 하강할 수 있다.

㉥ 선체동요에 기인한 선체침하량(B : 선폭, θ, δ : 경사각)이다.

Rolling 시 : $1/2B \cdot \sin\theta$, Pitching 시 : $1/2L \cdot \sin\delta$

③ 기타

㉠ 저질이 암반인 경우는 평탄하지 않고 돌출해 있을 가능성이 있으니 Mud인 경우보다 더 많은 여유수심이 필요하다(Mud : 30cm, Rock : 60cm 이상).

㉡ 하천이 흘러드는 항내 등은 퇴적에 의해 해도수심보다 얕은 곳이 있다.

㉢ 침선 등이 있을 수 있고, 신축항에는 여러 건축자재가 해저에 있을 수 있다.

㉣ 주기 냉각수 흡입구에 대한 여유량이 필요하다(흡입구 직경의 1.5내지 2배의 여유수심이 필요함).

㉤ 투묘에 대한 여유 : 자선묘의 Tripping Palm의 크기 이상의 여유수심이 필요

㉥ 수로의 광협 및 형상과 선박교통량

㉦ Tugboat 지원의 유무

5) 선저하의 여유수심에 대한 구체적 실례

① 일본 해난방지협회의 무라카미씨는 흘수에 따른 최소한의 여유수심에 대해 다음의 조건에서 적용한다.

㉠ 풍력이 7m/s 이하

㉡ 횡조류가 없을 때

㉢ 수로상황, 광협을 고려

㉣ Swell이 있을 경우는 Swell의 높이 2/3를 가산한다.

〈표 1-9〉 흘수에 따른 최소한의 여유수심

흘 수	5m까지	7m까지	9m까지	12m까지	12m 이상
여유수심	0.5m 이상	1.0m 이상	1.5m 이상	2.0m 이상	2.5m 이상

② 유럽도선사 협회의 발표에 의하면

㉠ 외해수로에서는 흘수의 약 20%

㉡ 항외수로에서는 흘수의 약 15%

㉢ 항내에서는 흘수의 약 10%라고 하고 있다.

③ Taylor의 모형선 실험결과에 의하면 선속의 증가에 따라 필요 여유수심은 커지며 이에 따라

㉠ Froude Number가 0.5이면 1.3d(흘수)

㉡ Froude Number가 0.4이면 1.2d

㉢ Froude Number가 0.3이면 1.1d라고 되어 있다.

6) 수로폭의 영향

① 선박이 운하 또는 협수로에서 수로의 중앙을 따라 항주할 때는 양측으로부터 대칭적인 유체력이 작용하지만 한쪽 벽에 접근하여 통항 시에는 비대칭적인 유체력의 작용을 받아 회두운동을 일으키게 된다. 또한 선박이 수로폭이 좁은 협수로의 중앙을 고속으로 항주하게 되면 다음과 같은 이유로 저항이 증대되어 선속이 감소된다.

㉠ 수로가 좁으면 수류의 단면적이 적어지므로 베르누이의 법칙에 따라 유속이 커진다. 이로 인하여 마찰저항이 증대된다.

㉡ 유속이 커지면 해저 및 양안과 선체 간에 흡인력이 작용하여 선박속력을 제한하도록 작용한다.

㉢ 선박이 항주함으로 인하여 생기는 파가 양안에 부딪혀 되돌아오는 파와 상호작용을 일으켜 큰 파로 되어 조파저항이 커진다.

㉣ 선측과 선저를 흐르는 수류는 유속이 커져서 선미부에 큰 와류를 형성, 조와저항

을 증가시킨다.

㉤ 타에 부딪히는 와류로 인해 타압이 저하되어 타효가 나빠진다.

㉥ 횡저항 모멘트가 커진다. 일반적으로, 수로폭의 제한 등 제한수로에 따른 선체침하의 양은 선속, 방형비척계수(C_b) 및 Block Factor와 관계가 있으며 다음과 같은 식으로 나타낸다.

ⓐ 심수 구역에서의 선체침하량 S(m) = $C_b \times (V^2/100)$

ⓑ 천수 구역에서의 선체침하량 S(m) = $2C_b \times (V^2/100)$

ⓒ Block Factor(BF) = (선폭 × 흘수) / (수심 × 수로폭)

V는 선속(knots)이고 일반적으로 BF가 60% 정도가 되면 2~3knots로 항행하여야 한다.

② 선체가 협수로의 한쪽 측벽에 가깝게 하여 항주하는 때에는 선수는 가까운 육안으로부터 반발하고 선미가 안벽으로 흡인된다. 이와 같은 현상을 통칭하여 측벽영향(Bank or Wall Effect)이라 하며 세분하여 설명하자면 다음과 같다.

㉠ Bank Suction : 선미를 안벽에 빨아들이는 현상이며 선박이 추진기로 항진 중 Suction Current의 영향으로 선미부 수압은 감소되어 선체가 Bank에 연하여 접근하면 이에 빨려들어 붙은 현상을 말한다. 선체가 Bank에 접근하면 할수록, 속력이 크면 클수록, 그 영향이 커진다. 선체가 전진항주 중일 때는 전심은 선수에 가까이 위치하기 때문에 Bank Suction의 Lever가 커서 이 영향이 더 크다(그림 1-44).

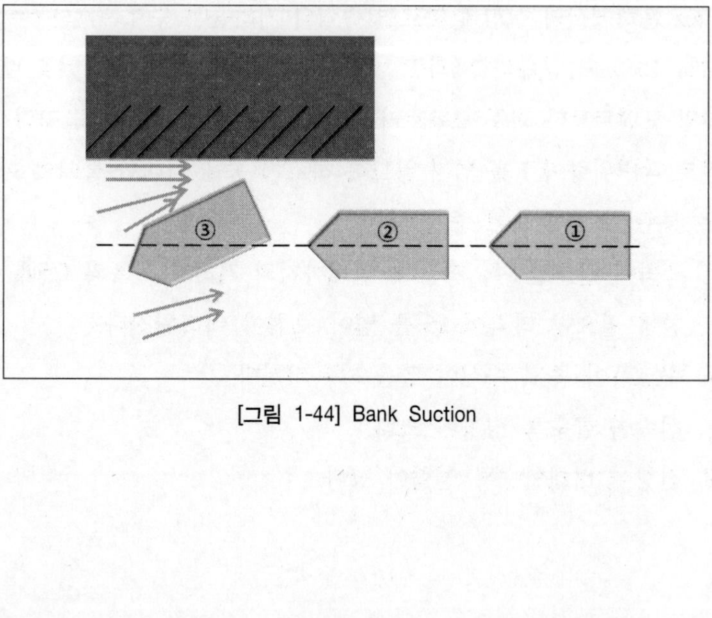

[그림 1-44] Bank Suction

ⓛ Bank Cushion : 선수부를 안벽으로부터 급격히 밀어대는 현상이다. 선박이 협수로의 어느 한쪽 측벽에 접근하여 항주하게 되면 선수부에는 양현수압차, 조파의 상호간섭 등으로 안벽으로부터 선수를 바깥쪽으로 밀어 크게 회두시키는 현상이 일어난다(그림 1-45).

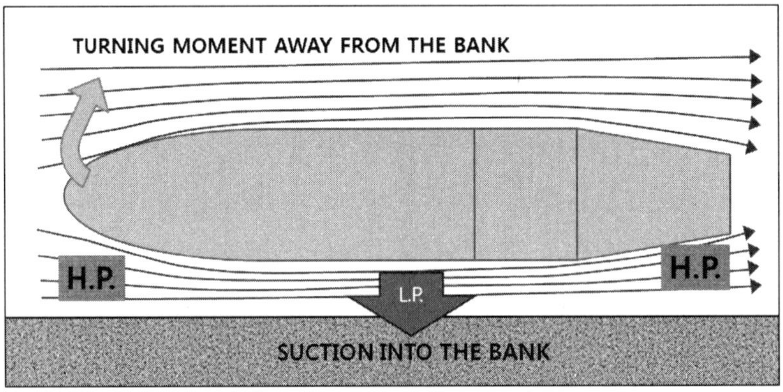

[그림 1-45] Bank Cushion

ⓒ 측벽영향이 나타나는 수로의 폭 및 그 영향력 : 측벽영향과 천수영향은 선체에 대하여 수평과 수직의 영향인 것으로 "수로폭 / 선폭"(수로의 횡단면적 / 선박의 횡단면적)의 값이 "수심 / 흘수"의 값과 같으면 그 영향도 같다고 생각하면 된다. 따라서 "수심 / 흘수"＝10일 때 천수영향이 나타난다고 하므로 수로폭에 있어서도 "수로폭 / 선폭"＝10일 때 측벽영향을 받는다고 보면 된다. 즉, 수로폭이 선폭의 약 10배 미만이면 측벽영향이 나타난다.

Suez 운하에서의 실험에 따르면 속력의 저하율은 수로폭 / 선폭＝5일 때 전속의 41%, 10일 때 전속의 7%라고 발표하고 있다. 측벽영향이 있을 때에 줄 수 있는 타압 모멘트보다 회두 모멘트가 크면 조종이 불가능해진다. 따라서 계속적인 조타로 각변위량이 1°를 넘지 않도록 하고 선속을 최대한 줄여야 한다. 다음과 같은 경우 그 영향력이 증가한다.

ⓐ 측벽에 접근할수록 커진다. 안벽까지의 거리가 선폭의 1.5배 이하에서는 보침에 필요한 타각이 15°를 넘어 보침이 어려워진다.

ⓑ 수로폭이 좁고 수심이 얕을수록 커진다.

ⓒ 선속이 클수록 영향이 크다.

ⓓ 선형이 비대할수록 영향이 크다.

7) 해저경사의 영향

경사되어 있는 해저면을 따라 선체가 진행할 때에는 그 경사로 인하여 선체는 비대칭적인 유체력을 받아 회두운동을 유발하게 된다. 이때 선체는 전체적으로 낮은 쪽으로 끌리면서 선수부는 깊은 쪽으로, 선미부는 얕은 쪽으로 편향한다. 이 영향 역시 선속, 배수량, 흘수, 수심 등에 의하여 결정되지만 선체의 진행에 수반되는 물의 이동이 미치는 곳에 안벽, 타선, 해저가 있는 경우 발생한다(그림 1-46).

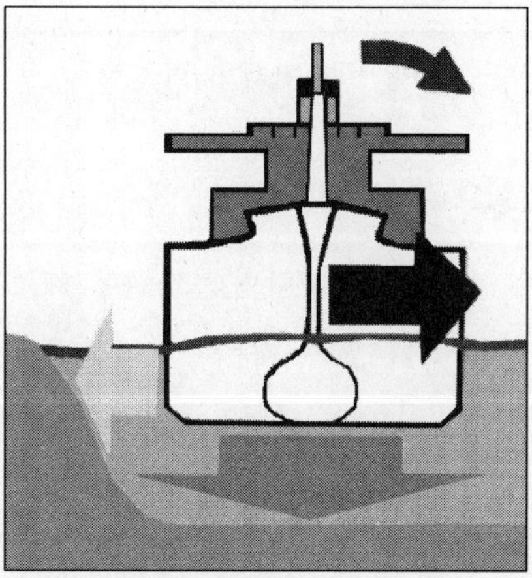

[그림 1-46] 해저경사의 영향

1.5.2 근접 항행하는 두 선박 간의 상호작용

선박이 항주 시에는 그 주위의 수압분포는 베르누이의 정리에 의하여 [그림 1-47]과 같이 선수부근은 높고 선체의 중간부는 낮으며 선미부는 높다. 즉, 선수부에서는 물을 배제하여 밀어나가므로 융기하고 이것은 현측으로 돌아 흐르며 여기서는 수압이 낮아지기 때문에 수면은 침강하고 평균수면보다 낮아진다.

선미부에서는 다시 융기하나 선수보다는 낮은 것이 보통이다. 이 융기가 생기는 원인은 선수에서 배제되어 현측으로 흐르는 수류가 선미부근에서 선체가 지나간 뒤의 공적을 메우려고 달려드는 추적류에 의하여 차단되기 때문에 유속이 떨어지고 따라서 수압이 높아지기 때문이다. 그러나 고려할 점은 수면 하에서는 기관전진 중이면 추진기의 앞 및 옆에서 흡입류가 흐르고 있음을 알아야 한다.

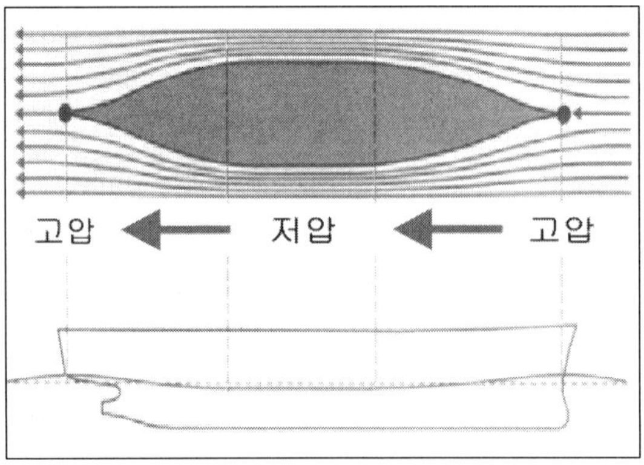

[그림 1-47] 해저경사의 영향

1) 2선이 서로 반대방향으로 항과할 때

2선이 접근하여 평행항로상을 반대방향으로 항과할 때 2선 간에는 강한 흡입력(또는 반발력) 및 회두 모멘트가 작용하고, 그 때문에 충돌 또는 접촉사고를 일으키는 경우가 있다. 이러한 작용력의 주된 원인은 양 선체의 주위에 생기는 수압의 고저부의 상호간섭, 양선이 일으키는 파 및 Screw의 Current 등의 영향이다.

동형의 같은 크기를 가진 2선이 서로 마주보며 항과할 경우 서로의 작용 및 운동의 경향을 [그림 1-48]과 같이 5단계로 나누어서 생각한다.

① 양선이 평행하게 통과하면서 선수가 접근할 때에는 선수의 고압부는 상호 간섭하여 선수내측은 외측보다 고압으로 되고, 그 때문에 양선수는 반발하여 진로로부터 바깥쪽으로 벗어나려고 한다.

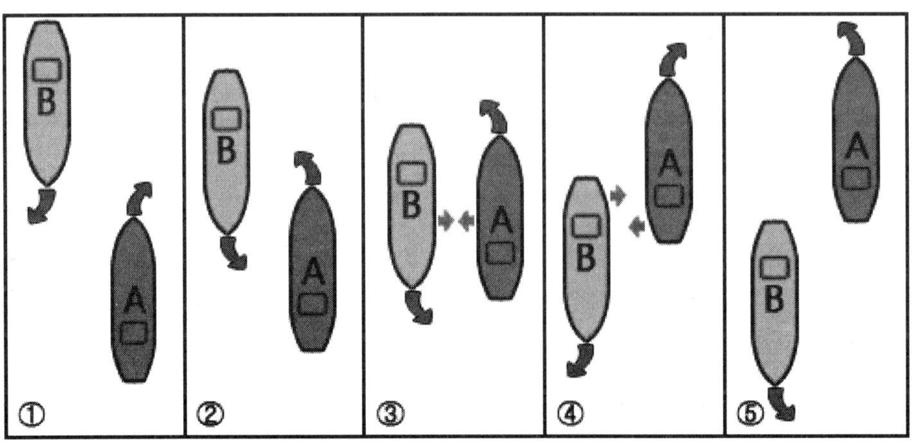

[그림 1-48] 반대방향으로의 통과

② 더욱 진행하여 선수가 타선의 길이의 중앙부까지 왔을 때는 선수고압부가 타선의 중앙의 저압부와 간섭하여 선수부의 고압이 타선 중앙부의 저압부에 흡수되어 타선 중앙부쪽으로 회두하려고 한다.

③ 양선이 나란히 되었을 때에는 선체 중앙부의 저압부가 중첩되어 더욱 저압으로 되고 흡인력이 크게 작용하나, 횡이동의 저항이 크기 때문에 갑자기 접근되지는 않는다. 선미부는 선수부보다 저압이므로 선수가 타선의 선미쪽으로 끌린다.

④ 양선이 더욱 진행하여 선미가 타선의 중앙에 왔을 때에는 선미가 타선의 중앙저압부와 간섭하여 흡인되므로 양선은 진로의 외측으로 벗어나려고 한다. 이때 Screw의 흡입류 등의 영향으로 흡인력은 ②항보다 강하다.

⑤ 양선미가 서로 항과할 때에는 선미고압부가 간섭하여 반발력이 생기고 선수는 진로의 내측으로 벗어나려고 하나 이 반발력은 ①항의 경우보다 약하다. 2선의 크기가 다를 때에는 적은 선박이 받는 영향은 훨씬 크고 종종 소형 선박이 대형 선박에 밀착되는 사고가 일어난다.

2) 한 선박이 타선을 추월할 때

① 추월 시 두 선박 간의 상호작용 : 추월의 경우 두 선박 간의 항과 시 생기는 상호작용은 [그림 1-49]와 같다.

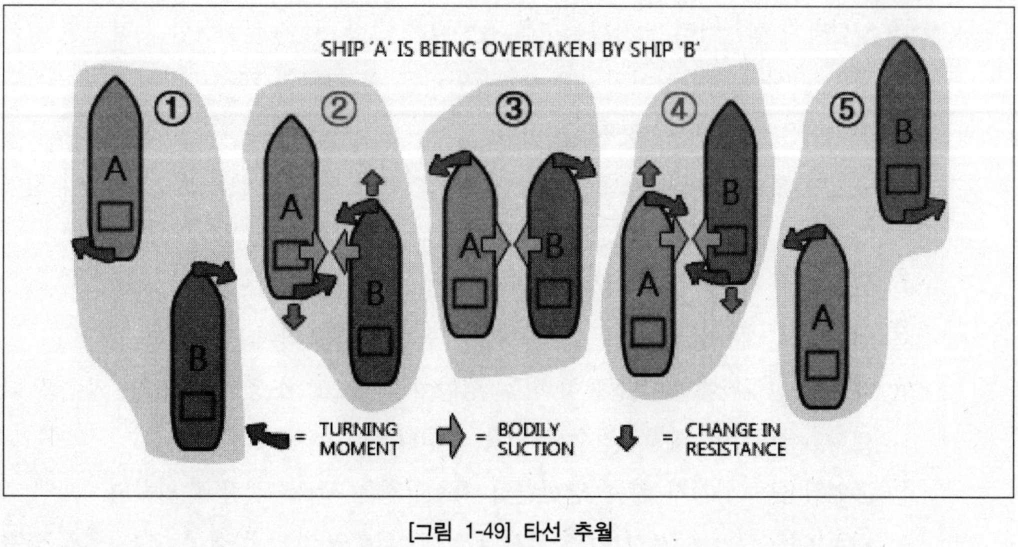

[그림 1-49] 타선 추월

② 두 선박이 평행접근하여 항주할 때 일어나는 현상

㉠ Seesawing : 두 선박이 평행접근 추월관계에 있을 때 추월선은 피추월선의 발산파의 영향을 받는다.

추월선이 발산파의 파정에 있게 되면 증속되고, 파곡에 있게 되면 감속되어 잠시 동안 피추월선의 발산 파곡에 빠져 끌려가는 것 같은 현상을 Seesawing이라 한다.

그 원인으로는 파의 수립자가 파정에서는 파의 진행방향, 파곡에서는 파의 반대 방향을 향하는 원운동을 하기 때문이며, 피추월선의 조파가 클수록 추월선이 경흘수의 소형선일수록 영향이 크다.

㉡ 조파에 의한 회두작용 : 발산파가 추월선의 선체에 사방향으로 부딪히고 파의 파정과 파곡의 수립자 운동방향이 반대인 것이 그 원인으로 회두 모멘트를 일으킨다. 영향은 Seesawing의 경우와 같을수록 커진다.

㉢ 선박상호 간의 흡인 반발작용 : 두 척의 선박이 평행으로 접근 항주할 경우 선체 주위의 수압 고저부의 상호간섭과 Screw Current 등의 영향을 받는다. 즉, 선수미 고압부는 그 영역내에 들어온 타 선박을 반발하고 선체 중앙부의 저압부는 타선을 흡입하는 작용을 하여 양선이 가깝게 항과하거나 추월 시 양선간에 흡인, 반발, 회두의 현상을 일으킨다.

③ 흡인 반발작용의 크기를 결정하는 요인

㉠ 양선박의 접근거리가 가까울수록 흡인력은 크다. Taylor의 실험에 따르면 양선박의 간격이 선박길이의 20% 시 흡인력은 전 저항의 75%, 길이의 30% 시는 흡인력은 전 저항의 35%정도이다.

㉡ 양선이 서로 반대방향으로 항과 시보다 병행할 때가 영향을 받는 시간이 길어 흡인력이 커진다.

㉢ 고속항주 시 선체주위의 저고압부가 발달하여 영향이 크다.

㉣ 양선박의 배수량이 크고 그 차이가 적을수록 작용력이 크게 나타난다.

㉤ 대소 양선박간에는 소형선이 받는 영향이 더 크고, 소형선이 경흘수일수록 더 크다. 상대선이 대형선일수록 더욱 커진다.

㉥ 흡인작용이 생기지 않는 양선간의 최소간격은 Araki 선장에 의하면 $D=0.35(2l+L)$로 D는 양선간격, l은 피추월선(타선)길이, L은 추월선(자

선)길이이다.

따라서 $l = L$이라고 하면 최소간격$=3L \times 0.35 = 1.05L$이므로 대략 자선길이라고 할 수 있다.

㉦ 윤점동교수 저서에 의하면 최소간격은 $2(B_1 + B_2)$로 나타난다(B : 양선박의 폭).

④ 부두정박하고 있는 선박의 지근거리를 항과할 경우 미치는 영향은 항과선에 대한 작용은 적고 정박선에 큰 영향을 미친다. 상호작용외에 발산파가 안벽에 반사하여 선체에 작용하므로 선수의 Yawing, Pitching, Rolling, 상하동을 미친다. 이로 인하여 접안현측 외판에 손상을 주거나 계류색의 절단, 펜더 손상 등을 일으킨다.

따라서 항과선은 가능한 한 멀리 항과하고, 감속항행하며, 정박선은 계류색의 Tight, 증색 및 펜더 보강을 하여야 한다. 묘를 선측에 투하하고 있다면 완전히 묘쇄를 신출하여 선박의 운동을 완화시켜야 한다.

1.6 황천항해와 수색구조

1.6.1 황천과 선체의 동요운동

1. 황천의 정의

황천이란 일반적으로 다음과 같은 상태일 때를 말한다.

① Slamming 현상이 1회/10분, 즉 6회/시간 이상

② Rolling이 좌우현 22.5° 이상

③ Pitching이 선수선미 7.5° 이상

④ Engine Slip이 25% 초과할 때

2. 선체운동의 명칭

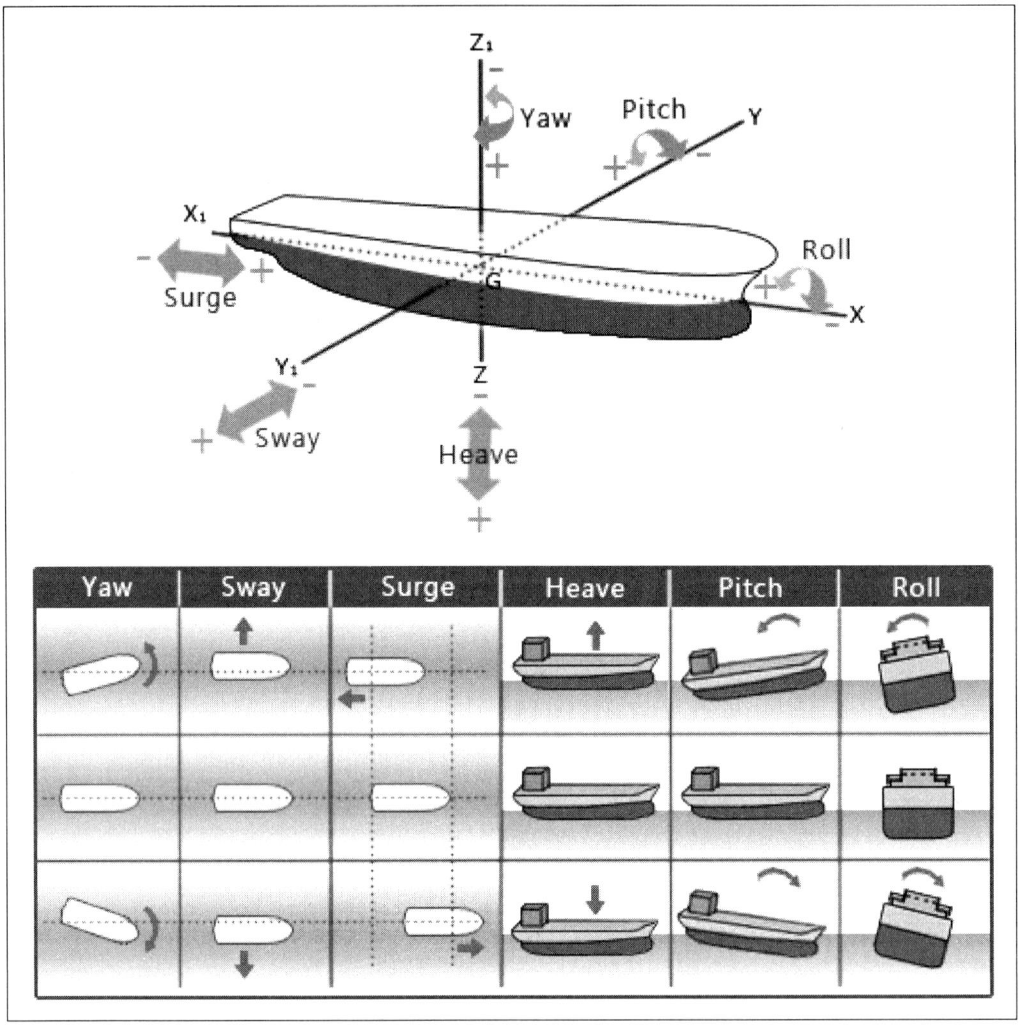

[그림 1-50] 선체운동

3. 선수미에서 본 풍파의 명칭

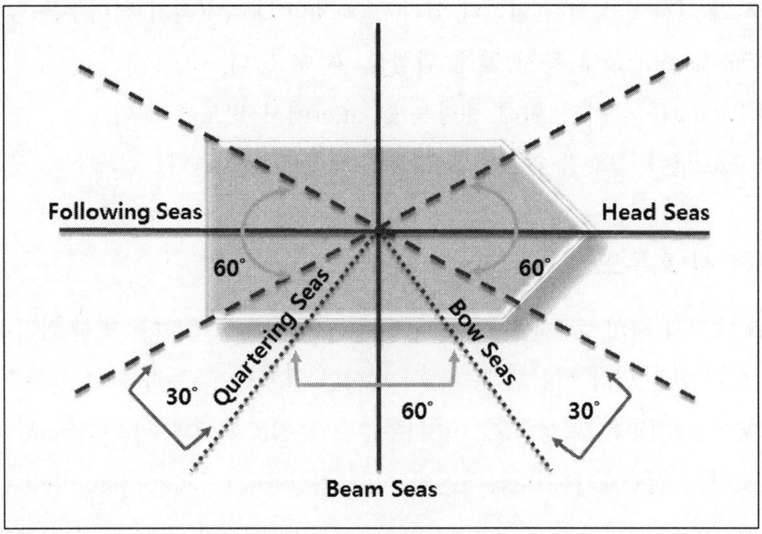

[그림 1-51] 선수미 풍파의 명칭

1.6.2 황천 시의 피항조선

1. 항해 중 황천이 예상될 때 선장의 판단

① 저기압 또는 황천의 종류와 정도

② 예보 및 계절을 참작한 예상진로

③ 자선의 감항선 정도

④ 부근의 지리적 조건 및 피난지 유무

2. 황천 항해 중 파랑 속에서의 조선법

① 선수에서 받을 때 : Longitudinal Strength가 가장 큰 문제가 되고, 선수부에 작용하는 파괴적인 충격과 Screw Propeller의 Racing이 문제가 된다.

㉠ 풍랑을 정선수로부터 2~3점 방향에서 받도록 한다.

㉡ 속력을 떨어뜨린다.

㉢ 타는 서서히 사용하고 급격한 대각도 타 사용은 피한다.

㉣ 충격작용이 심하면 침로를 바꾸어 추종파를 받도록 조선한다.

② 선미쪽에서 받을 때 : Longitudinal Strength 역시 문제가 되고 Racing이 훨씬 심하여지며 타를 손상시킬 염려가 있다. Pooping Down(파가 선미부를 덮어씌우는 현상)도 Slamming에 못지 않게 위험을 줄 수 있다.
㉠ Racing을 줄이기 위해 풍랑을 Quarter에서 받도록 한다.
㉡ Racing이 심하지 않으면 Speed를 최대로 유지한다.

3. 황천 시 회두조선(Turning in Heavy Seas)

폭풍권 내에서 파의 운동은 예측하지 못하고 방향도 상이하다. 또한 파장속력 및 파고도 전부 상이하다. 만약 이런 부분파들이 방향만 일치하면 큰 파를 형성하는데 어떤 부분은 일치하여 대형파를 형성하고, 어떤 부분은 파정(Crest)과 파곡(Trough)이 일치하여 상쇄 감소하는 결합효과를 나타내는데 이런 현상을 파의 Grouping이라 한다.

실무 조선에서는 파도의 Grouping 현상을 파악하고 회두조선을 하면 용이하다. 폭풍권내에서 본선을 회두할 때 선회권을 감소, 신속한 선회를 위해서는 "Full rudder 및 Burst or Kicks of propeller"로 행한다. 그러나 무엇보다 중요한 것은 선회시기의 판단이다(The time of the turn).

특히 Grain Carrier는 Grain의 Heeling Moment로 인하여 대각도 횡경사 우려가 더 크므로 선회조선 시 한층 더 주의를 하여야 한다.

1.6.3 적재화물의 종류에 따른 적절한 황천 시 조선법

1. 광석적재선

광석적재선은 선수로부터의 파에 의한 상승충격작용이 대단히 좋지 않다. 만약 Angle of Repose(휴지각)이 충분하면 횡파를 받아도 복원력은 충분하니 정선수에서 풍파를 받는 것을 피하고, 선수로부터 3~4Point에서 풍랑을 받도록 하고 속력을 줄인다.

2. 원목선

원목적재선은 Longitudinal Strength는 매우 좋고 GM은 대단히 적다. 이러한 선박은 종파는 얼마든지 받을 수 있으나 횡파는 대단히 위험하다.

3. 곡물류 만재선

곡물류를 만재한 선박은 종강력은 강하고 GM도 적당하므로 Pitching이나 Rolling의 염려는 없고 선수파의 충격만 피하여 준다. 따라서 선수 30~40° 방향에서 받도록 침로를 취하고, 그리하여도 Painting Motion이 심할 때에는 선속을 떨어뜨린다.

4. 공선항해

항해 중 황천에 조우했을 경우 흘수가 작은 공선상태에 있으면 극심한 풍랑 하에서 조정성능이 저하되므로 선박의 안정성은 매우 위험하게 되는 일이 많다.

① 선체에 작용하는 풍압력에 의한 경사 모멘트가 증가되어 복원력의 손실을 초래한다.

② 풍압에 의한 회두 모멘트가 증가하여 보침이 어려워진다.

③ 풍파의 작용으로 선속의 저하 및 이에 따라 조정성이 저하된다.

④ 풍파에 의한 선체 압류량(Drifting)이 증대한다.

⑤ Ballast의 이동 및 불규칙한 파나 돌풍에 따라 등시성을 상실하여 Lurching 현상(정상적인 횡요중에 갑자기 다른 경사 모멘트가 중복되어 등시성을 잃고 크게 경사하는 현상)이 유발되기 쉽다. 대형선은 공선상태에서 주기가 8~10초 전후의 파와 동조되기 쉽다.

⑥ 흘수가 작으면 그만큼 Slamming이 일어나기 쉬우며 공선상태는 Trim by the Stern이 크므로 내습파에 의한 Slamming이 증대된다.

⑦ Ballasting의 조치

㉠ Propeller의 효율이 감소되는 것을 방지할 수 있는 양이어야 한다. Propeller의 효율은 단추진기선에서 심도는 $I/D=1.0$ 이상을 기준으로 하여 설계되어 있으므로 이 값이 최소한 0.4~0.5 정도가 되도록 해야 한다. 심도가 0.5일 경우에는 Propeller 날개의 상단이 수면에 접하는 상태가 된다. 이 값이 작아지면 공기가 흡입되어 공동현상(Cavitation)이 생겨 급격히 효율이 저하된다.

㉡ 적절한 Trim 유지 : 일반적으로 Trim은 선체길이의 2~3% 또는 1.5~2.0m Trim by the Stern이 되게 한다.

㉢ 종래의 경험을 고려 : 종래의 항해기록과 경험에 의해서 유지해야 할 최소한도의 배수량을 추정한 바에 의하면 다음과 같다.

ⓐ 여름철 : 하기만재 배수량의 50%

ⓑ 겨울철 : 하기만재 배수량의 53%

1.6.4 황천돌파 시의 조선법

거센 풍랑에 대하여 충분한 복원력을 확보하고서 파를 선수로 받으면, 파의 충격으로 선체나 타, 추진기 등에 손상을 초래한다. 또한 속력을 떨어뜨려 파의 작용을 완화시키면 보침성이 저하되어 파곡에 가로눕는 Broaching 현상을 초래하기 쉬워 위험하게 된다.

따라서 충분한 복원력을 확보하는 동시에 파에 의한 충격을 완화시킬 수 있는 조치를 취하여 해면이 조용해질 때를 기다리거나 또는 적극적으로 황천을 조금이라도 빨리 탈출할 수 있는 수단을 강구하여야 한다.

이와 같은 조치로서 종래부터 사용되어 온 기본적인 방식으로 Heave-to, Scudding(順走) 및 Lie-to가 있다.

① Heave-to : 선수를 풍랑에 향하게 하여 타효를 가질 수 있는 최소의 속력을 가지고 전진하는 방법이다. 풍랑을 정선수로부터 2~3점 정도의 사방향으로 받는 자세가 좋다. 황천 조치로서 Heave-to의 방식은 다음과 같다.

㉠ 파랑에 대한 자세를 취하기 쉬운 것이다.

㉡ 풍하측으로 표류가 적고, 풍하측에 충분한 수역이 없을 때에 편리하다.

㉢ 파를 향하여 항주하므로 선수의 파에 의한 충격작용을 완전히 피할 수 없고 해수의 갑판상 침입을 막을 수 없다. Heave-to는 선체의 길이가 길고 선수류가 높은 선박에서 유리한 방식이다.

㉣ 너무 감속하면 보침이 곤란하고 Beam Sea(선체가 대각도 횡경사하여 Beam이 거의 수직으로 되는 상태를 말하고 이러한 상태는 전복되기 쉬운 상태다)가 될 위험이 있다.

② Scudding : 풍랑을 Quarter에서 받으며 파에 쫓기는 자세로 항주하는 항법이다.

㉠ 선체가 받는 파의 충격작용이 현저히 줄어든다. 따라서 충격작용 때문에 Heave-to가 곤란하면 Scudding 방법을 취한다.

㉡ 상당한 속력을 유지하여도 좋으므로 태풍권 탈출에 유리하다.

㉢ 반면 Pooping Down에 의한 위험을 초래할 수 있다.

㉣ 보침성의 저하와 Broaching to가 유발될 수 있다. 추종파를 받을 때는 보침성이 저하되고 Yawing이 심하여져서 Broaching to로 되어 Beam Sea가 되기 쉬우므

로 조심하여야 한다.

③ Lie-to : Lie-to라 함은 황천 속에서 기관을 정지하고, 선체를 풍랑하로 그대로 표류시키며 풍랑에 거스르지 않는 방법이다. 그러나 이러한 방법을 채용하는 선박은 거의 없다.

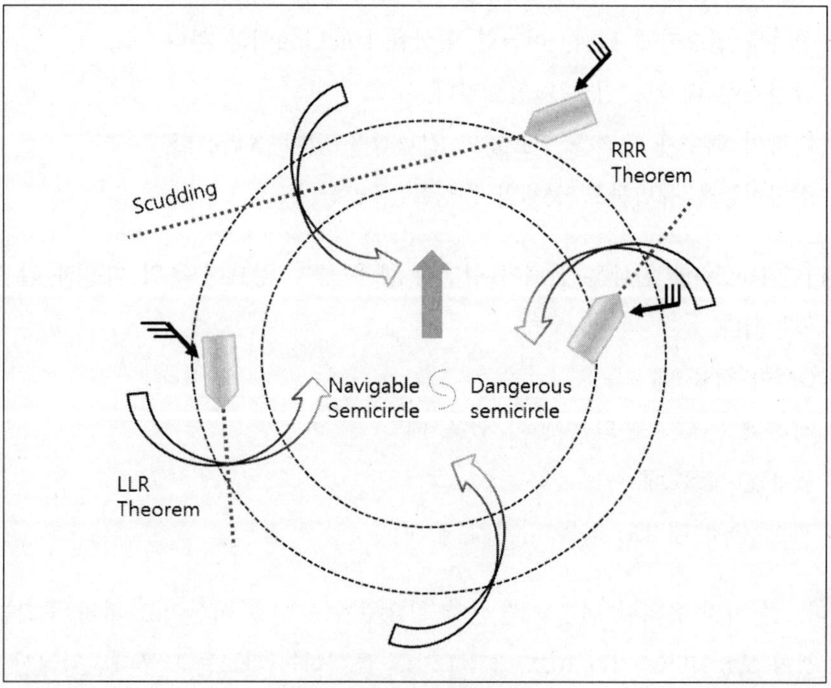

[그림 1-52] 황천돌파 조선법

④ RRR 법칙 : 북반구에서 풍향이 우전(R, 순전)하면 본선은 우반원(R, 위험 반원)에 위치해 있다. 이 때는 바람을 우현 선수(R)로 받으면서 조선하여 태풍중심에서 멀어지도록 하는 태풍피항법이다.

⑤ LLS 법칙 : 풍향이 좌전(반전) (Left)하면 본선은 좌측 반원(Left)에 위치, 풍랑을 우현 선미(Stem)에 받고 피항한다. LLRs 법칙(Lift, Left, Right stem)으로도 표시한다.

⑥ Dove의 법칙 : 북반구에서 태풍진로의 우측에서는 풍향이 시계방향으로 돌고 좌측에서는 반시계방향에서 분다.

⑦ Buys-Ballot 법칙 : 태풍의 중심 방향을 알 수 있는 방법으로 북반구에서 바람을 등지고 양팔을 벌리고 서면 왼팔의 20~30° 전방에 태풍(저기압)의 중심이 있다.

1.6.5 황천 시 일어날 수 있는 위험한 현상

1. Rolling 시

선체가 파의 작용을 받아서 횡요를 할 때에 직립상태를 중심으로 하여 좌우대칭으로 흔들리는 중에 돌연 별개의 경사 모멘트가 겹치면 갑자기 불연속의 횡요를 당하게 되고 크게 경사를 일으키게 된다. 이러한 현상을 Lurching이라 한다. 즉,

① 갑작스런 대각도 경사를 일으킨다.
② 다량의 해수가 충격을 일으키고 갑판상을 덮어 올라온다.
③ 적하이동을 유발하고 선체의 손상을 유발한다.

이러한 Lurching 현상은 선체의 안전상 매우 좋지 않으며 특히 다음과 같은 경우에 일어나기 쉽다.

① GM이 적을 때
② 적하 또는 자유수의 이동이 있을 때
③ 돌풍을 받을 때
④ 파랑 중에 대각도 타를 갑자기 쓸 때

등이다. 한 가지 유의할 점은 대형선의 횡요주기는 10초 이상이고 파의 주기는 이보다 적은 것이 보통이다(주기가 10초 내지 12초를 초과하는 파도는 드물다). 따라서 황천에서 선체를 돌릴 때에 파랑을 선수쪽에서 받는 것보다 거의 선회가 완료하여 파랑을 Quarter에서 받기 시작할 때에 동조현상이 일어날 수 있다는 점이다.

2. Pitching 시

1) Slamming

선체가 파를 선수에서 받으면서 항주할 때에 주로 선수전부 선저에 강한 파의 충격을 받고 선체는 매우 짧은 주기(1초 정도 이하)의 급격한 진동을 하게 된다. 그 때문에 선체는 과도한 응력을 받아서 때에 따라서는 선수부 선저에 손상을 받는 수가 있다. 이러한 현상을 Slamming이라 하고, 파를 앞에서 받고 항주할 때에는 정도의 차이는 있을지라도 언제나 일어나는 현상이다.

Slamming은 종요 및 상하동이 격심하여져서 선수가 내습파의 전경사면을 향하여 돌진

할 때에 일어난다. 즉, 선수가 수면에서 떨어져 올라갔다가 하방으로 떨어질 때에 파의 상향운동에 부딪혀 일어나는 것으로 Keel Line이 수면에 달할 때에 최대 가속도가 일어나므로 제일 격심한 Slamming이 이때에 일어난다.

2) Slamming을 일으키기 쉬운 조건

① 선체길이의 범위 : 선체길이가 80～140m의 범위의 선박에 집중된다. 이것은 Slamming이 선체길이 정도의 파를 받을 때에 극심하게 일어남을 말하고, 해상에서 탁월하는 파의 실상이 이 길이의 범위에 있기 때문이다.

② 선체의 상태 : 경하상태에서는 극심하고 적하를 하고 흘수가 깊이 들어갈수록 일어나지 않는다. 만재상태에서는 거의 일어나지 않는다.

③ 선수의 선형 : 선수가 뾰족(Fine)한 것보다 평평한 선체일수록 Slamming을 일으키기 쉽다. 이것은 파에 의한 선수선저의 압력변화가 격심하여지기 때문이다. Bulbous Bow는 Slamming에 대하여 효과가 있다.

④ 파의 상대주기 및 선속 : 격심한 Slamming은 보통 종요 및 상하동의 고유주기에 파의 상대주기가 동조하는 부근(또는 그것보다 다소 선속이 큰 곳)에서 일어난다. 그리고 일반적으로 선속과 선체길이의 비($V/\sqrt{L}$ (V : knot, L : feet)) 1.0부근에 집중한다. 이것은 이 부근에 있어서 선수선저하의 압력변화가 제일 극심하게 되는 데 원인이 있다. 따라서 감속에 의하여 Pitching 및 Heaving을 경감하고, 압력변화의 감소를 꾀하는 것은 Slamming의 경감에 매우 효과적이다.

⑤ 천후 및 해면의 상태 : Slamming의 사례를 보면 BF Scale 5 이상의 전후에서 그 발생을 볼 수 있다. 그리고 상대파장이 선체길이와 같아질 때 Slamming은 격심하다. 또 파고가 높을수록 파의 에너지는 크고, Slamming이 격심하게 되는 것은 당연하다.

⑥ 종요에 따라서 일어나는 횡적 불안정 : 선체가 경사를 할 때에는 선체의 종경사에 따라서 부심이 종 Metacenter를 중심으로 하여 이동하고 그 높이는 주기적으로 상승·하강한다. 한편 Pitching과 파의 통과로 인하여 수선면의 형태가 변화하고 수선면의 관성 모멘트가 주기적으로 변화한다. 파랑 중에서 종요를 할 때는 GM의 변동이 상당히 큰 것으로, 그 변화량은 원래 GM의 50%에 달할 때가 있다.

⑦ 추종파에 의한 Pooping Down : 추종파를 받을 때는 선수파를 받을 때보다는 충격

은 적다. 그러나 선체와 파의 상대속도가 적으므로 파가 선체를 통과하는데 요하는 시간이 길어지므로 선미에서 해수가 덮치는 양이 많아진다.

추종파의 경우는 선체자체의 선미구조 때문에 내파성이 나쁘고 보침도 불안정하게 되기 쉬우므로 위험을 초래하는 수가 있다. 이러한 선미추종파가 선미를 크게 덮치는 현상을 Pooping Down이라 하고, 선속보다 빠른 추종파의 골에 선미가 떨어졌을 때에 대파가 선미갑판을 덮치는 위험이 일어난다.

또는, 추종파는 그 상대속도가 적으므로, 선미가 파곡 또는 파전면에 걸렸을 때에는 급격한 Yawing을 하여 선체가 파에 평행하게 되는 수가 있다. 이것을 Broaching이라고 하는데, 이런 때에 내습파가 급격히 갑판상을 덮치고 과대한 전복 모멘트를 만들면 위험을 초래할 수 있다. 이러한 현상들은 상대적으로 파장이 거의 선체의 길이에 가깝게 될 때에 매우 극심하여진다.

⑧ Screw Propeller의 공전(Racing) : 종요 및 상하동을 격심하게 하여 선미부가 공기중에 노출되어 Screw Propeller에 Load가 급감하여 Propeller는 진동을 일으키면서 급회전을 일으킨다. 이러한 현상은 Propeller blade의 손상 Propeller Shaft 및 Engine에 좋지 않는 영향을 주게 된다. 이러한 현상은 공선의 경우가 특히 심한데 최선의 예방책은 Draft를 증가시키고, Pitching을 덜게 하는 침로를 잡고 회전수를 충분히 떨어뜨리는 것이다.

1.6.6 인명의 구출과 조선

1. 낙자구조와 조선

1) 긴급조치

① 구명환 및 구명염의 즉시 투하

② 기관의 긴급정지 및 낙자측으로의 전타

③ 선내경보, 인명구조부서의 소집 및 구명정의 준비

④ 낙자방위 및 거리를 알 수 있도록 엄중한 Look-out의 배치 : 낙자가 항진하는 선미의 Screw에 말려들어가지 않도록 즉시 반사적으로 기관을 정지하고, 동시에 낙자측으로 전타함으로써 Kick Out을 이용하여 낙자로부터 선미를 이탈시켜야 할 것이다. 이러한 동작을 거의 동시에 행하고 선박의 왕래가 심한 곳에서는 “O”기를 올린다.

2) Williamson's Turn

1942년 미해군예비역 중령 Williamson이 고안하여 실시한 방법이다(그림 1-53).

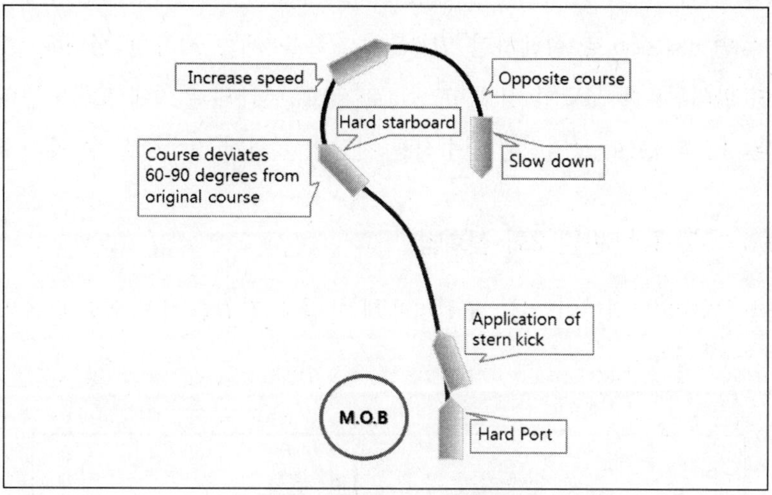

[그림 1-53] Williamson's Turn

이 방법은 암야, 협시계 또는 황천 및 낙하시간이 불명할 때에 지나왔던 항적에 제일 가깝게 선박을 돌릴 수 있으며 구체적인 방법은 다음과 같다.

① 처음 낙자측으로 전타 Hard-over하여 전속 항진

② 선회가 60°(VLCC 경우 35°) 정도되었을 때 타 반전 Hard-over

③ 총 90° 가량 선회하였을 때 반전하기 시작

④ 원침로에서 160° 회두하였을 때 Midship하면 180° 회두하여 원래의 항적으로 들어가게 된다.

이 방법은 좀 더디고 시정이 좋지 않을 때에는 익수자를 육안에서 놓칠 염려가 있으나, 만약에 낙하된 시간을 잘 모를 때에는 가장 좋은 방법이다.

⑤ 참고로 수온에 따른 생존가능시간(MERSAR Manual 상선수색편람)은 다음과 같다.

㉠ 해수온도 2℃ 이하 : 45분 정도

㉡ 해수온도 2~4℃ 이하 : 90분 정도

㉢ 해수온도 4~10℃ 이하 : 3시간 정도

㉣ 해수온도 10~15℃ 이하 : 6시간 정도

㉤ 해수온도 15~20℃ 이하 : 12시간 정도

㉥ 해수온도 20℃ 이상 : 체력에 따른다.

대형선이나 VLCC가 Williamson Turn을 완료하여 반대 침로에 왔을 때는 Headway를 거의 잃게 된다. 따라서 정선이나 해상인명을 구조하는데 Astern이 거의 필요 없다.

예를 들면 19Knots로 항해하던 VLCC를 전속을 계속 사용한 상태에서 Williamson Turn하면 반대침로에 도달한 경우 4Knots로 되고, 본래의 위치에 도달하는데 약 11분이 걸리게 된다. 그러므로 구명정을 진수시킬 지점에서 쉽게 정선시킬 수 있는 이점이 있다.

3) Two 180° Turn(반원 2회 선회법)

이 2회 선회법은 경험이 있는 조선자에게는 매우 간편한 방법으로 다음과 같다(그림 1-54).

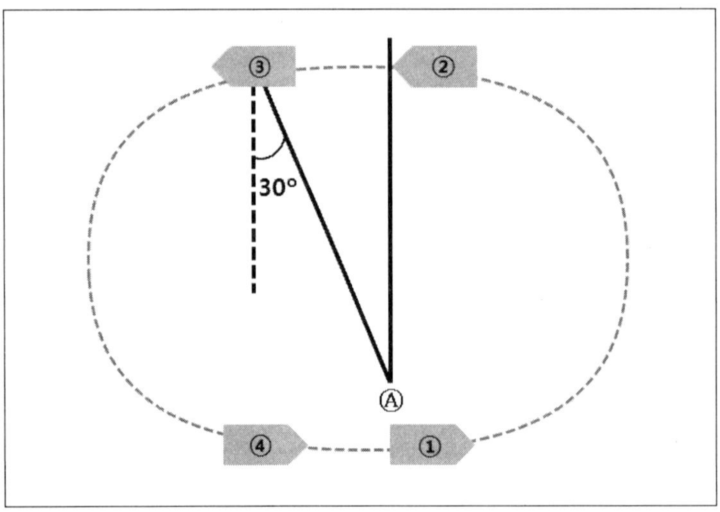

[그림 1-54] Two 180° Turn

① 처음에 Engine을 Stop하여 전타하고
② 익수자가 선미와 Clear 즉시 전속을 걸고 Hard-over
③ 180° 선회 후 Steady하여 항주하다가
④ 익수자가 정횡 후 30° 정도에 보이게 되면 다시 Hard-over하여
⑤ 정지하여 Life Boat를 하강하든가 기타 방법으로 구조에 임한다.

4) A Single Turn or Delayed Turn(지연선회법)

날씨가 좋고 익수자를 육안으로 보면서 조선할 때에 매우 신속하고 좋은 방법이다(그림 1-55).

① Engine stop하고 낙하현측으로 전타하여 익수자를 선미와 Clear시킨다.

② 전속력으로 약 1분간 원침로로 항주한다.

③ 낙하현측으로 전타 Hard-over하여 선회한다.

④ 약 230° 정도 선회하였을 때에 선수에서 익수자를 볼 수 있다. 이때 Half Astern하여 Life Boat를 내려 구조한다.

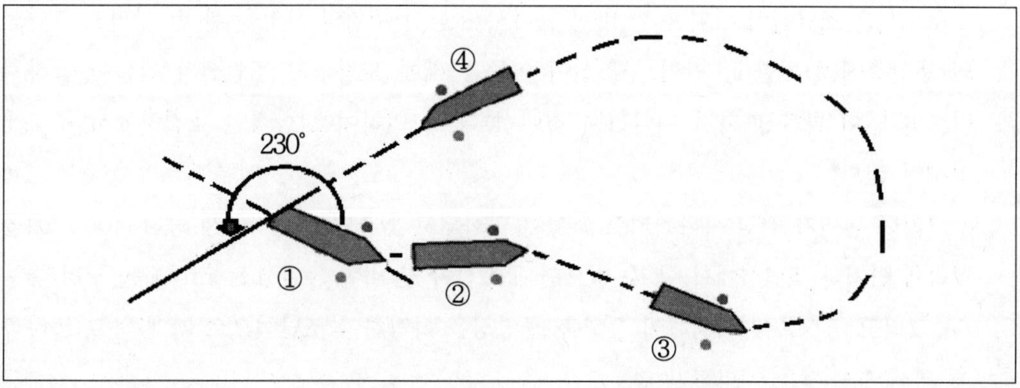

[그림 1-55] A Single Turn or Delayed Turn

5) 기타 방법

① 익수자가 선미와 Clear되자 마자 전속후진을 걸고 선체가 정지되면 Life Boat를 하강하여 구조에 임하게 하는 것이다.

선교에서 익수자를 감시하고 있으면서 Life Boat는 수기신호등으로 낙하자가 있는 곳으로 유도된다. 혹시 익수자를 놓치더라도 단정이 본선이 오던 항적을 따라가면 크게 잘못 가지는 않을 것이다. 왜냐하면 전속후진을 걸어서 곧 선체가 정지하였기 때문에 낙하된 지점에서 멀리 있지는 않기 때문이다.

② 익수자가 Clear되면 계속 Hard-over하여 완전한 Turning Circle을 그리며 원래의 낙하된 지점으로 되돌아오는 것이다. 대형선의 Turning Circle을 관찰하여 보면 Hard-over로서 선회하는 선박은 전타를 시작한 장소로부터 멀어도 자선의 길이 정도 이내의 거리를 두고 되돌아오게 됨을 알 수 있다.

6) 야간에 좋은 방법

최근 미국에서 야간에 자주 사용하는 방법으로 낙하현측으로 즉시 전타하고 던져진 구명부환에 Search Light를 조준한다. 선회가 완료되고 낙하지점에 오면 Life Raft를 던지고 Search Light를 Life Raft에 비춘다. 그리고 나서 선박은 이 Life Raft를 기준점으로 하여 서서히 원을 그리면서 선수 및 양현측을 탐색한다.

2. 조난선의 승조원 및 여객을 구조하는 법

1) 구명정을 내려서 구출하는 법

구조선은 조난선의 주위를 한 바퀴 돌아서 조난선 주위의 사정을 한 번 살피고 조난선의 풍상측에 위치한다. 만약 구조선이 어두울 때에 도착하고 조난선의 침몰이 급하지 않으면 날이 밝을 때까지 기다리는 것이 좋다. 그리하여 정상적인 조건하에서 구조에 임하면 된다.

그러나 날씨가 점점 사나워지고 기상이 악화되고 있으면 양선박에서 공히 Storm Oil을 뿌리게 하거나 조난선에서 할 수 없으면 구조선이 한 바퀴 돌면서 Storm Oil을 뿌려 놓는다. 그리고 풍상측에 위치하여 풍하측 구명정을 하강하여 조난선으로 가게 하고 풍하측에 와서 구명정을 기다린다.

2) 구명정을 조난선의 끝단에 연결하는 법

구명정은 조난선의 풍상측으로 접근해서는 안되고, 또 직접 풍하측 한복판으로 가서 조난선의 선체에 바로 붙어서도 아니된다. 왜냐하면 조난선 갑판상으로부터 여러 물건이 낙하할 것이며, 경우에 따라서는 수 knot로 밀리고 있는 조난선에서 빨리 떼어낼 수 없고 조난선의 Rolling에 의하여 Boat가 망가져 위험을 초래할 우려가 있기 때문이다.

조난선의 위치에 대하여 구명정은 Lee Side의 끝단으로부터 접근하되 조난선에 접착하지 말고 Rope로써 연결한다. 그리고 한 사람은 도끼를 준비하여 두었다가 긴급시에는 한시라도 로프를 절단하고 떠날 수 있어야 한다. 일단 줄이 연결되면 조난자들은 주저없이 줄을 타고 Boat로 건너야 될 것이고, 이러한 때에 Life Ring의 양쪽에 Heave Line을 달아서 조난선으로부터 Boat까지 사람을 끌어올리는데 이용하면 좋을 것이다. 이 때 본선은 조난선의 풍상측으로부터 풍하측으로 이동하여 구명정을 대기하여야 한다.

구명정 강하 시의 조건은 다음과 같다.

① 기관을 정지하고 전진타력 2knots정도에서 진수한다. 정지나 후진 중의 강하는 진수이후 구명정을 선체에서 벗어나게 함이 힘들기 때문이다.

② 선체가 경사하지 않은 상태에서는 풍하현의 구명정을 진수하고 선체를 선회시켜 반대현의 것도 강하한다.

③ 선체가 경사한 경우에는 경사현을 풍하현으로 향하게 한 후 강하하고 풍상측의 것은 Lashing을 개방하여 바다에 떨어뜨린다.

④ 선체가 급히 침몰하는 경우에는 모든 구명정의 Lashing을 개방, 절단하고 승조원은 직접 수중에 뛰어내려 부유피난을 시도한다.

1.6.7 수색구조 조선

1. 수색 Pattern 1(Expanding Square Search)

이것은 확대정방형수색이라 한다. 추정기점 D(Datum, D)를 따라 접근하여 D점을 통하고 4mile 진출한 지점에서 침로를 90° 우전하여 이번에는 8mile을 진출하고 다시 우전하여 8mile을 항해한다. 이러한 식으로 정방향을 4mile씩 확대 수색하는 것이다. 이것은 수색선이 1척일 때의 수색방법이다(그림 1-56).

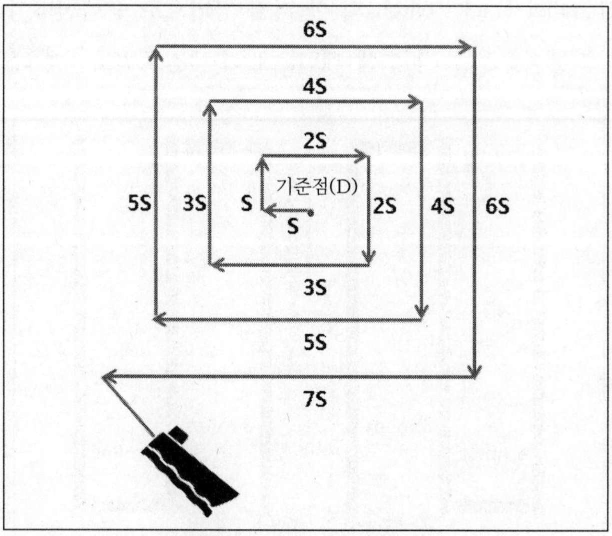

[그림 1-56] 수색 Pattern 1

2. 수색 Pattern 1a(Sector Search)

부채꼴 수색 또는 선형수색이라 한다. 이 Pattern은 조난목표발견의 가능성이 크고 수색선이 1척일 때의 수색방법이다(그림 1-57).

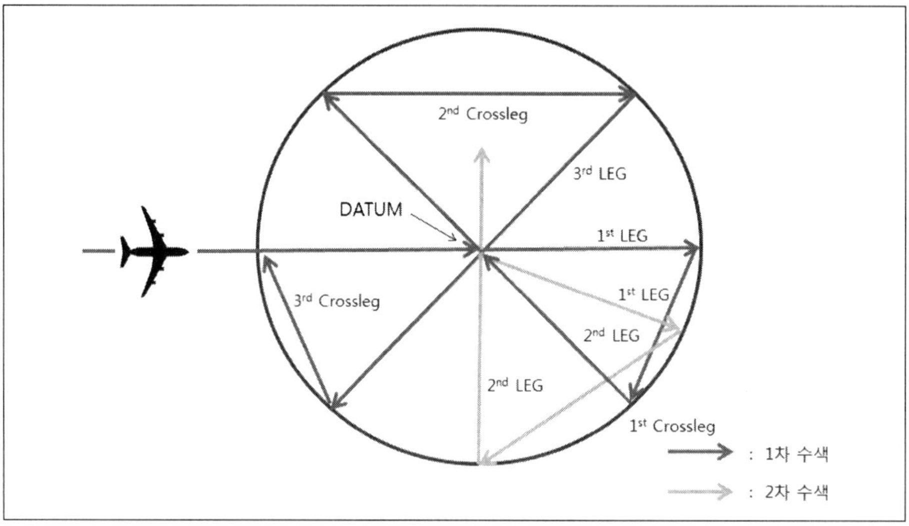

[그림 1-57] 수색 Pattern 1a

3. 수색 Pattern 2

평행선 수색(Parallel Track Search)의 한 가지 방법으로 수색선박이 2척일 때 이용하는 것이다. 이것은 기본적으로 ㄹ자 수색 패턴으로 수색침로번호 1에 CSS 선박이 붙고, 2에

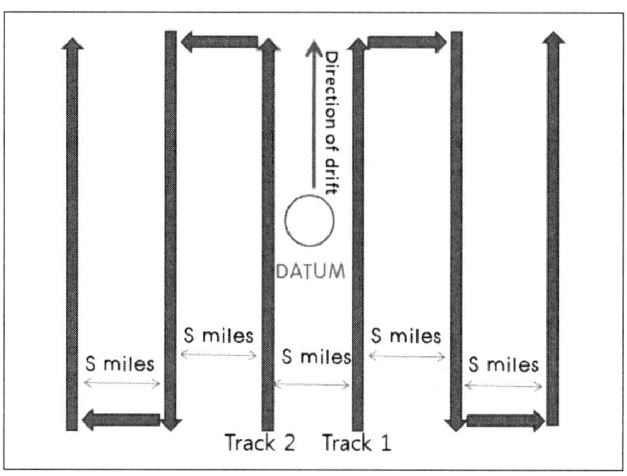

[그림 1-58] 수색 Pattern 2

다른 한 척의 선박이 붙어서 ㄹ자를 그리면서 [그림 1-58]과 같이 D(DATUM)점을 중심으로 한 반경 10mile 원의 외접 정사각형의 면적을 수색하는 것이다. 최초 수색 시 두 선박 간의 간격은 4mile이다.

4. 수색 Pattern 3

이것은 Parallel Track Search의 일종으로 3척의 수색선이 ㄷ자 형태의 수색작업을 하는 것이다. [그림 1-59]에서 1번 선박과 2번 선박의 간격은 4mile이고, 1번 및 3번 선박의 간격은 8mile이다. 3척의 선박이 ㄷ자 형태의 수색을 한번 완료하면 넓이로는 24mile, 길이로는 20mile 해역이 수색된다.

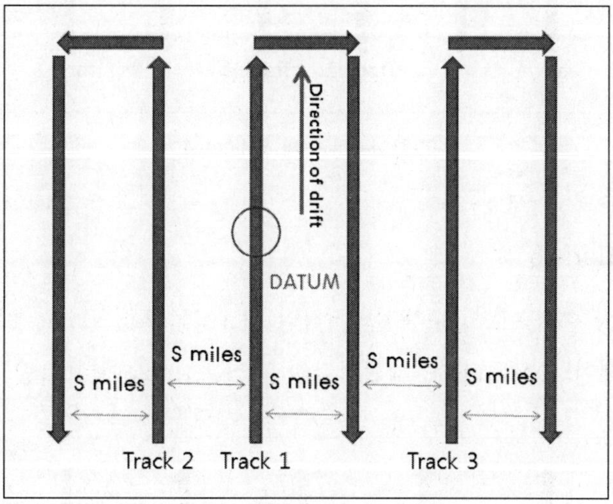

[그림 1-59] 수색 Pattern 3

5. 수색 Pattern 4

Parallel Search의 일종으로 수색선이 4척일 때 4mile 간격을 3mile로 좁혀서 ㄷ자 형태의 수색을 하는 방법이다.

[그림 1-60]에서 1번 선박과 2번 선박의 간격은 4mile, 1번 선박과 3번 선박의 간격은 6mile, 2번 선박과 4번 선박의 간격은 6mile로 하여 수색을 시작하고, 길이 10mile을 진출하여 D점 좌방선박은 좌현으로 90° 선회하여 ㄷ자 수색을 종결한다.

이렇게 하면 1번과 2번 수색 Line 사이의 수색폭은 각각 2mile이 되지만 나머지 수색

Line 사이의 폭은 3mile이 되므로 각 Line의 담당 수색폭은 1.5mile이 된다. 그러므로 여기에서 총 수색면적폭(1.5+3+3+3+4+3+3+3+1.5)은 25mile이 된다.

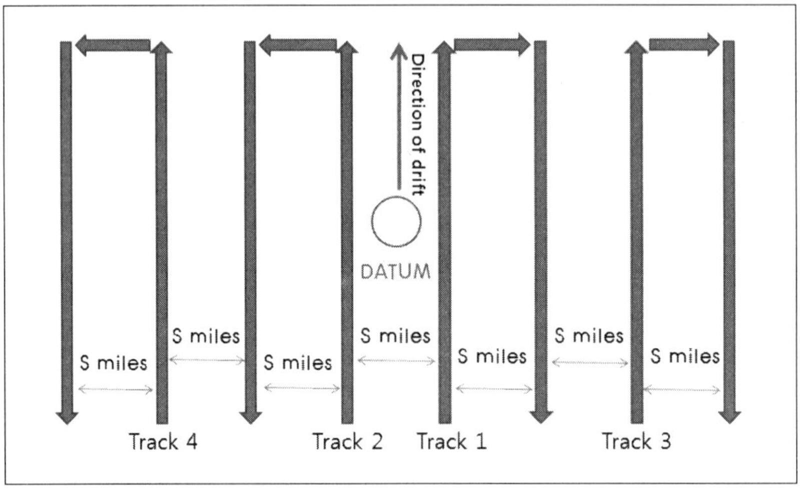

[그림 1-60] 수색 Pattern 4

6. 수색 Pattern 5

Parallel Track 수색으로서 수색선박 5척일 때 1직선상을 20mile 1회 항주함으로써 기본 Area의 수색이 종료된다. 수색선박간의 간격은 4mile이다(그림 1-61).

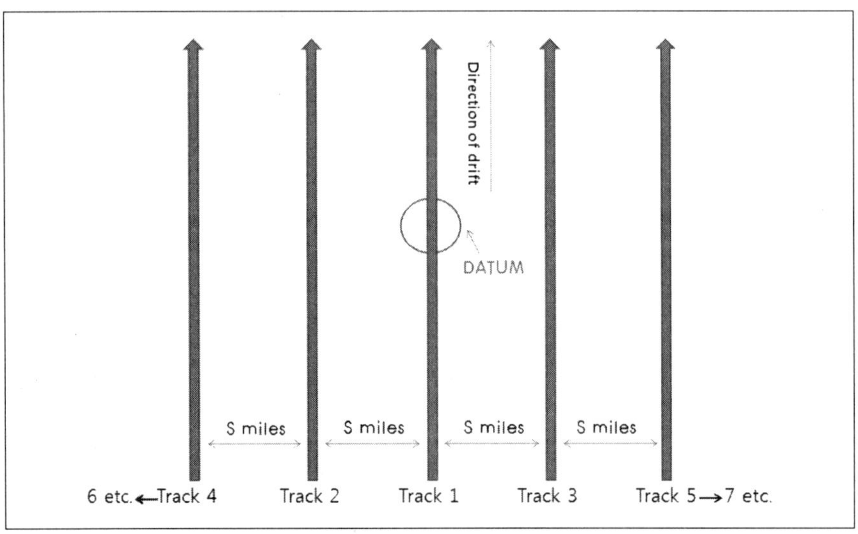

[그림 1-61] 수색 Pattern 5

7. 수색 Pattern 6(Ship and Aircraft Co-ordinated Search)

이 패턴은 선박과 항공기가 합동으로 수색하는 방법이다. 이 패턴의 실시에는 다음의 몇 가지 점에 주의하여야 한다(그림 1-62).

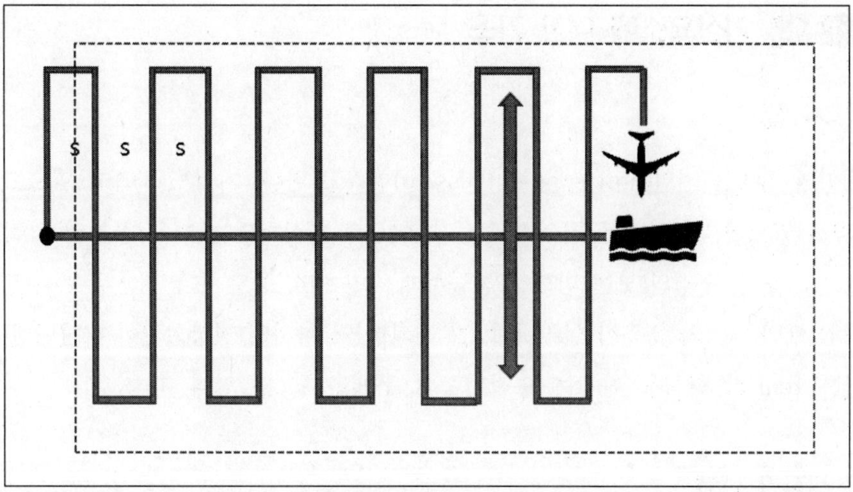

[그림 1-62] 수색 Pattern 6

① 맨 처음 도착한 선박은 추정기점으로 직행하여 우선 확대 정방형 수색을 개시한다. 실시 중 항공기가 도착하더라도 선박은 현행의 수색을 계속하고 항공기가 단독으로 수색에 들어간다.

② 1차 수색이 완료되면 해상수색조종선(Co-ordinator Surface Search, CSS) 또는 현장 지휘관(On-Scene Commander, OSC)은 선박과 항공기를 유효하게 활용하는 제2차의 수색방법을 선박의 척수에 따라 결정한다.

③ CSS의 조선에 관한 지시는 MERSAR Manual의 표준통신문 또는 국제신호서(INTERCO) 또는 표준해사항해용어를 사용한다.

④ 새로운 수면을 향할 때에 90° 이상의 대각도 변침을 할 경우에는 2회로 나누어서 변침하도록 지시한다.

⑤ 수색 중일 때에도 국제해상충돌예방규칙이 전면적으로 적용된다.

1.7 기상도 및 해양기상

1.7.1 기상요소에 대한 기초

1. 기 압

대기의 압력을 기압(Atmospheric Pressure)이라고 한다. 기압도 무게가 있으므로 압력을 갖고 있으며, 이 압력은 공기가 모든 방향으로 확장하려는 기체 공통의 성질을 갖고 있으므로 수직, 수평의 모든 방향에 동등하게 작용한다. 동일 수평면상의 두 지점에 기압차가 있으면 공기의 운동이 일어나며, 그 결과 여러 가지의 기상현상이 나타난다. 따라서 기압은 $1cm^2$의 면적을 가지는 수직기주의 무게라 할 수 있다.

1) 기압의 단위

기압의 단위는 hPa을 쓴다(1기압 = 760mmHg = 1013.25hPa). 기압은 고도가 높아질수록 감소하여 고도 5,500m에서 1/2 기압, 10,000m에서 1/4 기압이 된다.

2) 등압선과 기압경도

① 등압선(Isobar) : 각지에서 같은 시각에 관측된 기압치를 천기도상에 기입하여 그 값이 같은 지점을 연결하는 곡선을 등압선이라 한다. 등압선을 그림으로 인하여 지역상의 기압분포의 상태를 알 수 있다. 대기중에는 기압치가 같은 점이 무수히 있으며 이들의 점은 하나의 곡선을 만든다. 이 곡선을 등압면이라 한다. 따라서 등압선이란 등압면과 지표면(평균해면)과의 교선이다(그림 1-63(a)).

② 기압경도 : 기압경도(Pressure Gradient)는 등압선의 직각방향의 단위거리에 대한 기압의 변화율을 말한다. 따라서 정해진 두 지점간에 기압경도가 클수록 등압선의 수가 많으므로 그 간격은 좁으며, 기울기가 급할수록 속도가 크다. 공기도 기압의 기울기가 가장 큰 기압경도의 방향으로 기압경도에 비례한 속력으로 분다(그림 1-63(b)).

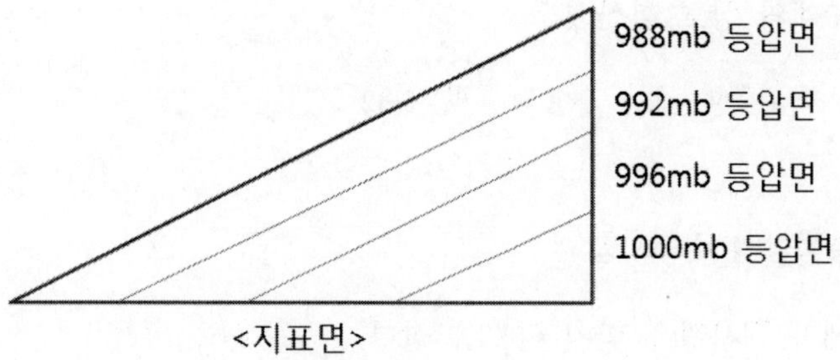

(a)

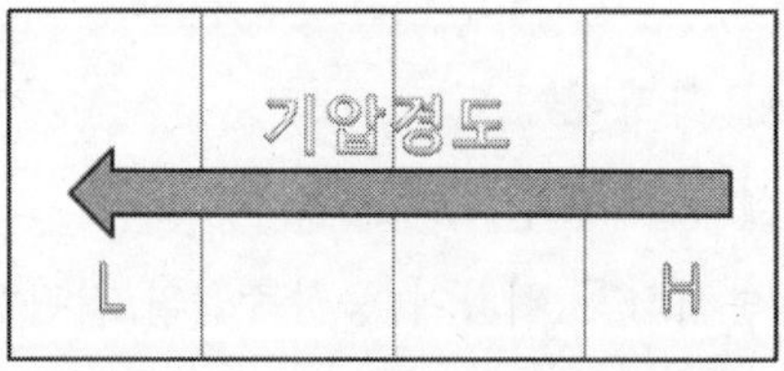

(b)

[그림 1-63] 등압면의 수직단면 및 등압선과 기압경도

2. 기온 및 수온

기온이란 공기의 온도를 말한다. 우리가 보통 기온이라고 할 때는 지상기온을 말하며 이는 지상 약 1.5m 높이의 온도로 백엽상의 온도계가 지시하는 값이다. 해상의 기온은 선박의 위에서 측정하므로 보통 해면상 약 10m 높이의 공기의 온도가 된다.

일반적으로 기온은 지상에서 상공으로 올라감에 따라 하강한다. 대류권 내의 어느 부분에 있어서는 상공으로 갈수록 기온이 거의 일정하거나 또는 역으로 상승할 때가 있다. 이와 같은 상태를 기온역전(Temperature Inversion)이라 하며, 역전이 일어나는 기층을 역전층(Inversion Layer)이라고 한다.

1) 온도의 눈금

① 섭씨온도계 : 빙점(Freezing Point)과 비등점(Boiling Point) 사이를 100등분하여 1°의 눈금으로 하고 0° 이하의 눈금도 같은 눈금으로 만든 온도계이다.

② 화씨온도계 : 빙점과 비등점 사이를 180등분한 것을 1°의 눈금으로 하고 빙점을 32°, 비등점을 212°로 정한 온도계이다.

③ 양온도계의 상호 환산식

$$°C = \frac{5}{9}(°F - 32)\ ,\ \ °F = \frac{9}{5}°C + 32$$

2) 기온측정상의 주의사항

① 온도계가 직사광을 받지 않도록 한다.

② 온도계의 지구 가까이에 손이 닿지 않도록 하며 호흡이나 체온의 영향을 받기 전에 신속하게 측정한다.

③ 야간관측에는 등화를 가까이 하지 않는다.

④ 비나 눈에 의해 온도계가 젖지 않도록 한다.

⑤ 온도계가 다량의 공기를 접촉시키기 위하여 풍상측현의 갑판상의 그늘에서 관측한다.

⑥ 눈과 수은의 끝지점을 연결하는 직선이 온도계와 직각이 되도록 눈의 위치를 택하여 관측상의 오차를 없앤다.

⑦ 온도는 도의 10분위수를 먼저 읽고 도수를 읽는다.

⑧ 온도를 읽을 때는 온도계가 풍상측에 오도록 관측자는 풍하측에 위치한다.

3) 수 온

해수의 온도는 직접 기상현상에 영향을 미칠 뿐만 아니라 선박의 운항에 있어서도 중요하므로 당직교대 시의 4시간마다 정확히 측정하여 항해일지에 기록하고, 참고한다.

해수온도는 다음의 관점에서 중요한 의미를 갖는다.

① 해수온도는 기단의 변질, 열과 수증기의 공급, 기단의 안정도 등에 큰 영향을 미친다.

② 열대저기압의 발생, 고저기압 및 전선의 성쇠에 밀접하게 관계된다.

③ 기온과 수온의 차이가 클수록 해수의 증발이 왕성하며, 안개, 구름 등의 발생과 밀접한 관계가 있다.

3. 습 도

습도(humidity)는 공기에 포함된 수증기의 정도, 즉 공기의 건습 정도를 나타내는 것을 말한다. 수증기는 대기의 가장 중요한 성분으로써 다른 대기의 구성성분이 기체상태로 존재할 동안에도 간혹 물이 되기도 하고 얼음이나 눈이 되기도 한다. 이러한 현상으로 인하여 수증기는 기상학상 중요한 위치를 차지하며, 수증기를 포함한 정도를 나타내는 습도를 파악하여야 하는 것이다.

1) 습도의 표시법

① 상대습도(Relative Humidity) : 대기 중에 포함되어 있는 수증기량과 그때의 온도 하에서 대기가 포함할 수 있는 최대수증기량(포화량)과의 비율을 백분율(%)로 나타낸 것을 말한다. 수증기량은 수증기압에 비례하므로 상대습도 RH는 포화증기압 E에 대한 현재의 수증기압 e의 비율로 나타낼 수 있다. 보통 습도라고 할 때는 이 상대습도를 지칭할 때가 대부분이다.

$$\mathrm{RH}=\frac{e}{E}\times 100(\%)$$

② 절대습도(Absolute Humidity) : 단위체적의 공기 중에 포함된 수증기의 질량을 말한다. 보통 $1\mathrm{m}^3$의 공기 중에 포함된 수증기의 g 수로 표시한다. 수증기량에는 변화가 없어도 기온이 변하여 공기가 수축 또는 팽창하면 절대습도도 변한다. 절대온도를 T라 하면 절대습도 A와 수증기압 e와의 사이에는 다음 관계가 성립한다.

$$A=\frac{217e}{T}(\mathrm{g/m^3})$$

그 이외에 습도를 표시하는 방법으로는 수증기압(Water-vapour Pressure), 비습(Specific Humidity), 혼합비(Mixing Ratio), 노점온도(Dew-point Temperature), 기온노점차(Dew-point Spread) 및 유효습도(Effective Humidity) 등이 있다.

2) 습도의 관측

① 건습구온도계(Wet and Dry Bulb Thermometer) : 동형의 수은온도계 두 개 중 한 개는 원형 그대로 노출되어 있고 다른 하나는 구부를 Muslin으로 단단히 싸서 여기에 심지를 달아 부착된 용기로부터 물을 빨아올리게 하여 구부가 항상 젖어 있게 한 온도계를 말하며 간단히 건습계라 한다.

건구온도계는 기온(건구온도)을 나타내나 습구온도계는 공기가 포화에 달하지 아니하는 한 습구로부터 물리적으로 증발하므로 건구온도보다 낮은 온도를 나타낸다. 이러한 현상은 평형에 도달할 때까지 계속되며 평형에 달하면 습구의 포화증기압이 공기의 포화증기압과 같으므로 그 이상 증발은 일어나지 않으며, 따라서 온도는 일정하게 유지되는데 이 온도가 습구온도이다.

대기가 처음부터 포화되어 있었다면 증발은 일어나지 않을 것이며 건구온도와 습구온도는 같을 것이다. 이때의 습도는 100%이며 포차(飽差)와 기온노점차는 0이 된다. 건구와 습구의 온도차를 측정하면 상대습도, 노점온도 등을 구할 수 있다.

② 노점계(Dew-point Hygrometer) : 통풍온도계에 의한 습도의 측정은 비교적 간단하고 정확하여 실용적인 방법이지만 0℃ 이하에서는 이 방법도 거의 사용 불가능하게 되므로 이때는 노점계 등을 이용한다.

노점계는 표면을 매끄럽게 잘 간 금속판을 수평으로 놓고 밑에서 냉각시키면 금속판에 접한 공기가 포화에 달하였을 때 금속판에 이슬이 맺히므로 이때의 금속판의 온도에서 습도를 구하는 것이다.

3) 습도계 취급 시 주의사항

① 건습계의 습구의 Muslin은 항상 청결히 유지하여 기름기나 그을음이 묻지 않도록 하며 물에 적시어 둘 때도 때때로 씻는다.

② 건습계에 충격을 주거나 온도의 급격한 변화를 주면 수은이 절단될 수 있으므로 주의한다.

③ 습구의 Muslin은 이중으로 구 부위를 완전히 싸서 그 양단을 면사로 꼭 묶고 그 끝은 짧게 가위로 끊는다.

④ 선상에서는 Muslin이 더러워지기 쉬우므로 주 1회 정도는 바꾸어야 한다.

⑤ 직사광이나 열원을 피하고 될 수 있는 한 통풍이 잘 되는 창 가까이에 건다.

⑥ 황천시에 습도계가 빗물이나 해수에 젖지 않도록 한다.

4. 바 람

바람이란 공기의 수평적인 운동을 말하며 풍향과 풍속으로 표시된다. 공기의 운동은 대단히 복잡하지만 보통의 기상관측에서는 어느 시간 내의 평균적인 풍향이나 풍속을 관측할 때가 많다.

1) 풍향(Wind Direction)

풍향은 바람이 불어오는 방향을 가리키고, 보통 관측 정시 1분전에서 정시까지의 평균 풍향을 말한다. 지상풍은 바람이 불어오는 방향에 대하여 N(북)으로부터 시계방향으로 NNE(북북동), NE(북동), ENE(동북동), E(동), ESE(동남동), SE(남동), SSE(남남동), S(남), SSW(남남서), SW(남서), WSW(서남서), W(서), WNW(서북서), NW(북서), NNW(북북서)의 16방위로 관측한다(그림 1-64).

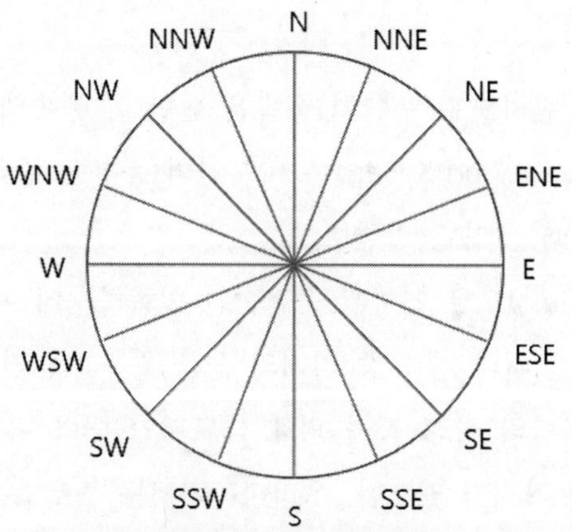

[그림 1-64] 풍향 16방위

풍향이 N → NNE → NE → E와 같이 시계방향으로 바뀌는 것을 풍향이 순전(順轉, Veering)한다고 하며, 역으로 N → NNW → NW → W와 같이 반시계방향으로 변하는 것을 풍향이 역전(逆轉, Backing)한다고 한다(그림 1-65, 1-66).

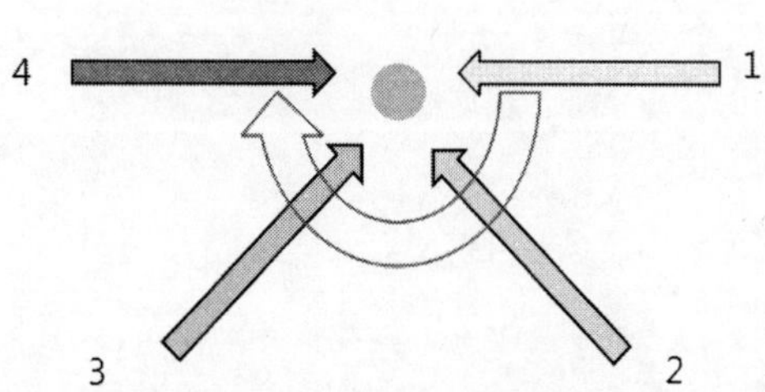

[그림 1-65] 풍향순전

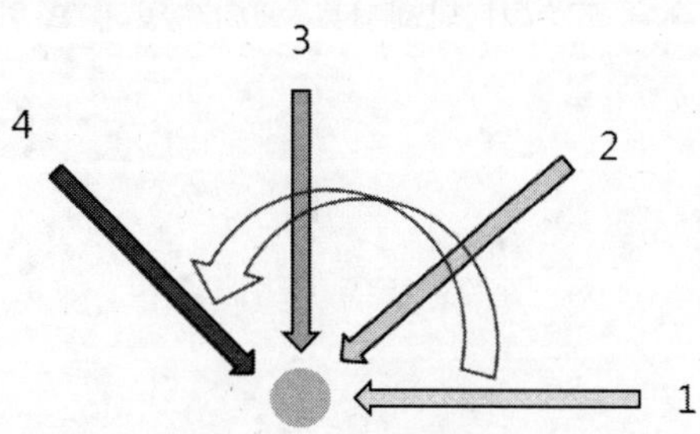

[그림 1-66] 풍향역전

선상에서 풍향을 목측할 때는 다음과 같은 점에 유의하여야 한다.

① 선체의 바로 옆의 파랑을 관측하면 선박의 항주와 파랑의 진행과의 상대운동에 의

하여 오차가 생기기 쉬우므로, 어느 정도 선박에서 떨어진 곳의 파랑을 보고 관측한다.

② 가능한 한 파랑의 파두를 보고 풍향을 관측한다.

③ 해상의 해수에 의한 거품이나 비말(飛沫)을 보고 풍향을 관측한다.

④ 파랑의 방향을 Compass로 관측하는 것이 바람직하다.

⑤ 야간 관측 시에는 오측이 없도록 신중을 기한다.

2) 풍속(Wind Speed)

지상풍은 난류를 동반하므로 부단히 풍속은 변한다. 풍속의 변동을 바람의 숨이라고 한다. 평균풍속(Average Wind Speed)은 10분간의 풍속을 평균한 값을 말하고, 보통 우리가 풍속이라고 할 때는 이를 말한다.

풍속은 바람의 숨(Gust)으로 인하여 순간순간 변화하는데 이 순간적인 풍속을 순간풍속이라 하며, 어느 기간 내의 기록 중 최대의 순간 풍속을 순간 최대풍속이라 한다. 순간 최대풍속은 지형과 바람의 상태 등에 의해 다르지만 대략 평균풍속의 1.5~1.7배이다.

풍속의 단위는 여러 가지가 있으나, 우리나라에서는 주로 m/sec(육상)를 사용하며, 해상에서는 주로 knot를 사용한다(1m/sec = 1.9424knot).

3) 바람의 관측

항행 중의 선상에서 관측하는 바람은 진풍(True Wind)과 선박의 항주에 의해 생기는 바람의 합성으로 시풍(Apparent Wind)이 있다. 시풍향, 시풍속을 관측하여 진풍향, 진풍속을 구하기 위해서는 벡터도법에 의한다(그림 1-67).

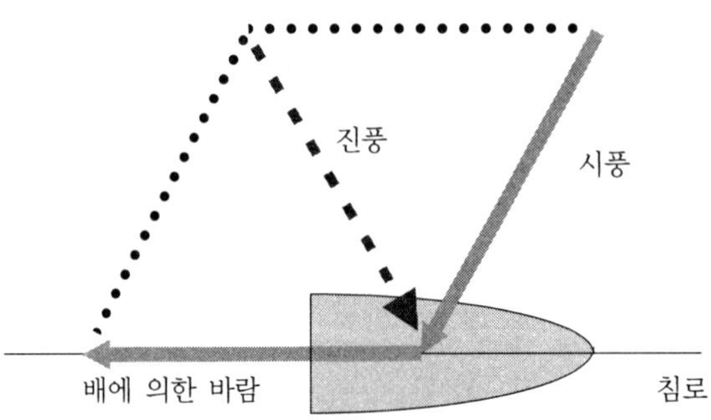

[그림 1-67] 진풍향과 진풍속의 계산(1)

즉, 선박의 항해 중 풍향풍속계(Anemometer)를 통해 확인한 값은 상대풍향과 상대풍속이다. 상대풍향과 상대풍속은 실제로 불고 있는 바람과 선박의 진행으로 인해 선박 진행 반대방향으로 생기는 바람이 합성되어 만들어진다.

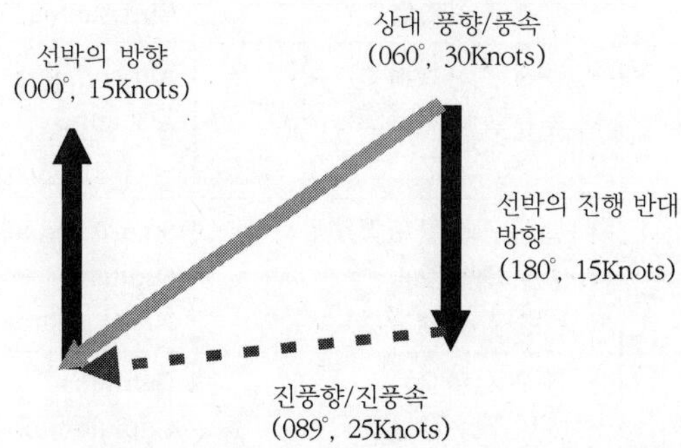

[그림 1-68] 진풍향과 진풍속의 계산(2)

[그림 1-68]에서 000°로 15Knots로 항행하는 선박에서 풍향풍속계로 확인한 결과 060° 방향에서 30Knots의 바람이 불고 있다고 가정할 때 이 상대풍향, 풍속은 선박의 진행 때문에 그 반대방향으로 생긴 바람(방향은 반대이나 속도는 동일, 180°, 15Knots)과 실제로 불고 있는 바람(089°, 25Knots)의 벡터 합성으로 생긴 것이므로 벡터 분해를 통하여 쉽게 구할 수 있다.

5. 구 름

공기 중의 수증기가 응결(凝結) 또는 승화하여 수적(水滴) 또는 빙정(氷晶)으로 되어 상공에 떠 있는 것을 구름(Cloud)이라고 한다. 형성된 구름 입자의 일부는 우적(雨滴) 또는 눈의 결정 등으로 성장하여 지면으로 낙하하고, 일부는 바람에 날리어 공중을 이동하는 사이에 증발하여 마침내는 소멸한다.

구름은 발생 시 벌써 그때의 기상상태에 따르는 형을 가지고 나타나지만 소멸 시까지 그때그때의 기상상태에 좌우되어 차례차례로 변형된다. 그러므로 구름을 관측함으로써 상공의 기상상태를 어느 정도 추측할 수 있으며, 또 장래의 기상변화를 예측할 수 있으므로 옛날부터 구름은 관천망기에 가장 많이 이용되었다.

구름의 국제적 분류법인 국제운급은 〈표 1-10〉과 같으며, 운형 중에서 높층구름, 층쌘구름, 쌘구름은 가끔 강수를 동반하고, 비층구름, 쌘비구름은 항상 강수를 동반하는 경향이 있다. 여기서 강수란 강우와 강설을 포함한다.

〈표 1-10〉 구름의 분류표

족(族)	10종 운형	국제명	국제기호
상층운(C_H) 평균 상면 : 6,000m	• 털구름(卷雲) • 털쌘구름(卷積雲) • 털층구름(卷層雲)	Cirrus Cirrocumulus Cirrostratus	Ci Cc Cs
중층운(C_M) 평균 상면 : 6,000m 평균 하면 : 2,000m	• 높쌘구름(高積雲) • 높층구름(高層雲)	Altocumulus Altostatus	Ac As
하층운(C_L) 평균 상면 : 2,000m 평균 하면 : 지상 부근	• 층쌘구름(層積雲) • 층구름(層雲) • 비층구름(積層雲)	Stratocumulus Stratus NImbostratus	Sc St Ns
수직으로 발달하는 구름 평균 상면 : Ci 고도 평균 하면 : 500m	• 쌘구름(積雲) • 쌘비구름(積亂雲)	Cumulus Cumulonimbus	Cu Cb

6. 해상상태

바람의 세기는 풍속에 의하여 정확히 나타낼 수 있으나 풍속계가 없는 선박의 목측(目測)을 위하여 풍속의 정도에 따라 가장 풍속이 작은 단계를 0으로 하고 순차로 1, 2, 3, …으로 풍력계급(Wind Scale)을 만들어 사용하고 있다.

각 풍력계급에는 그 때에 일어날 수 있는 해상과 육상의 전형적인 상태의 해설이 붙어 있으므로 경험을 쌓은 관측자는 상당히 정확히 풍력을 목측할 수가 있다.

Beaufort Wind Scale은 영국의 해군 제독 Sir Francis Beaufort가 1805년에 만든 것으로 그는 범선에서 바람에 대한 범(帆)의 상태를 기준으로 풍력을 0에서 12까지의 계급으로 구분하였다. 해상에서 측정한 풍력의 세기가 풍력계급 12보다 강한 경우라 할지라도 모두 12로 간주하고, 풍력계급은 12로 기록한다(그림 1-69~80).

[그림 1-69] 풍력계급 1 : 풍속 1~3Knots

[그림 1-70] 풍력계급 2 : 풍속 4~6Knots

[그림 1-71] 풍력계급 3 : 풍속 7~10Knots

[그림 1-72] 풍력계급 4 : 풍속 11~16Knots

[그림 1-73] 풍력계급 5 : 풍속 17~21Knots

[그림 1-74] 풍력계급 6 : 풍속 22~27Knots

[그림 1-75] 풍력계급 7 : 풍속 28~33Knots

[그림 1-76] 풍력계급 8 : 풍속 34~40Knots

[그림 1-77] 풍력계급 9 : 풍속 41~47Knots

[그림 1-78] 풍력계급 10 : 풍속 48~55Knots

[그림 1-79] 풍력계급 11 : 풍속 56~63Knots

[그림 1-80] 풍력계급 12 : 풍속 64~71Knots

Beaufort Wind Scale에 대한 자세한 설명은 〈표 1-11〉과 같다.

〈표 1-11〉 Beaufort Wind Scale

풍력계급	명 칭	해상상태	상당 풍속 (m/sec)	파고 (m)
0	고요(Calm)	해면은 거울과 같음	0~0.2	–
1	실바람(Light Air)	해면에 고기 비늘과 같은 소파(小波)가 생기나 거품은 일지 않음	0.3~1.5	0.1
2	남실바람 (Light Breeze)	해면에 소파를 뚜렷이 볼 수 있으나 파의 세기는 평이함	1.6~3.3	0.2
3	산들바람 (Gentle Breeze)	해면에 소파가 커지고 파두(波頭)가 부서져 거품이 생기고 군데군데 백파(白波)가 나타남	3.4~5.4	0.6
4	건들바람 (Moderate Breeze)	파는 낮지만 파장은 길어지고 백파가 상당히 증가함	5.5~7.9	1.0
5	흔들바람 (Fresh Breeze)	파는 중간 정도의 것이 한층 더 뚜렷해지고 파장이 길어짐. 백파가 많이 나타남	8.0~10.7	2.0
6	된바람(Strong Breeze)	파가 점점 커지기 시작하여 백파가 전면에 일어남	10.8~13.8	3.0
7	센바람(Near Gale)	파가 점점 커지고 파두는 부서져 흰 거품이 풍하(風下)로 열지어 흘러감	13.9~17.1	4.0
8	큰바람(Gale)	대파(大波)의 약간 작은 것이 파장이 길어지고 파두는 부서져 물결이 바람에 날림	17.2~20.7	5.5
9	큰센바람(Strong Gale)	대파, 짙은 물거품이 풍하로 흐르며 파두가 말리며 부서지고 물보라로 시정이 불량해짐	20.8~24.4	7.0
10	노대바람(Storm)	파도는 굉장히 높아지고 백색의 물거품은 큰 덩어리를 이루며 해면은 전체가 희게 보이면서 시정은 극히 불량함	24.5~28.4	9.0
11	왕바람(Violent Storm)	산 같은 대파, 중소형선은 파곡(波谷)에 들어가면 일시에 안 보일 때가 있음. 해면은 물거품으로 덮이고 시정은 더욱 악화됨	28.5~32.6	11.5
12	싹쓸바람(Hurricane)	해상은 물거품과 물보라로 덮이고, 해면은 물보라 때문에 보이지 않고 시정은 더욱 악화됨	32.7~36.9	14.0

1.7.2 해상기상의 해석

1. 전 선

1) 전선의 의의

① 전선(Front)이란 천기도의 해석에 있어서 고저기압과 함께 중요한 개념 중의 하나로 발원지가 다른 두 기단이 서로 향하여 이동한 결과 부딪쳐서 생긴 경계면이 지표면(혹은 등압면, 타전선면)과 교차하여 생긴 선을 말한다.

② 동일 기압 내에서는 기온이나 습도 등의 기상요소가 완만히 연속적으로 변화하지만 전선은 기온, 즉 밀도의 불연속을 이루고 있을 뿐만 아니라 습도, 풍향풍속, 시정, 기압경도, 구름과 강수 등이 급변한다.

③ 전선의 양측에서는 풍력과 풍향이 서로 다르며, 통상 무거운 한기와 가벼운 온기가 부딪치게 되므로 대부분의 경우 악천후를 동반한다.

2) 한랭전선

① 한랭전선(Cold Front)은 한기가 난기의 하방을 쐐기 모양으로 파고들어 난기를 강제로 밀어올리면서 진행하는 전선이다.

② 전선의 진행속도가 빠를수록 전선면의 경사는 급하며 구름이 크게 발달하여 맹렬한 돌풍과 강수를 동반한다.

③ 전선통과 시 바람이 가장 강하며 풍향은 S~SW에서 W~NW로 급변한다.

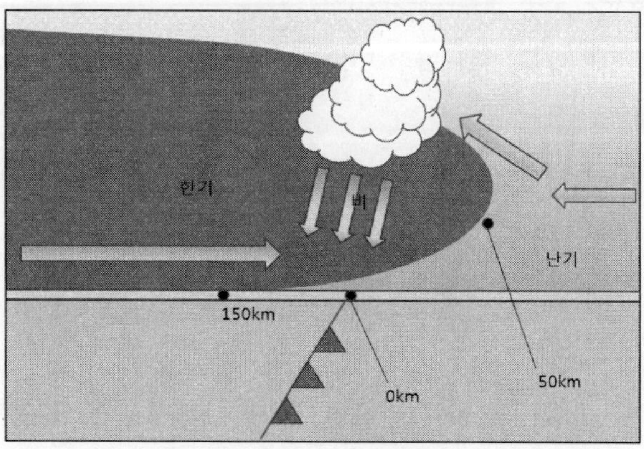

[그림 1-81] (활강)한랭전선

3) 온난전선

① 온난전선(Warm Front)은 온기가 한기를 밀어내면서 전진하며 전선면의 경사는 완만하다.

② 기압경향은 전선의 전방에서는 기압이 장기간 하강을 계속한다.

③ 바람은 전선의 전방에서는 SE이고 통과하면 S~SW로 반전한다. 풍속은 전선의 접근과 함께 증가하며 통과 직전에 최대를 보이나 통과 후는 감소한다.

④ 강수는 낙하도중에 증발하므로 전선면의 하방의 한기가 포화에 달하여 층운이나 안개를 형성할 때가 있다.

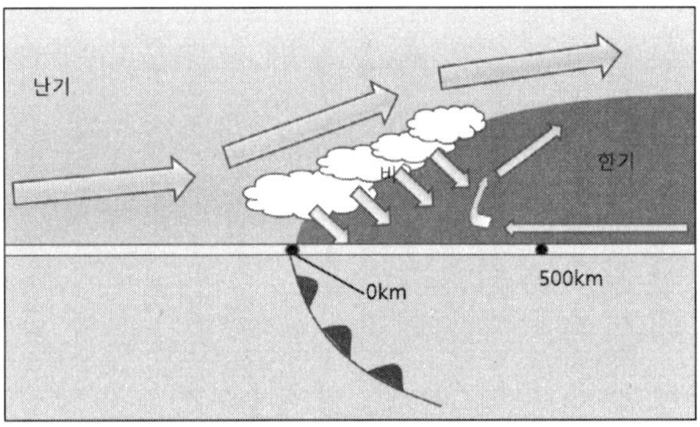

[그림 1-82] 온난전선

4) 정체전선

① 전선이 수 시간 또는 그 이상에 걸쳐 어느 방향으로도 뚜렷이 이동하지 않을 때 정체전선(Stationary Front)이라 한다.

② 정체전선의 구조와 구름과 강수 등의 천기현상은 온난전선과 비슷하며 안개를 빈번히 동반한다.

③ 장마전선은 북태평양기단과 오츠크해기단 사이에 형성된 한랭전선이 정체하여 정체전선을 이룬 것이다.

5) 폐색전선

① 폐색전선(Occluded Front)은 한랭전선이 온난전선보다 이동이 빠르므로 저기압이 최대 전성기를 지나면 중심부로부터 점차로 한랭전선이 온난전선을 추월하여 난기

는 상공으로 밀려 올라가고 지표부근에는 한기와 한기간에 전선을 형성하고 있는 것이다.

② 폐색의 초기에는 구름과 강수 및 폭풍우의 범위가 넓고 강하다.

2. 지상일기도의 해석법

지상일기도에는 관측한 지역의 기상요소를 기호, 숫자 및 영문약어로 표시하므로, 이것을 통해 그 지역에서의 기상상황 및 변화를 알 수 있다. 평소에는 하루에 4차례에 걸쳐서 지상일기도를 송신하고 있으나, 태풍이 접근할 때에는 태풍기상도를 따로 작성하여 보내주고 있다(그림 1-83, 1-84).

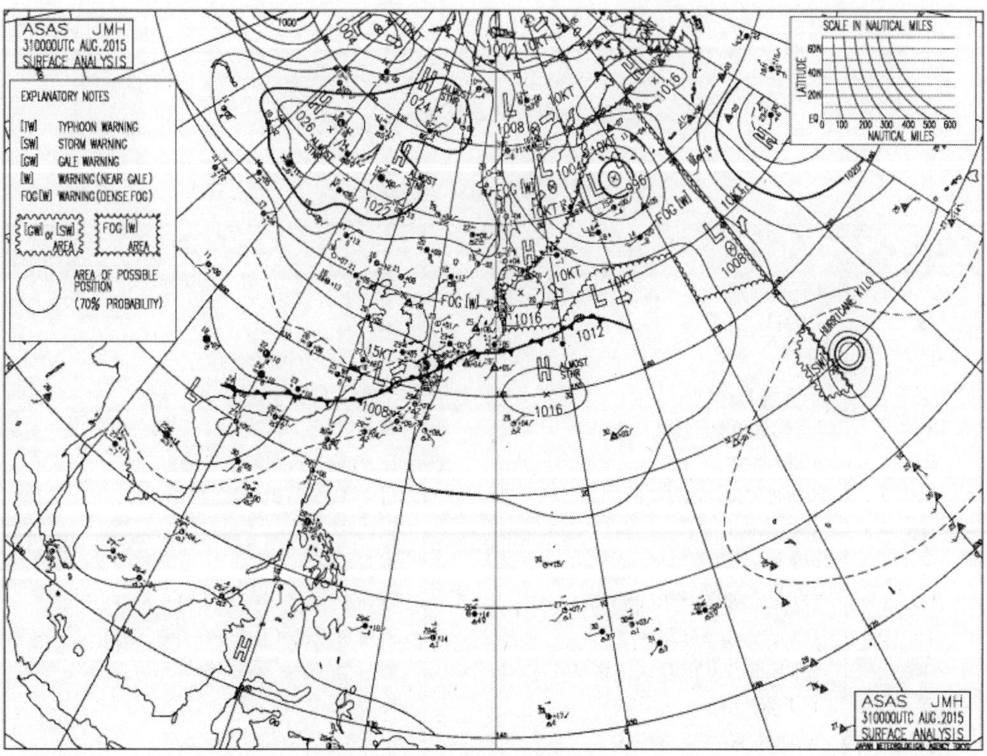

[그림 1-83] 지상일기도

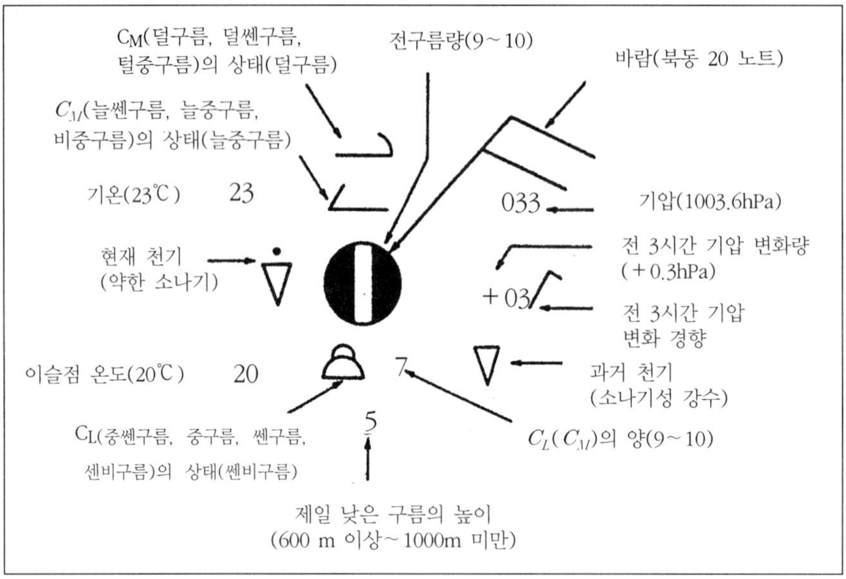

[그림 1-84] 일기도상의 기호

〈표 1-12〉 일기도상의 전문용어

약 어	원 어	의 미
L	LOW	저기압
H	HIGH	고기압
SLW	SLOWLY	천천히
STNR	STATIONARY	정체
UKN	UNKNOWN	자세히 알 수 없음
KT	KNOTS	노트(해상속력)
NM	NAUTICAL MILE	마일(해상거리 단위)
MAX	MAXIMUM	최대
PSN	POSITION	위치
TD	TROPICAL DEPRESSION	열대성 저기압(풍속 33노트 이하)
TS	TROPICAL STORM	열대성 폭풍(풍속 34~47노트)
STS	SEVERE TROPICAL STORM	열대성 폭풍(풍속 48~63노트)
T	TYPHOON	태풍(풍속 64노트 이상)
[W]	WARNING OF WIND	강풍경보(풍력계급 7)
FOG[W]	WARNING OF FOG	농무경보
[GW]	GALE WARNING	폭풍주의보(풍력계급 8~9)
[SW]	STORM WARNING	폭풍경보(풍력계급 10 이상)
[TW]	TYPHOON WARNING	태풍경보(풍력계급 12 이상)

3. 태 풍

태풍은 북태평양 서부에서 발생하는 열대저기압 중에서 중심 부근의 최대풍속이 34노트(17m/s) 이상의 강한 폭풍우를 동반하고 있는 것을 말하는데, 폭풍우는 반드시 태풍에만 동반되는 것이 아니고 온대저기압에서도 발생하는 경우가 많다.

〈표 1-13〉 태풍의 구분

<table>
<tr><th colspan="2">중심부근
최대풍속</th><th>17m/s(34Knots)
미만</th><th>17～24m/s
(34～47Knots)</th><th>25～32m/s
(48～63Knots)</th><th>33m/s(64Knots)
이상</th></tr>
<tr><td rowspan="5">구분</td><td rowspan="4">세계
기상
기구</td><td>약한 열대
저기압</td><td>열대
폭풍</td><td>강한 열대
폭풍</td><td>태풍</td></tr>
<tr><td>Tropical
Depression</td><td>Tropical
Storm</td><td>Severe Tropical
Storm</td><td>Typhoon</td></tr>
<tr><td>(TD)</td><td>(TS)</td><td>(STS)</td><td>(T or TY)</td></tr>
<tr><td>⊗
TD</td><td>TS VERA (0412)
이름, 연도번호</td><td>STS VERA (0412)
이름, 연도번호</td><td>T VERA (0412)
이름, 연도번호</td></tr>
<tr><td>한국
일본</td><td>약한 열대저기압</td><td colspan="3">태 풍</td></tr>
</table>

세계기상기구(World Meteorological Organization, WMO)에서는 중심 부근의 최대풍속에 따라 4계급으로 분류하며, 열대폭풍(TS)부터 태풍의 이름을 붙인다. 우리나라와 일본은 열대폭풍(TS) 이상을 태풍이라고 한다.

태풍은 열대성 저기압의 일종으로서 전 세계해역의 지역에 따라서 대개 다음과 같은 다른 명칭으로 불려지고 있다.

① Typhoon : 마리아나, 캐롤라인, 마샬군도를 포함하는 북태평양 남서부해상

② Hurricane : 북대서양의 카리비안 해역, 서인도제도, 멕시코만, 멕시코서측 해역

③ Cyclone : 벵갈만 해역, 아라비아해, 북인도양 해역

④ Willy Willy : 호주 북서방의 티모르해, 북동방의 남태평양 - 뉴카레도니아, 피지, 사모아 제도 부근

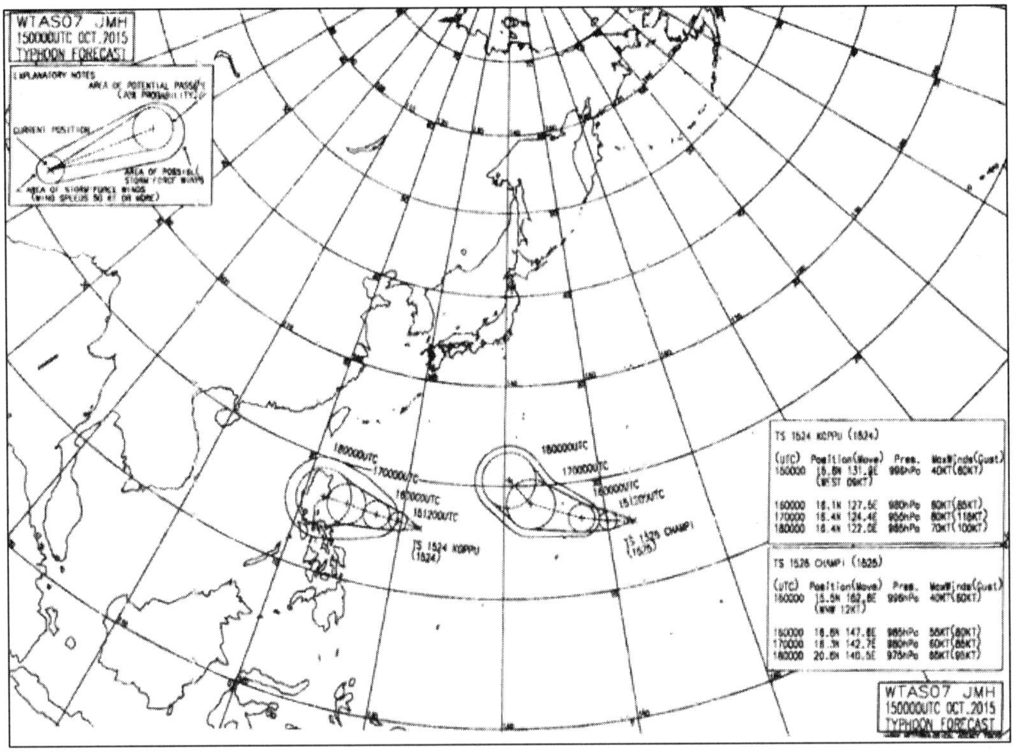

[그림 1-85] 태풍일기도

1.7.3 우리나라 부근에 나타나는 기압배치형과 천기

1. 서고동저형

동계의 대표적인 기압배치로 시베리아 대륙에는 광대한 대륙성 고기압, 저기압은 일본을 통과하여 Kuril 열도나 Aleutian 부근에 위치할 때 잘 나타난다. 이때 우리나라는 등압선이 남북으로 놓이고 기압경도가 크므로 북서계절풍이 강하다. 이 계절풍이 황해나 동해의 따뜻한 해면상을 이류하는 사이 열과 수증기의 공급을 받아 제주도 북부, 울릉도, 북일본 등지에서는 지형성 강설이 내린다. 시베리아 고기압의 세력은 7일 주기로 소장되기 때문에 3한 4온이 나타난다(4온 때 황해나 동지나해에 저기압이 위치하고, 그 저기압이 Kuril 열도에 도달하면 3한이 된다).

2. 북고남저형

이 형은 어느 계절에도 출현하나 비교적 동계와 가을철에 많다. 한대전선이 일본 남쪽 해상을 북동에서 동서로 달리고 대륙의 고기압이 시베리아에서 만주, 연해주, 북해도 방면으로 확장하므로, 북부지방을 제외한 지역은 흐린 날씨를 보이며 영동지방에서는 강설을 보인다. 북동풍이 우세하고 북고남저의 기압배치는 장마철에도 빈번히 나타나지만 장마철에 고기압은 Okhotsk해 부근에 위치하고 다른 시기에는 대륙에 위치한다.

3. 돌풍형

한후기에 대륙에서 동진해 온 저기압이 동해상에서 급속히 발달할 때가 있다. 이 저기압에서 남서로 뻗친 한랭전선이 근해를 통과할 때는 빈번히 뇌우와 돌풍을 동반한다. 한랭전선 전방에는 불안정선을 동반할 때가 있다. 특히 봄의 저기압은 한랭전선이 가장 현저하며, 불안정선은 더욱 세력이 강하다.

4. 이동성 고기압형

춘추경에 몇 개의 이동성 고기압이 연달아 우리나라 부근을 동진할 때가 있다. 이 때는 좋은 날씨가 계속된다. 북부지방에는 기압골이 빈번히 통과하므로 천기가 급변할 때가 많다. 하계에는 아열대 고압대가 북상하여 우리나라 부근에 아열대 고압대를 이루고, 오래 머물러 있으면 가뭄을 가져온다. 이 고기압은 원형 또는 타원형의 등압선을 이루며 직경은 1000km 정도이고 3~4일의 주기로, 시속 약 40km 정도로 진행한다.

5. 장마형

이른 여름(6~7월)경에 Okhotsk해 기단과 북태평양 기단 사이에 장마전선(정체전선)이 형성된다. 이 전선은 동서로 길게 놓여 우리나라와 일본에 장마를 가져온다. 장마전선상을 대륙에서 발생한 저기압이 동진해오므로, 전선의 북측 약 300km 역내에서는 나쁜 날씨가 계속된다. 7월 중순경에는 북태평양 기단이 발달하여 북상하면 장마전선도 만주로 북상하므로, 장마는 그치고 기압배치는 하계의 전형적인 남고북저형이 된다.

6. 동고서저형

장마철이 지나고 북태평양 고기압이 발달하여 일본 동쪽 해상으로 북상하고 우리나라 서쪽에 저기압이 위치할 때의 기압배치를 말하며, 우리나라에서는 동풍~남동풍이 분다. 이 기압배치는 지속성이 있어 산맥의 서측, 즉 풍하측의 지역에는 Foehn 현상으로 고온 건조한 날씨가 계속되어 화재의 위험도가 높아지며 농작물에도 큰 피해를 준다. 또, 대륙에서 동진하는 저기압은 북쪽으로 치우쳐 만주 방면을 통과하므로, 우리나라 가뭄의 원인이 되고 일본 남쪽 해상에는 꼬마 태풍이 빈번히 발생한다.

7. 남고북저형

일본 남쪽 해상에는 북태평양 고기압이 발달하여 우리나라 부근으로 확장하는 반면, 대륙에는 저압대로 되어 한 여름의 전형적인 기압배치인 남고북저형으로 된다. 이때는 고온 다습한 남동계절풍이 불어오므로 우리나라는 무더운 날씨를 보이며, 내륙지방에는 뇌우가 빈번하다. 북태평양 고기압은 세력이 대단히 안정하므로 이 형의 기압배치는 지속성이 있다.

8. 태풍 북상형

태풍이 우리나라 부근으로 북상할 때의 기압배치는 다른 형처럼 뚜렷하지 않지만 많은 경우 대륙과 태평양에 고기압이 위치하고 우리나라 부근에는 기압골이 놓인다.

9. 대만 저기압형(동지나해 저기압형)

한 겨울에는 동지나해 남부의 대만 부근에서 때때로 저기압이 발생하여 급속히 발달하면서 일본의 남쪽 해상을 북동진하는 경우가 있다. 2월에 가장 빈번히 나타난다. 대륙에서 설상(舌狀)으로 뻗힌 고기압의 앞단이 분리되어 이동성 고기압으로 되어 동진하고, 그 배후의 기압골이 동지나해에 달하면 기압골의 전면에 남쪽으로부터의 난기가 설상으로 유입하기 때문에 발생한다. 이 저기압은 발달이 극히 빠르고 발생 하루 후 큐슈 남쪽에 달한다. 중심시도는 비교적 높으나 하루에 10hPa 정도 깊어진다. 큐슈 부근에서 1,000hPa 이하일 때는 상당한 맹위를 떨친다고 보아도 된다. 항행하는 선박에 장해를 주는 경우가 많으므로 특히 주의하여야 한다.

1.7.4 기상예보

1. 기상도와 기상예보

일기 변화는 대기대순환의 통계적 풍계에 의하여 변하므로 우리나라와 같이 편서풍대에 속해 있는 곳에서의 고기압, 저기압, 전선 등의 기상현상은 서쪽에서 동쪽으로 시속 40km 정도로 동진하고, 기상도의 상황도 이와 같이 변해간다. 그러나 북동 무역풍대에 있어서는 오히려 동쪽에서 서쪽으로 변해가게 된다. 또, 우리가 항상 경험에서 알고 있는 것과 같이 일기에는 어떤 범위가 있기 때문에 어느 정도 지속성이 있다.

다시 말해서, 어느 곳에 비가 내리고 있으면 적어도 그 곳 일대는 비가 오고 있는 것이며, 비가 오는 시간도 몇 시간은 계속 되는 것이 보통이다. 또한, 저기압의 중심과 그 진행 전면 또는 전선이 있는 곳은 일기가 나쁘고, 고기압의 중심과 그 진행 전면은 일기가 좋은 것이 보통이다.

폭풍우는 저기압에서 볼 수 있고, 맑고 바람도 약한 날씨는 고기압권 내에서 나타나므로 일기도에 나타난 고기압과 저기압 및 전선의 이동속도와 방향을 알게 되면 앞으로 24시간 내지 48시간 후의 일기를 예측할 수가 있다. 이들 원리가 종합되어 일기예보로서 발표되는 것인데, 일기예보가 가끔 틀리는 것은 이들의 이동속도와 이동방향이 예상대로 움직여 주지 않았고, 오는 과정에서 급격한 변화가 일어났기 때문이다.

일기예보는 공간적, 시간적 규모와 내용에 의하여 여러 종류로 분류된다. 시간적으로는 오늘과 내일의 예보, 즉 단기예보, 5～10일 정도의 중기예보, 1개월 이상의 장기예보, 또는 계절예보 등으로 구분한다. 한편, 공간적으로는 1개 도시, 1개 도(道) 정도의 지역예보로부터 우리나라 전체 혹은 극동지역 등과 같이 광범위한 지역에 걸쳐서 전반적인 예보를 하는 경우도 있다. 또, 내용적으로는 보통의 일기예보 이외에 선박, 항공, 홍수, 뇌우, 안개, 서리 등에 관한 것을 예보하는 것도 있다. 일기도를 작성하기 위해서는 세계 각국의 상호협력 없이는 불가능하다.

그러므로 현재 유엔의 경제사회 이사회 산하에 국제 전문기구로서 세계기상기구가 조직되어 각국이 협력하여 기상사업을 발전시켜 나가도록 되어 있다. 세계기상기구 회원국은 세계기상기구에서 정한 제반기술 규정에 의하여 전세계가 통일된 방법으로 기상사업을 할 수 있도록 되어 있다. 이와 같은 상호협력의 결과 북반구 전체의 일기도를 그릴 수 있게 되었으며, 기상 인공위성이 실용화됨에 따라 드디어 남반구까지 포함한 지구상의 대기의 움직임을 시시각각으로 파악할 수 있게 되었다.

현재의 일기예보는 일기도의 작성만으로는 불충분하기 때문에 기상 레이더, 기상인공위성과 그 수신장치 및 전자계산기 등을 활용하여 보다 적중률이 높은 예상기상도를 작성, 활용하고 있는데 그 적중률은 현저하게 향상되어 가고 있다.

2. 고층기상과 기상예보

지상기상도를 보면 고기압이나 저기압은 서쪽에서 동쪽으로 이동해간다. 지표면 부근의 순환계는 마찰의 영향으로 고기압이나 저기압의 복잡한 구조를 나타내지만, 대류권 중부에서 상부까지는 대기의 흐름이 서풍이기 때문에 단순한 파동이며, 하층처럼 복잡성을 띠는 폐곡선이 아니다. 그래서 파동의 마루에서 마루까지, 골에서 골까지의 거리가 하층에 비하여 매우 멀다.

지상기상도에서는 많은 저기압이 있지만, 아주 크고 강한 저기압이 발달하는 지역은 북반구에 몇 군데 한정되어 있다. 이러한 장소는 일반적으로 상층의 서풍류의 남북 끝면과 매우 밀접한 관계가 있다. 지상저기압이 발달하는 곳은 상층의 서풍류의 골과 그 바로 동쪽 끝면이다.

태풍의 이동을 지배하는 것은 일반류이며, 이 일반류가 고저기압이나 태풍 등의 기압계의 이동에 미치는 작용을 지향(指向, Steering)이라 한다. 실제로, 태풍 진로예상의 문제는 지향류(Steering Current)로서 어느 고도의 것을 채택하는가에 집약된다. 보통은 입체구조의 중앙에 해당하는 고도를 지향고도(Steering Level)로 보아 약한 태풍이나 또는 전향점까지의 태풍은 700hPa, 강한 태풍이나 전향 후의 태풍은 500hPa 부근의 고층의 바람에 의하여 이동한다고 보면 크게 틀리지 않는다. 그러나, 대단히 키가 큰 태풍의 경우에는 300hPa 부근의 바람을 참고로 하는 것이 유효할 때가 있다.

태풍은 아열대고기압의 주변을 진행하는 경향이 있다. 즉, 태풍은 500hPa 등 압면기상도상의 5820~5860m의 등고선에 따라 진행하는 경향이 있고, 동서로 뻗어 있는 기압마루선(Ridge Line)의 남쪽 3~5°의 위도에서 전향하기가 쉽다.

3. 수치예보

어떤 시각의 대기의 물리적 상태가 시간에 따라 변화하는 것을 대기운동의 이론식에서 계산하여 미래의 임의의 시각에 있어서의 대기상태를 구하는 것을 수치예보라고 한다. 즉, 기온이나 기압의 분포를 초기 조건으로 하여 기초방정식을 풀어서 장래의 상태를 구하는 방법이다.

1.7.5 기상과 항해

1. 기상도의 항해에 있어서의 이용법

선박운항에 있어서 가장 중요한 것은 안전하고 경제적인 항해이다. 해난사고의 원인은 그 대부분이 폭풍, 짙은 안개, 착빙 등과 같이 기상이나 해상의 악조건에 의하여 일어나는 경우가 많다. 해난사고에 있어서는 불가항력적인 경우가 있으나, 기상이나 해상에 대하여 너무 안일하게 판단하여 급변하는 상황에 제대로 대처하지 못하여 재해를 당하는 경우가 많다. 자료가 별로 많지 않은 해상에서 기상의 변화를 정확하게 판단하는 방법은 기상통보를 정확히 수신하여 연속적으로 일기도를 작성한 후 그것을 최대한으로 활용하는 일이다.

선상에서 수신하는 기상통보에는 시간적인 차이가 있으므로 국지적인 특수현상이 있을 때에는 정규 관측망보다 현장에서 관측에 의한 날씨변화의 징조를 알아 두고, 선박에서 직접 관측한 자료를 기상도상에 옮겨 부근 해상의 특수한 기상상태를 알려고 노력하는 것이 가장 좋다.

폭풍은 온대저기압, 열대저기압을 비롯하여 전선 부근의 돌풍이나, 겨울의 계절풍이 강하게 부는 경우를 말한다. 폭풍의 강한 풍압에 의한 선박의 전복사고는 극히 적지만, 폭풍이 수반하는 풍파가 선체를 파손, 침수시켜 해난사고를 일으키는 원인이 되는 수가 많다. 그러므로 항해 시에는 폭풍권을 피하면서 항행하도록 하고 항로를 결정할 때에는 기상 판단에 유의하여야 한다.

1) 온대저기압

우리나라 부근을 통과하는 온대저기압은 급속히 발달하는 것은 매우 적으나 남해안을 통과하는 것은 급격히 발달하여 태풍에 못지 않게 위력이 큰 것이 많다. 폭풍역은 일반적으로 태풍보다 넓다. 그래서 저기압의 진로에 해당하는 해역에서는 풍향이나 날씨가 급격히 변화하여 단시간 내에 폭풍이 내습하여 선박 중에 특히 소형 선박에는 태풍보다 더 무서운 것이다.

최성기를 지난 저기압에서는 그 중심부의 기압경도가 완만하고 바람이 약하지만 중심에서부터 멀어질수록 등압선이 조밀하고 강한 바람이 분다. 그래서 이러한 저기압의 경우 그 중심을 통과한 선박이 바람이 약해졌다고 해서 안심하고 항해하다가는 폭풍이 내습하여 조난당하는 경우가 생긴다.

폭풍의 내습이 예상될 때에는 황천항해에 대한 준비를 하고 그것에 대비하는 것이 오히려 안전하며, 저기압의 접근에 따른 풍향, 풍속을 고려하여 안전한 항구를 선택하는 것이 중요하다.

2) 돌 풍

갑자기 바람이 부는 것을 돌풍이라고 한다. 돌풍은 전선 주변에서 일어나는 경우가 많고, 특히 겨울철의 한랭전선에 수반되는 돌풍이 많다. 돌풍은 순간 풍속이 40m/sec 이상인 강풍이 수분 간격으로 2~3회 계속 불기 때문에 소형선박은 주의하지 않으면 안된다.

오늘날의 예보기술로는 돌풍은 국지적으로 예보하기가 매우 곤란하며 기상통보에서는 돌풍 발생 가능성을 알려 줄 정도이다. 돌풍에 관한 관천망기의 요점은 전선의 접근을 관측하고, 기온의 이상, 풍향의 변화, 구름의 움직임과 해면상태 등을 고려해서 돌풍을 미리 알고 대처하는 것이 가장 중요하다.

3) 태 풍

열대저기압에 관해서는 그의 움직임을 상세하게 통보하여 주므로, 그것에 대처하기가 비교적 용이하다. 그러나 태풍의 접근이 예상되는 해역에서는 최신 기상도의 입수와 현장에서의 기상관측 결과 등을 종합적으로 정리하고 분석하여 안전을 최우선으로 하는 항해를 하지 않으면 안된다.

4) 안 개

짙은 안개가 발생하면 선수에서 선미가 보이지 않을 정도인데, 이 안개 때문에 다른 배, 빙산과의 충돌 또는 암초에 좌초하는 등의 큰 사고가 생길 수 있다. 바다안개의 경우 발생구역과 발생시각을 정확히 예보하기는 매우 힘들지만 안개의 정도는 예보가 가능하다. 바다안개에는 이류안개, 전선안개, 혼합안개 등이 있다. 우리나라 근해에서는 바다안개가 4~9월에 주로 발생하며, 6~7월에 가장 많다.

2. 기상특보

1) 기상주의보 및 경보

폭풍, 폭풍우, 호우 대설 등으로 비교적 작은 피해가 예상될 때 주의를 환기시키기 위하여 특별히 발표하는 예보를 기상주의보라고 한다. 기상경보는 중대한 재해가 예상될 때에 발표한다.

2) 선박기상 무선통보(선박통보)

선박에 대한 기상의 예보 및 경보의 실시방법은 국제적으로 통일되어 있으므로 어떤 해역을 항해하는 선박은 그 해역을 책임지고 있는 기상국으로부터의 기상예보 및 통보를 수신하여 이용할 수 있다. 선박의 항행에 긴요하게 이용되는 무선통신을 선박무선기상통보, 간단히 선박통보라고 한다.

통보내용으로는 해상경보와 개황보 및 임시경보가 영문과 국문으로 발표된다. 해상경보 및 개황보는 1일 4회, 즉 00, 06, 12, 18Z의 기상도 분석에 의하여 발표된다. 해상경보는 폭풍을 동반한 저기압, 태풍, 계절풍 등이 책임구역 내에서 발생하였거나, 또는 앞으로 24시간 이내에 발생될 것이 예상되는 경우에 발표한다.

임시경보는 폭풍우, 폭풍설 등이 우리나라와 그 근해에 영향을 미칠 것이라고 예상될 때 전반해상경보 사이를 메우기 위하여 임시로 발표되는 경보이며, 1일 4회(03Z, 09Z, 15Z, 21Z)의 기상도 분석의 결과를 기초로 하여 방송된다.

〈표 1-14〉 우리나라 기상청의 해상특보 발표기준

	주의보	경 보
폭풍	최대풍속이 14m/s 이상으로 이러한 상태가 3시간 이상 계속될 것이 예상되거나, 최대순간풍속이 20m/s 이상이 예상될 때	최대풍속이 21m/s 이상으로 이러한 상태가 3시간 이상 계속될 것이 예상되거나, 최대순간풍속이 26m/s 이상이 예상될 때
파랑	폭풍현상이 없이 해상의 파고가 3m 이상이 예상될 때	폭풍현상이 없이 해상의 파고가 6m 이상이 예상될 때
태풍	태풍의 영향으로 최대풍속 14m/s 이상이고, 폭풍 또는 호우, 해일 등으로 재해가 예상될 때	태풍의 영향으로 최대풍속 21m/s 이상이고, 폭풍 또는 호우, 해일 등으로 재해가 예상될 때

3. 선박용 해상기상정보 서비스

우리나라 주요 해운선사에서 선박용으로 이용되고 해상기상정보 서비스는 크게 AWT 및 WNI 회사의 정보 서비스를 이용한다. 선박의 위치를 기준으로 예상 항행해역을 설정하여 요청하면 해당 회사에서는 매일 일정시간 또는 선박에서 요청시 해당 해역의 기상정보를 DB 형태로 선박 메일로 전송되며, 선박에 설치된 전용소프트웨어(기상정보 프로그램)에 해당 자료를 업로드하면 기상자료를 확인할 수 있다. 본선의 항행계획(경위도, 침로, 선속 등)을 입력하면 본선 위치를 기준으로 실시간 바람, 조류, 파고, 너울, 기압, 시계 등의 기상정보의 확인이 가능하다.

1) AWT사의 BVS

AWT(Applied Weather Technology)에서 운영하고 있으며 해당 회사의 홈페이지(http://www.awtworldwide.com/)를 통해 가입계약 이후에 사용 가능하며, 국내 주요 해운선사 중에서 STX, 범진, 해영 등이 해양기상정보 서비스를 이용하고 있다. 전용 소프트웨어는 BVS(BonVoyage System)라는 프로그램을 서비스 이용자 대상 선박에 설치하여야 이용할 수 있고, BVS 프로그램을 통하여 해상기상정보를 확인할 수 있다. 해당 프로그램의 실행 및 이용방법은 다음과 같다.

① BVS 프로그램 실행

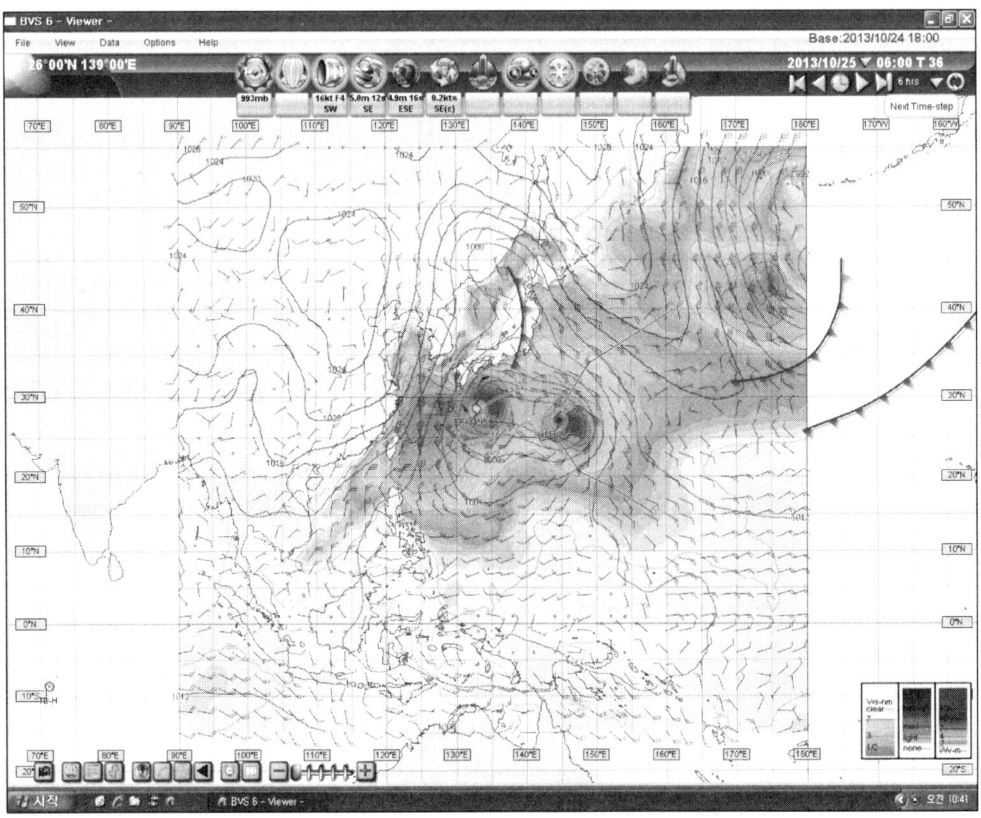

[그림 1-86] BVS 해상기상정보 프로그램

② Data Request : 원하는 구역 / 기간 / 원하는 기상정보 선택(Wind, Swell, Current 등)

③ Data Request를 통해 생성된 파일(확장자명 : txt)을 AWT 이메일로 송부

④ AWT로부터 기상정보 파일(확장자명 : rwk) 수신

⑤ BVS 프로그램에서 기상정보 파일 import

2) WNI사의 BRIDGE

WNI weather news에서 운영하고 있으며 해당 회사의 홈페이지(http://www.weatherne ws.com/)를 통해 가입계약 이후에 사용 가능하며, 국내 주요 해운선사 중에서 현대, 한진, STX, 윌햄슨, 거영 등이 해양기상정보 서비스를 이용하고 있다. 전용 소프트웨어는 BRID GE라는 프로그램을 서비스 이용자 대상 선박에 설치하여야 이용할 수 있고, 해당 프로그램을 활용하여 해상기상정보를 확인할 수 있다. BRIDGE 프로그램의 실행 및 이용방법은 다음과 같다.

① BRIDGE 프로그램 실행

② Data Request : 원하는 구역 / 기간 / 원하는 기상정보 선택(Wind, Swell, Current 등)

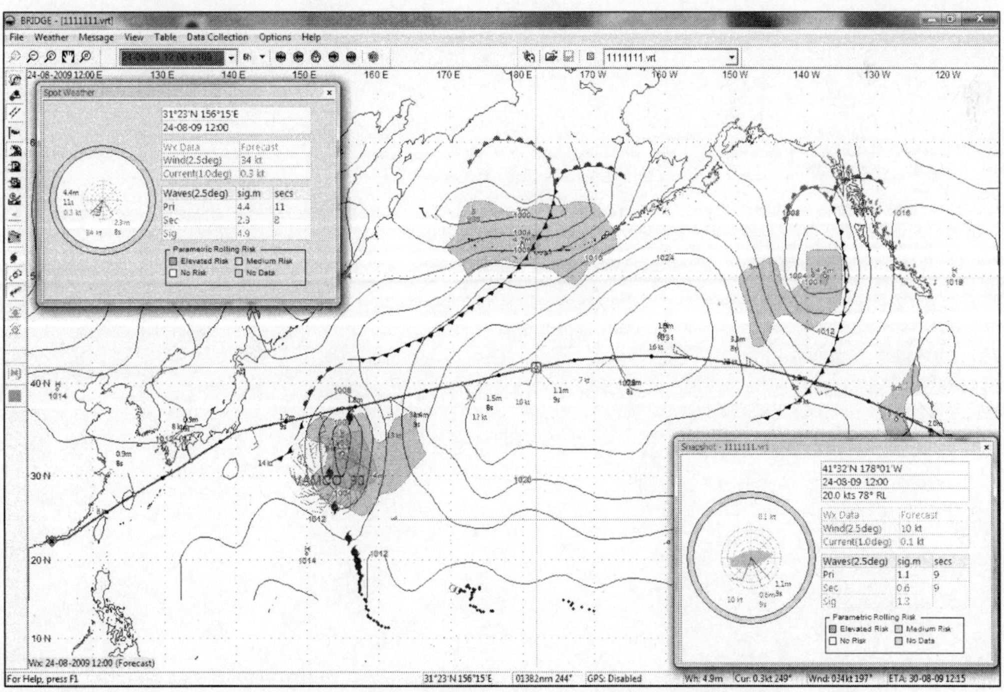

[그림 1-87] BRIDGE 해상기상정보 프로그램

③ Data Request를 통해 생성된 파일을 WNI 이메일로 송부

④ WNI로부터 기상정보 파일(확장자명 : vrt) 수신

⑤ BRIDGE 프로그램에서 기상정보 파일 import

[그림 1-87]은 실습선 한나라호에서 원양항해 기간 중 수신한 해상기상정보 서비스(BVS)의 일례를 나타낸 것이다. 그림과 같이 수신된 시간을 기준으로 향후 약 1주일에서 10일까지의 예보의 확인이 가능하다. 해상기상정보 서비스가 가입된 선박은 기상 팩스보다 제공된 기상자료를 바탕으로 항행예정 해역에 대한 바람, 조류, 파랑 등을 분석하여 최종적인 운항계획을 수립한다.

ANNEX

GUIDANCE TO THE MASTER FOR AVOIDING DANGEROUS SITUATIONS IN FOLLOWING AND QUARTERING SEAS.

1. GENERAL

1.1 When sailing in severe following or quartering seas, a ship is likely to encounter various kinds of dangerous phenomena, which may lead to capsizing. Although the dynamic behaviour in following and quartering seas is not yet covered in present stability standards, much progress has been made in recent years towards understanding the physics of capsize mechanisms and identifying potentially critical conditions.

1.2 The sensitivity of a ship to dangerous phenomena will depend on the actual stability parameters, hull geometry, ship size and ship speed. This implies that the vulnerability to capsizing and its probability of occurrence in a particular sea state may differ for each ship.

1.3 The guidance aims at giving seafarers caution on dangerous phenomena that they may encounter during navigation in following and quartering seas, and providing the basis for a decision on ship handling in order to avoid such dangerous situations. It provides advice on safe and unsafe combinations of ship speed and course relative to waves, in a simplified form of a polar diagram. The diagram does not take into account the actual stability and the dynamic characteristics of an individual ship, but provides a general unified boundary of safe and unsafe combination of the operational parameters for all types of conventional ships covered by IMO instruments.

1.4 For the ships which are equipped with an on-board computer, the Administrations are encouraged to use a specially developed software which would take into account the main particulars, actual stability and dynamic characteristics of the individual ship in the real voyage conditions. Such software should be approved by the Administration.

2. PRECAUTIONS

It should be noted that the operation guidance is not the criteria to guarantee the safety absolutely. A ship could be unsafe even outside the dangerous zone defined in this guidance if the stability of the ship is insufficient and several dangerous phenomena characteristic for following and quartering seas happen simultaneously. Therefore, the ship master should pay attention that the ship maintains a good state of stability and do not carelessly navigate in severe following and quartering seas.

3. DANGEROUS PHENOMENA FOR SHIPS IN FOLLOWING AND QUARTERING SEAS

3.1 Dangerous ship responses in following and quartering seas

The period with which a ship travelling in following and quartering waves encounters the waves becomes longer than in head or bow waves, and principal dangers caused in such situations are as follows:

1) Surf-riding and broaching-to

When a ship is situated on a steep forefront of high wave in following and quartering sea condition, the ship can be accelerated to ride on the wave; this is known as surf-riding. When a ship is surf-ridden, the so-called broaching-to phenomenon may occur, which endangers the ship to capsize as the result of sudden change of ship's heading and unexpected large heeling.

2) Reduction of intact stability caused by riding on the wave crest at midship

When a ship is riding on the wave crest, the intact stability will be decreased substantially according to the ship form. The amount of stability reduction is nearly proportional to the wave height and the ship may lose the stability when the wave length is one to two times of ship length and wave height is large. This situation is especially dangerous in following and quartering seas, because the duration of riding on wave crest, i.e. the time of inferior stability, becomes longer.

3) Synchronous rolling motion

Large rolling motions may be excited when the natural rolling period of a ship coincides with the encounter wave period. In case of navigation in following and quartering seas this may happen when the transverse stability of the ship is marginal and therefore the natural roll period becomes longer.

4) Parametric rolling motion

Unstable and large amplitude roll motion will take place if the encounter wave period is approximately equal to half of the natural roll period of the ship. This type of rolling can occur in head and bow seas where the encounter wave period becomes short. In following and quartering seas, this can occur particularly when the initial metacentric height is small and the natural roll period is very long.

5) Combination of various dangerous phenomena

The dynamic behaviour of a ship in following and quartering seas is very complex. Ship motion is three-dimensional and various detrimental factors or dangerous phenomena such as additional heeling moment due to deck in water, water shipping and trapped on deck or cargo shift due to large roll motions, may occur in combination with the above-mentioned phenomena simultaneously or in a sequence. This could create extremely dangerous combination which may cause ship capsize.

3.2 Dangerous navigation conditions in following and quartering seas

There exist two kinds of critical conditions of encounter waves under which the dangerous phenomena as above-mentioned are excited:

1) When the ship speed approaches to the phase velocity of wave

When the ship speed is so high that its component in the wave direction approaches to the phase velocity of wave, the ship will be accelerated to reach surf-riding and broaching-to (paragraph 3.1.1). The critical speed for the occurrence of surf-riding is considered to be $1.8\sqrt{L}$ (knots), where L is ship length. It should be noted that there is a marginal zone ($1.4\sqrt{L} \sim 1.8\sqrt{L}$) below the critical speed, where a large surging motion may occur, which is almost equivalent to surf-riding in danger. In these situations, a significant reduction of intact stability (paragraph 3.1.2) may also be induced with longer duration; and

2) When the ship speed is nearly equal to the group velocity of wave

When the ship speed component in the wave direction is nearly equal to the wave group velocity, that is a half of the phase velocity of the dominant wave components, the ship will be attacked successively by high waves. The expectable maximum wave height of the successive waves can reach almost twice of the observed wave height of the sea state concerned.

In this situation, the reduction of intact stability (paragraph 3.1.2), synchronous rolling motions (paragraph 3.1.3), parametric rolling motions (paragraph 3.1.4) or combination of various dangerous phenomena (paragraph 3.1.5) may occur and create the danger of capsize.

4. OPERATION GUIDANCE

The shipmaster is recommended to take the following procedures of ship handling to avoid the dangerous situations when navigating in severe following and quartering seas.

4.1 Ship condition

This guidance is applicable to all types of conventional ships navigating in rough seas, provided the stability criteria specified in resolutions A.167(ES.IV) and A.562(14) for merchant ships, and resolutions A.168(ES.IV) and A.685(17) for fishing vessels or an equivalent are satisfied.*

4.2 Wave condition

The following and quartering seas mean here that the wave direction relative to the ship course is within 0° to 45° from the ship's stern, as shown in figure 1.

4.3 How to avoid dangerous conditions

1) For surf-riding and broaching-to.

The master should reduce ship speed to less than $1.8\sqrt{L}$ (knots) to prevent surf-riding, referring to figure 2.

It should be noted that even in lower ship speed than that specified above the dangerous large surging can occur as shown in figure 2. Since a remarkable surging acceleration with long period is a sign of the dangerous large surge motion, the master should reduce the speed in such case, too.

2) For successive high wave attack

When the average wave length is larger than 0.8×ship length and the

---

* Refer to the Code on Intact Stability for All Types of Ships covered by IMO Instruments, adopted by the Organization by resolution A.749(18).

significant wave height is larger than 0.04×ship length, and at the same time some indices of dangerous behaviour of the ship can be clearly seen, the master should pay attention not to enter in the dangerous zone as indicated in figure 3. When the ship is situated in this dangerous zone, the ship speed should be reduced to prevent successive attack of high waves.

The course change is also possible in order to escape this zone. However, large course change is undesirable, because it may induce an adverse effect by approaching to the beam sea condition which is also dangerous for stability. The combination of appropriate speed reduction with a slight change of course will be another possible choice of ship handling according to figure 3.

When the encounter wave period is nearly equal to double (i.e. about 1.5-2.8 times) of the observed wave period, the ship is considered to be situated in this dangerous zone. This relation is indicated in figure 3.

3) For synchronous rolling and parametric rolling motions

The master should prevent a synchronous rolling motion which will occur when the encounter wave period TE is nearly equal to the natural rolling period of ship T_R.

Large rolling motions which occur under the condition of T_E»T_R/2, that is the parametric rolling should be also prevented. The encounter wave period T_E is a function of V/T as shown in figure 3. By using this relation, the master can know whether his ship will encounter the synchronous and parametric rolling or not.

When reducing speed in order to avoid any of above critical conditions, the master should take into consideration the minimum speed required for maintaining course control in waves and wind. The procedures to execute the operation guidance is represented by the

"Operation diagram for the master", which is shown in the appendix.

5. EXPLANATION OF OPERATION GUIDANCE

5.1 Definition of symbols used

- L length between perpendiculars of the ship (metre)
- B breadth of the ship hull (metre)
- d draught of the ship hull (metre)
- V actual ship speed (knot)
- T mean wave period (second)
- T_E encounter wave period (second)
- T_R natural rolling period (second)
- GM metacentric height of ship (metre)
- λ average length of the wave (metre)
- κ encounter angle of the ship to wave (degree), as shown in figure 1
- $H_{1/3}$ significant wave height (metre)

5.2 Method of obtaining data necessary to use operation guidance

1) V : Estimate the actual ship speed in an appropriate way.
2) κ : Obtain by visual observation. The wind direction can be referred as the same as the wave direction. If the sea condition is not visible, the radar image can show wave crest trains and wave direction.
3) T : Measure the period of heaving motion of foam on the sea surface generated by breaking wave with the use of a stop watch. The time duration of N cycles is to be measured and divided by N to get the average wave period. When the wave length λ is determined either by visual observation in comparison with the ship length or by reading the mean distance between successive wave crests on the radar image of waves, T can be calculated by the following equation:

$$T = 0.8\sqrt{\lambda}$$

4) T_E : Measure the period of such a ship motion as pitching by using a stop watch.

5) T_R : Measure the period of rolling motions preferably when the ship is in calm sea; alternatively, this value is roughly estimated by the following equation:

$$T_R = 2CB/\sqrt{GM}$$

where:

$C = 0.373 + 0.023(B/d) - 0.043(L/100)$, or by equivalent determination of coefficient C.

6. NECESSARY TRAINING ITEMS AND CAUTIONS TO EXECUTE THE GUIDANCE

6.1 Understanding of stability of ship

The ship should satisfy the stability standard specified in resolutions A.167(ES.IV) and A.562(14) for merchant ships and resolutions A.168(ES.IV) and A.685(17) for fishing vessels or equivalent.* Therefore, the master should have knowledge on the stability of his ship for every possible loading conditions whether it satisfies the above standards of stability, or equivalent standards.

6.2 Measurement or estimation of natural rolling period

The natural rolling period of a ship depends on the loading condition of the ship. Therefore, it is desirable to measure the natural rolling period in calm sea on every occasion of departure after cargo loading or

* Refer to the Code on Intact Stability for All Types of Ships covered by IMO Instruments, adopted by the Organization by resolution A.749(18).

unloading. A stop watch can be used for the measurement.

6.3 Measurement of wave period and observation of wave direction

The wave period is measured by a stop watch, and the wave direction is estimated by visual observation or by watching radar image. The practice of wave and wind observation is common for the shipmasters of selected ships (World Meteorological Organization (WMO)).

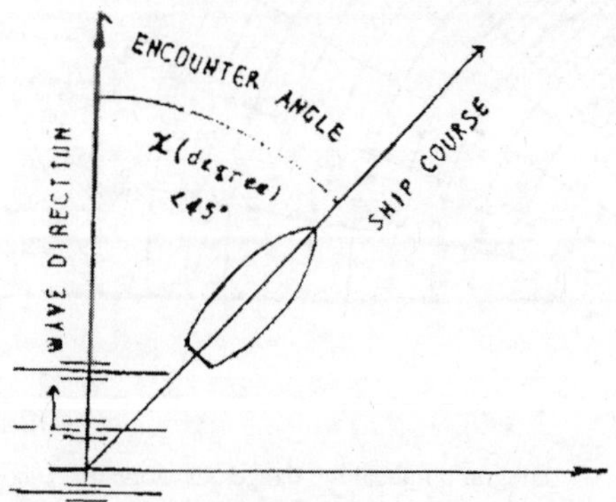

Figure 1-Definition of encounter angle χ

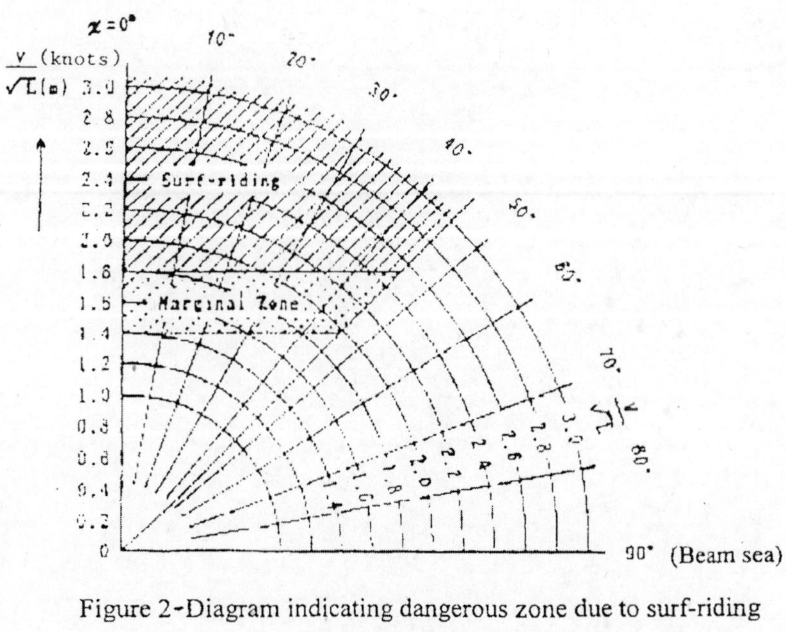

Figure 2-Diagram indicating dangerous zone due to surf-riding

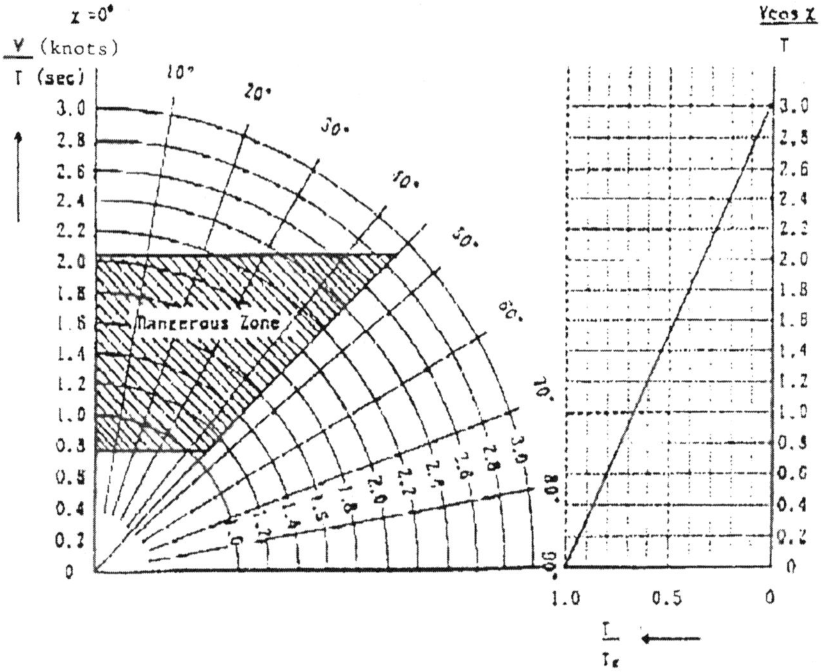

Figure 3 - Diagram indicating dangerous zone of encountering to high wave group and relation between mean wave period and encounter wave period in following and quartering seas

APPENDIX

OPERATION DIAGRAM FOR THE MASTER

Ship: Satisfaction to IMO stability criteria or equivalent

↓

Wave: Wave length > 0.8 × ship length, $H_{1/3}$ > 0.04 × ship length
Estimate λ, T, and χ, where $T = 0.8\sqrt{\lambda}$.

↓

Ship course: Wave direction is 0° to 45° from the stern.

↓

Encounter wave period, T_E

↓

If ship's speed:

→ (1) in Surf-riding zone
Reduce to speed zone (2).

→ (2) in marginal zone
Reduce to speed zone (3),
when felt large surging.

→ (3) beyond the zones

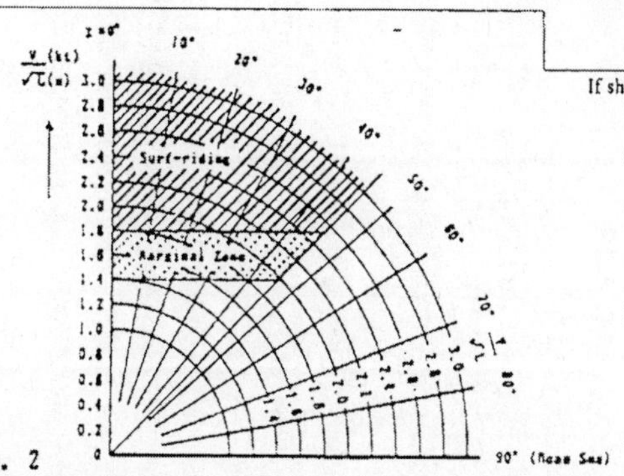

Fig. 2

↓

Next step

↓

Plot V(knot)/T(s) versus χ on Figure 3.

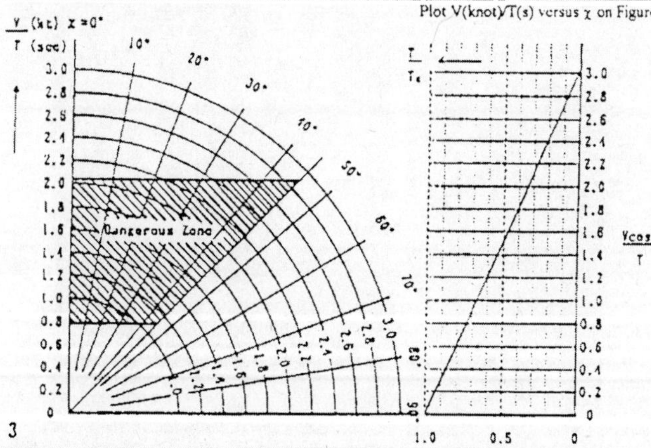

Fig. 3

If V/T (χ) is in the dangerous zone, reduce the speed to come out of the zone.

If V/T (χ) is beyond the dangerous zone, keep speed and course.

Judge T_E

If T_E is nearly equal to T_R or $T_R/2$, reduce the speed further.*

* Take into consideration the minimum speed for maintaining course control of the ship.

제2장

선박적화

2.1 선박적화

해상운송(海上運送, Shipping or Sea Transportation)이란 해상에서 화물과 여객을 운송하는 물류 서비스 사업이며, 여기서 선박은 해상운송을 실현하는 운송수단이다. 따라서 운송하고자 하는 화물이나 여객에 따라 다양한 형태의 선박이 건조되어 현재 특정 화물만을 운송하는 전용선이 널리 운항하고 있다(표 2-1).

〈표 2-1〉

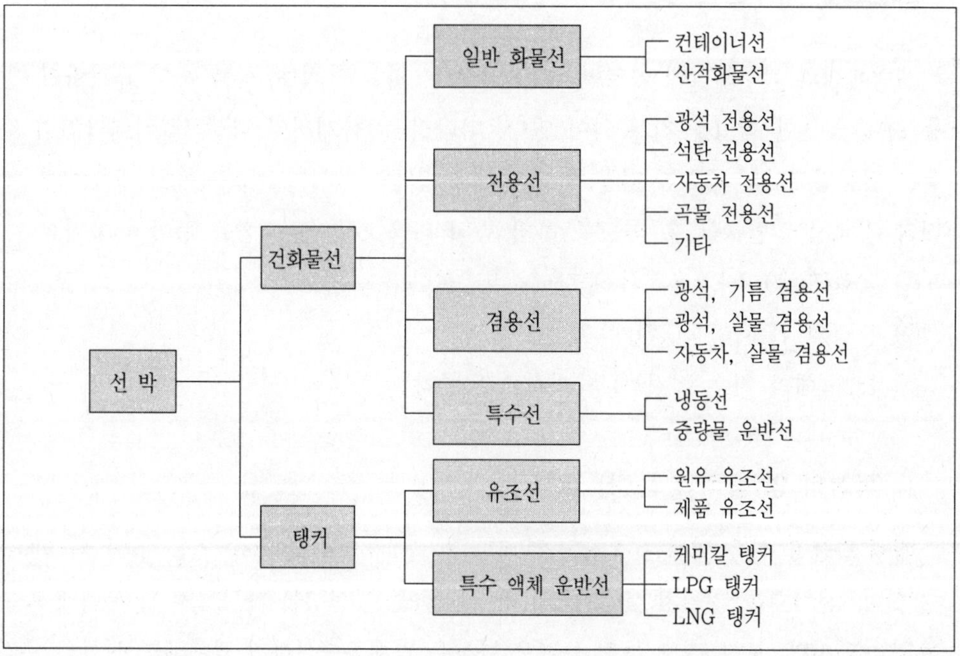

일반적으로 해상운송을 담당하는 상선(商船, Merchant Ship)의 주요 목적은 화물을 안전하고 신속하게 운송하는 것이며, 이는 선박에서 실제 화물을 취급하는 항해사들의 노력에 의해 달성된다. 여기서는 화물의 취급 및 적재와 관련하여 상선의 항해사가 반드시 습득해야 할 실무적인 주요 사항들을 언급한다.

먼저, 일반화물에 관한 내용으로는 화물의 분류, 화물적재 시의 주의사항, 항해 중 화물의 점검 및 관리, 화물 양화 시에 필요한 사항 등이며, 액체화물에서는 탱커에서의 화물의 적재와 양화 시에 유의할 사항, 탱크 크리닝에 관한 사항 및 카고 펌프와 장비의 보수 유지에 관한 사항을 기술한다. 또한 추가적으로 삽입한 선창정비에 관한 내용으로는 일반화물선에서의 선창 청소 및 정비에 관한 사항이다.

2.2 적화계획

2.2.1 직무분담 및 적화 시 고려사항

선박에서의 직무분담에 따르면 일등항해사는 화물의 적재, 항해 중의 품질관리, 양화 등 화물에 관한 책임을 지게 되어 있다. 따라서, 적화계획의 작성 및 하역작업의 감독 등은 일등항해사의 중요한 업무 중 하나이다. 일등항해사가 적화계획을 세울 때에는 최대의 경제성이 발생할 수 있도록 하되 특히 다음 사항에 중점을 두어야 한다.

① 적화(積貨)의 양(용적과 중량)을 결정한다.
② 중심의 위치를 적당하게 조절한다.
③ Trim(배의 전후의 경사)을 최적으로 한다.

1. 적화의 양(용적과 중량) 결정

배에 화물을 실을 때에는 선창의 부피만큼, 즉 배가 감당할 수 있는 부력만큼만 실을 수 있다. 전기제품, 자동차, 원목 등의 가벼운 화물은 선창에 가득 실어도 부력에 충분한 여유가 있지만, 광석, 강재 등의 무거운 화물은 만재흘수선까지 적재해도 선창의 용적을 다 채울 수 없다. 그러므로 일등항해사는 이를 고려하여 가장 많은 화물을 실을 수 있도록 계획해야 한다.

2. 최적의 중심 위치

재래 정기선이나 컨테이너선과 같이 여러 가지 화물을 적재하는 경우 적재하는 방법에 따라 중심의 높이를 조정할 수 있다. 반면에, 단일 화물을 싣는 광석 전용선, 원유 탱커 등은 적재방법에 의하여 중심의 높이를 조정할 수 없다. 또, 갑판상에 많은 화물을 적재하는 컨테이너선이나 목재 운반선의 경우 갑판 화물을 많이 실으면 중심이 높아져 배의 안정성이 나빠진다.

3. 최적의 Trim 유지

배가 저항이 적고 안전한 상태로 항주하기 위해서는 적당한 Trim을 유지할 필요가 있다. 그러나 Trim을 만들면 흘수가 깊게 되므로 수심이 얕은 곳에 입출항하는 경우는 가능한 선수미 흘수가 똑같게 되도록 적화량을 조절해야 한다(even keel).

2.2.2 선박화물의 표시

화물의 포장에 표시되는 화표(Cargo Mark)는 화물의 얼굴 역할을 한다. 여기에는 수화인, 양화지 및 취급법 등을 명시하게 된다. 선내 반입 시에 화표가 없거나 불명확하면 인수를 거절하거나 화물 인수증(M/R)에 그 사실을 기입해야 한다.

마킹(Marking)은 검정 유성 잉크로써 측면 패널의 양면에 인쇄하며, 상자의 크기에 따라 알맞게 조정하고 주요 표시내용은 [그림 2-1]과 같다.

① 화물번호(Case Number) : 화물의 일련번호

② 품질 마크(Quality Mark) : 내용품의 품질을 기호나 숫자로 표시

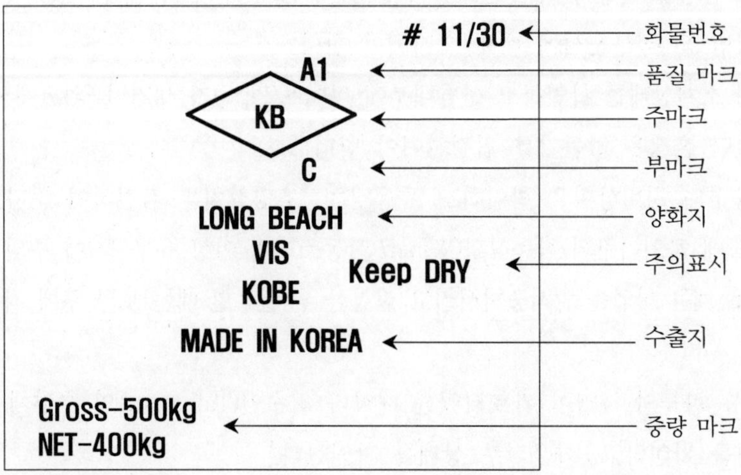

[그림 2-1] 선박화물의 표시

③ 주마크(Main Mark) : 화표의 주체가 되는 것으로써 각형, 원형, 사다리꼴 등의 여러 모양에 수화인을 표시하는 대표문자를 합한 특유 기호로 되어 있다.

④ 부마크(Counter Mark) : 화물의 생산자나 공급자의 이름을 약자로 표기

⑤ 양화지 마크(Destination Mark) : 화물의 양화지 표시

⑥ 주의 마크(Care Mark) : 적재 및 취급에 특별한 주의가 필요한 경우 표시
예를 들면, '이 쪽을 위로(This Side up), 건조한 곳에 보관(Keep Dry), 부서지기 쉬운(Fragile)' 등이 있다.

⑦ 수출지 마크(Export Mark) : 화물의 원산지 또는 수출지 표시

⑧ 중량 마크(Quantity Mark) : 화물의 중량

2.2.3 화물적재의 감독

1. 화물적재 시의 유의사항

화물적재(Loading) 감독의 주안점은 안전, 신속 및 정확이라 할 수 있다. 안전은 인명과 선체 및 화물이 그 대상이며 신속한 하역작업을 통하여 운항비의 절감을 꾀할 수 있기 때문이다. 또한 정확한 하역작업을 통하여 원활한 하역과 안전한 운항이 확보될 수 있기 때문이다. 하역 중 선창을 담당하여 하역작업을 하는 정박 당직사관이 유의하여야 할 사항은 다음과 같다.

① 자기가 담당할 선창에 적부될 화물의 종류, 수량, 톤수, 포장형식, 양화지, 적부장소, 적부방법 및 적부순서에 대해 숙지해야 한다.

② 선창의 소제상태를 확인하고 선창내부에 파이프(Pipe)가 새거나, 외판에서 물이 스며들었던 흔적은 없는가를 점검하여야 한다.

③ 하역용구의 정비상황을 확인하고 통풍장치, 조명장치를 점검하여 둔다.

④ 하역 중에 하역기구의 작동상황(Winch 작동소리의 이상 유무 등)에 주의하여 이상이 있을 때는 작업을 일시중지시키고 점검한 후 필요할 때는 보완 후에 작업을 계속한다.

⑤ 한 종류 화물의 하역이 완료되었을 때마다 검수인(Tallyman)의 수량에 과부족이 없는가를 확인하고, 화물적부 상태를 확인한다.

⑥ 화물에 Lashing이 필요할 때는 정박 당직사관이 현장에서 직접 지휘하고, 중량화물

의 Lashing은 일등항해사가 직접 지휘해야 한다.

⑦ 화물적부 및 취급에 특별히 주의를 요하는 화물을 하역할 때에는 반드시 본선 선원 1명을 선창에 내려보내서 작업감독을 수행하도록 한다.

⑧ 해당 Hold의 작업이 완료되었을 때는 반드시 선창내부를 점검하여 이상 여부를 확인하여야 한다.

2. 화물관계 서류

① Bill of Lading(B/L, 선하증권) : 선적한 화물을 대표하는 일종의 유통증권으로써 화물거래상 중요 서류이고, 또한 수화인이 양지에서 화물을 인수할 때의 인환서(引換書)이며 운송조건을 표시하는 증거서류이기도 하다.

② Mate's Receipt(M/R) : 화물의 본선수령의 확인으로 본선에서 일등항해사가 서명하여 하주 또는 선적업자에게 발행하는 것이다.

③ Shipping Order(S/O, 선적지시서) : 선적을 신청한 화주의 화물을 본선에 선적할 것을 지시하는 서류이며, 화주는 이를 본선에 제출하고 자신의 화물을 선적하게 된다.

④ Stowage Plan(화물적부계획서) : 선적을 위해서 사전에 작성되는 것으로 Sailing Plan과 Cargo List를 참고하고, 동시에 적 · 양화항의 사정, 준비된 화물, 본선의 사정, 하역능률, 적 · 양화의 순서 등을 고려하여 작성되어야 한다.

⑤ Stowage Survey Report(적부감정서) : 손상이 생기기 쉬운 화물이나 위험화물을 선적할 시에는 화물의 양화항에서 화물손상이 생겼을 때를 대비하여, 본선이 화물적부에 관해 최선을 다하였다는 사실을 객관적으로 증명하기 위해 Marine Surveyor (해사감정인, General Surveyor라고도 함)로부터 발급받는 보고서이다.

⑥ Manifest(M/F, 적화목록) : 본선에 선적한 화물목록의 상세이다. 이 목록을 기초로 많은 화물에 대한 선적지, 양화지, 화주 등에 관한 사항을 쉽게 확인할 수 있도록 해준다.

⑦ Hatch List(선창화물일람표) : 각 선창에 적부한 화물의 종류, 수량 등의 사항을 기록한 서류이다.

3. IMDG Code의 위험화물 적재방법

1) IMDG Code

위험물은 물질 자체의 물리적, 화학적 또는 생물학적 개별 특성이나 복합적 특성에 의해 언제나 다른 물질 또는 자연환경에 위해를 미치거나 줄 수 있는 물질을 총칭하며, 위험물의 해상운송 시 SOLAS 협약 제7장(위험물의 운송) 또는 국제통일규칙인 IMDG Code(International Maritime Dangerous Goods Code, 국제위험화물운송규칙)에 적합하게 운송해야 한다.

2) 적재 중 주의사항

위험물을 적재하는데 있어서 규칙을 지키는 것은 물론 취급자의 상무(常務)로써 주의를 태만히 하여서는 안된다. 가장 중요한 것은 먼저 그 화물이 어떠한 품명의 위험물인가를 확인하여 그 위험의 성질이나 정도를 틀리지 않게 두는 것이다.

적부방법은 규칙에 따라 위반이 없도록 하며, 또한 위험방지는 그 성질에 따라 합리적인 방법으로 취하여야 한다. 위험물의 적화 및 양화에 있어서는 야간이나 승객의 승강시를 피하고, 인화의 위험이 있는 위험물에는 Wire Rope 등 불꽃을 내기 쉬운 용구의 사용은 엄금하여야 한다.

위험물의 취급 및 적부에 있어서는 인부들에게 요지를 주의시켜 던지는 것, 이동, 전도, 충격, 마찰, 누설, 압궤 등이 생기지 않도록 한다. 적당한 Dunnage를 이용하여 적부 높이를 제한하며 선체 철제와의 접촉을 피하도록 배려한다.

4. 카고 기어의 검사

카고 기어는 허용된 한계 내에서 안전하게 사용되어져야 하는데, 사용 전에 안정성이 확인하였더라도 당직사관이나 당직자는 작동 중의 카고 기어에 대한 안정성을 계속하여 감시하여야 한다. 하역 중의 카고 기어의 고장이 발생하면 원활한 하역작업이 이루어질 수 없으며, 카고 와이어의 절단과 같은 사고의 발생은 선체와 인명에 치명적인 결과를 초래할 수 있기 때문이다. 사전에 작성된 Check List에 따라 점검한다.

5. 화물의 분리 적재

1) 분리 적재

Dirty Cargo(조악화물, Rough Cargo)란 내용물의 성질 또는 포장의 상태로 적부, 운송 중 다른 화물에 손상을 입힐 우려가 있는 화물로 다음과 같은 종류가 있다.

① 흡수, 융해성 화물 : 당밀(MolasseS), 아스팔트(Asphalt), 유지 등과 같이 높은 온도에서 녹아 흐르는 것이나 소금(Salt), 생석회, 소다(Soda) 등과 같이 습기를 흡수하여 녹거나 열을 발하는 성질을 가진 화물

② 분진성 화물(Dusty Cargo) : 시멘트(Cement), 비료, 흑연 등과 같이 하역 중에 분말이 날림으로써 다른 화물을 오염시키는 성질의 화물

③ 악취성 화물 : 코프타(Copra), 생가죽, 절인 생선, 비료 등과 같이 강한 냄새(특히 악취)를 내고 벌레를 생기게 하는 종류의 화물

2) 조악화물 적재 시 주의사항

조악화물은 소량일지라도 다른 화물과 혼적하면 손상을 끼칠 우려가 있다. 또한 양화 후 선창 청소도 까다롭고 시간이 많이 걸린다. 따라서 정기선에 있어서는 적화계획에 혼란을 가져오고 청소작업으로 인하여 선박의 정시운항에 지장을 줄 가능성이 크므로, 이런 종류의 화물은 선수 또는 선미 한 구역을 Dirty Space로 지정하여 다른 화물과 격리하여 적재한다.

6. 화물적재계획의 준비

선적화물을 선박에 적부할 때, 그 적부요령이 잘못되면 선박의 감항성(堪航性)이 나빠지고 화물에 손상을 입히게 되며 또한 운항능률을 저하시킨다. 따라서 용의주도한 화물 적부계획을 작성하여 화물을 선적, 적부하는 일이 중요하다. 화물적재의 기본요점은 화물을 적부한 후의 선박안전확보, 운항능률을 증가시켜 화물을 사고없이 안전하게 운송하는 일이다. 이상의 기본요점을 달성하려면 다음에 열거하는 사항을 충분히 고려하여 그 여건에 상응한 적화계획을 수립해야 한다.

1) 화물의 성질 및 포장

화물의 성질 및 포장형식은 다종다양하다. 따라서 화물의 적부장소, 혼합적부 또는 격리적부, 적부순서 등을 고려하여 계획을 작성하여야 한다.

2) 화물의 Lot 수와 수량

단일의 Lot 화물은 계획이 간단하다. 그러나 그 종류와 화주가 다른 화물을 같이 적화할 때의 계획은 매우 복잡하다. 화물의 개수, 중량, 용적 및 양화지 등에 차질이 생기지 않도록 계획을 작성하여야 한다.

3) 기항지의 수 및 순서

기항지(寄港地, Calling Port)가 많은 정기선에서는 양화항에서 다른 화물을 적화하는 경우가 있으므로 양화항의 순서대로 화물을 적부하고, 또 각 항의 적화를 예상하여 하역이 순조롭게 진행되도록 계획을 세워야 한다.

4) 운송기간 및 기후

운송기간이 길면 화물사고가 일어나기 쉽다. 더욱이 황천이 예상되거나 기온의 변화가 현저한 항로일 경우에는 사고의 가능성이 높으므로 이에 대한 화물의 적부방법도 통풍환기가 잘 될 수 있도록 고려하여야 한다.

5) 양화지의 하역능률 및 정박기간

적화계획은 적화지의 사정만이 아니고 양화지의 하역설비, Barge 및 인부의 공급상황, 하역능률과 정박기간을 예상하여 계획되어야 한다.

6) 선박의 구조설비

Tanker, 광석전용선 또는 기타 전용선은 그 특정화물 적부에 적합하도록 설계되어 있다. 그러나 일반 화물선은 화물의 종류가 다양하고 선박의 구조도 Lower hold 및 Tween deck으로 구분되어 있어 구획 크기, 형상, 온도, 통풍환기도 각기 다르다. 따라서 이러한 점을 감안하여 적부계획이 작성되어야 하며, 그 외에 다음의 사항을 충분히 고려하여 적화계획을 수립해야 한다.

① 복원성, 흘수, 트림의 조정

② 선체 강도를 고려한 화물배치

③ 화물사고 방지

④ 최대량의 화물적재

⑤ 하역시간 단축 및 하역비의 경감

⑥ 인명, 선박 및 화물의 위험방지

7. 계산 : 적재화물량, 복원성, 선체의 스트레스

1) 적재화물량

선박의 적화능력은 만재흘수선에 의하여 제한되는 최대적화중량(最大積貨重量)과 선창의 용적에 의하여 제한되는 최대적화용적(最大積貨容積)으로 표시된다.

2) 복원성

선박이 외력에 의해 일시적으로 경사했을 때 원래의 위치로 되돌아가려는 힘 또는 성질을 말한다. 이 복원성은 선박의 안전을 파악하는 중요한 기준이 된다. 복원력이 과대하면 횡요가 심해져 화물의 이동이나 선원의 피로를 가중시키고, 너무 적으면 전복의 위험이 있다. 따라서 화물적화에 따른 적당한 복원력이 요구된다.

3) 선체 스트레스

선체 구조물은 그 선박에 작용하는 모든 하중(Load)에 견딜만한 강도(Strength)와 강성(Stiffness)을 가지고 있어야 한다. 선체의 강도는 종강도, 횡강도 및 국부강도로 나누어진다. 과도한 국부하중(Local Stress)이나 굽힘응력(Bending Stress)은 선체의 피로를 가져오고 극단적인 경우 균열, 절단, 좌굴(坐屈) 등의 손상을 가져올 수 있다.

2.2.4 적재 전에 실시해야 할 화물창과 빌지 웰의 Cleaning

1. 빌지 웰(Bilge Well) Cleaning

2중저(Double Bottom)를 가지고 있는 선박의 선창 밑에 2중저가 있어 그 양측 Margin Plate와 외판 만곡부 사이에 도랑처럼 되어 있는 곳이 빌지 웰(Bilge Well)이다. 창 내에 고인 오수(汚水, Bilge Water)는 직접 선외로 배출시킬 수 없으므로 각 구역에 설치된 빌지 웰에 모아 빌지 펌프로 배출한다. 빌지관 끝의 흡입구에는 로즈박스(Rose Box)를 부착하여 펌프를 작동시킬 때 먼지나 쓰레기가 흡입되지 않도록 한다.

2. 화물창과 빌지 웰의 청소

화물을 선박에 적재하기 전에 화물창이나 Tank를 청소하여 충분히 건조시켜 두고, 동시에 창내를 잘 점검하여 누수 또는 불량한 곳은 완전히 수리해야 하며, 또 검역법에 따라서 창내를 훈증 소독하여 쥐와 곤충을 구제해서 화물사고가 발생하지 않도록 해야 한다. 이러한 선창의 청소 및 점검을 선창준비라고 한다. 창내의 청소 및 수리는 양화가 끝난 후 선창이 비어 있을 때에 실시하는 것이 가장 효과적이다.

1) 화물창의 일반적인 청소

잡화를 적재한 후의 청소는 일반적으로 선원들의 인력으로 다음과 같은 순서로 수행된다. 청소에 앞서서 사용했던 Dunnage를 정리하여 다시 사용할 수 있는 것은 묶어서 Deck의 한쪽 구석에 모아놓고, 쓰지 못하게 된 Dunnage는 상갑판으로 들어낸다. Beam, Frame 및 Girder 등에 묻은 먼지를 털고 나무조각 등의 쓰레기는 쓸어모아서 상갑판상으로 퍼올린다.

콩, 사탕 등의 양화작업 후에는 포대가 찢어져서 선창내에 화물이 가루 또는 입상(粒狀)으로 남아 있게 된다. 이것은 미리 준비한 포대나 가마니에 넣어서 화주에게 인도하는 것이 좋으며, 적은 양일 경우에도 함부로 처분해서는 안된다. 청소하고 남은 쓰레기의 처분은 항내규칙에 따라야 한다. 일반적으로 항내 및 항구 부근에 버리는 것을 엄하게 금지하고 있기 때문에 폐기물 처리와 동일하게 처리하거나 해양오염방지법상의 규정에 따라서 추후 처분하여야 한다.

2) Bilge Well의 청소

Bilge Well을 청소할 경우에는 Bilge Well의 유통과 배수에 지장이 없도록 주의하여야 한다. Bilge Water가 유통되지 못하고 고이게 되면 화물이 오손될 우려가 있을 뿐만 아니라 선창 내부가 침수되어 선박의 안전을 위태롭게 하여 큰 사고를 일으키는 원인이 되기도 한다.

Side Bilge는 Limber Board로 덮여 있기 때문에 창내를 청소할 때마다 청소할 수는 없지만 Bulk Cargo를 양화한 후에는 Bilge Board를 열어서 청소할 필요가 있다. Bilge Well은 오수로 인하여 불결해지기 쉽고 악취가 나서 식료품을 오염시키고 철재를 부식시키기도 한다.

그러므로 청소시에는 오물을 긁어내고 물로 씻은 후 Cement와 석회(Lime)를 발라두면 위생적으로 방출되는 효과가 있다. Bilge 청소에서 가장 신경을 써야 할 곳은 Limber Hole과 Rose Box이다. 이 곳은 청소 후에 꼭 확인하여 점검해 두어야 한다. 오수가 잘 유통되고 배출에 지장이 없는가를 확인하고서 Bilge Board를 복구, Dust Proof 상태로 덮는다. 그러나 수밀상태(Waterproof)가 되어서는 안된다.

3. 화물창의 스커퍼와 빌지 흡입구의 배출시험

1) 화물창의 배수설비

선창 내에 고인 오수(Bilge Water)는 빌지 웰에 모여져 흡입관(Suction Pipe)에 의하여 배수 펌프로 선외로 배수한다. 대개 배수 펌프는 소화 펌프와 같은 것으로 거의 기동 또는 전동 펌프이다. Bilge Well 내의 흡입관의 끝에는 Bilge Water 중의 먼지 등이 관을 메우지 않도록 하기 위하여 작은 구멍이 다수 뚫어진 주강제(鑄鋼製)의 Rose Box가 설치되어 있다. 또 갑판상의 누수는 그 양현에 배수공(Scupper)이 설치되어 배수관(Scupper Pipe)을 통하여 Bilge Well로 흘러 내리게 하거나 Non-Return Valve를 설치하여 직접 선외로 배출한다.

Scupper를 소제하고 나면 물이 잘 유통되는지 물을 부어서 Bilge에 흘러 떨어지는가를 확인하여야 한다. 물이 잘 유통되지 않으면 굵은 철사 같은 것으로 후벼서 물이 자유로이 흐를 때까지 소제하여야 한다.

2) 곡물적재를 위한 선창 준비

화물창과 빌지 웰의 청결 및 건조는 화물의 손상방지를 위해 매우 중요한 사항이며 특히 곡물운송 시에는 검사기관의 검사결과에 따라서 선적이 거부되는 경우도 발생된다. 다음은 곡물적재를 위한 선창준비에 관한 사항들이다.

① 선창의 준비 : 선적될 Hold는 청결, 건조하여 곡물수송에 적합한지 Survey가 실시되는데 미국, 호주, 캐나다 등의 지역에서는 이러한 Survey가 엄격하다. 만약 이 검사에 실패하면 선석 경쟁이 있을 시 선석 이양 심지어는 화물의 변경까지 해야 하므로 다음 사항에 유의하여 사전에 충분히 준비, 점검해야 한다.

㉠ 본선에서 정비 가능한 녹이 슨 부분은 Scrapping하여 Painting한다.

㉡ Bilge Well은 깨끗이 청소하고 Cover는 Tight시킨다. 호주에서는 Bilge Well Box 내의 Non Return Bilge Valve Test를 요구하는 경우가 있으므로 사전에 확인 점검을 해두어야 한다.

㉢ 전 항차의 잔존화물은 완전히 쓸어내고 물로 닦아낸다. 특히 Bracket, Beam, Pipe 등 창내 구조물의 뒷부분(보이지 않는 부분)에 대한 검사관들의 검사가 까다로우므로 특히 유의하여 잔존화물을 철저히 처리하여야 한다.

㉣ 전 항차에 곡물이나 기타 식물성 화물을 수송하여 Hold에 벌레가 발생하거나 살아남아 있을 경우에는 사전에 약품을 투입하여 Fumigation한 후 Gas Free시켜야 한다.

㉤ 전 항차에 냄새나는 화물을 수송하였을 경우는 Inspection하기 전 충분히 창내를 환기시켜 냄새를 제거해야 한다.

㉥ Wet Damage를 방지하기 위하여 Hatch Cover 등에서 누수되는 부분을 Check하고 필요하면 사전에 조치한다.

② Inspection : 적재 전 Loading Port에서 해당 Port의 Rule에 따라 다음 2가지의 검사가 실시된다.

㉠ Inspection of Hold Condition : Hold의 상태가 곡물의 수송에 적합한가를 확인하는 검사이며, 농업 관련 정부 행정기관(농림부)이나 이와 유사한 기관 또는 수입국 정부에서 파견한 검사관에 의해서 수행된다.

㉡ Loading Safety Inspection : 곡물 운송규칙에 따라 다음 기관에서 파견한 검사관이 흘수 및 Stowage Stability 적합성 여부를 검사하여 선박의 안전을 도모하고

자 시행되는 것으로 적재 전 검사와 적재 후 검사가 있다.

㉢ 적재 전 Stability 검사 : 곡물적재 전 본선에서 계산한 출항 시, 항해 중, 도착 시의 상태에 따른 Grain Stability Calculation이 관계 법규에 따라서 적절하게 계산되었는지 확인하며, Surveyor의 계산 근거인 Grain Loading Booklet 및 Approval of Ship's Plans for the Carriage of Bulk Grain도 제시해야 한다. 본선에의 계산이 적절하면 Certificate of Readiness를 발급하며, 동 증서발급 및 Hold Inspection에 합격한 시점이 실질적인 Notice of Readiness의 Tender 시간이 된다. 따라서 N/R Tender 시간이 지연되지 않도록 미리 계산해 두어야 한다.

㉣ 적재완료 후 검사 : 적재완료 후 원래 계획대로 선적되었는지를 확인하는 과정으로 Draft의 확인, Slack Hold에 Levelling과 Strap Down이나 Shifting Board의 상태가 적절하게 시행되었는지를 검사하며, 모든 조건이 만족되면 Certificate of Loading을 발급한다. 동 Certificate를 받지 않고는 어떠한 경우에도 Loading Port의 항계밖으로 출항할 수 없으며, 만약 증서발행 전 출항하였다면 USCG 혹은 항만당국에 의하여 범죄행위로 간주된다.

2.3 흘수 측정 및 적화량 계산

2.3.1 흘수 측정

철광석 등과 같은 산적화물의 적화량을 결정할 때에는 적화 혹은 양화가 시작 또는 종료가 된 후 흘수 측정(Draft Survey)을 하여 흘수의 차로써 화물의 중량을 산정한다.

일반적으로 실무에서 행하고 있는 흘수 감정은 Quarter Mean(1/4mean) Draft에 대한 배수량을 Hydrostatic Curve 또는 Table이나 Deadweight Scale로써 구하여 Trim 및 Density Correction을 하는 방법과 선수, 선미 흘수의 Mean Draft에 대한 배수량을 Hydrostatic Curve나 Table로써 구하여 Bending(Sag. Hog.), Trim 및 Density Correction을 하여 더욱 정확하게 구하는 방법이 있다.

Draft Survey가 단순한 면의 요소도 가지고 있지만 경험적인 기술도 필요하다.

〈표 2-2〉 Draft Survey의 순서

순서	내 용
1	흘수(Draft)를 읽는다.
2	해수비중(Sea Density)을 측정한다.
3	선박의 연료, 청수, Ballast 등의 중량을 측정한다.
4	적화 및 양화 중량을 산출한다.

〈표 2-3〉 Draft Survey

Apparent Draft F Stem corr. △f	Apparent Draft A Stem corr. △a	
Corresponding Draft Fc	Corresponding Draft Ac	Fc+Ac/2 mean : Mc
Midship Draft P	Midship Draft S	Midship mean : c
(Mc + C) / 2 = Mean of mean (M/M)		
(M/M + C) /2 = Corresponding mean of mean (1/4 M/M)		
	Before Loading/unloading	After Loading/unloading
Apparent Displacement		
Trim correction		
SG correction		
Corresponding Displacement	tons (A)	tons (B)
Non cargo weight on board		
Fuel, Bunker on board	tons	tons
Fresh water on board	tons	tons
Ballast water on board	tons	tons
Others	tons	tons
Total weight	tons (a)	tons (b)
Unloaded cargo :	(A−a)−(B−b) L/T or M/T	
Loaded cargo :	(B−b)−(A−a) L/T or M/T	
	(Based on the ship's deadweight, displacement scale)	

2.3.2 제반 측정에 대한 주의사항

대부분의 항구에서는 본선 Draft Survey 및 육상 Weight Scale에 의해 선적량이 계산되므로 다음 사항을 숙지하여 흘수 측정을 정확하고 주의깊게 행하여야 한다.

1. 흘수 측정

풍파나 너울이 있는 곳에서 흘수를 읽는다는 것은 용이하지 않다. 수면의 상하 움직임이 크고, 특히 너울이 있는 장소에서는 세심한 주의와 함께 경험적인 관측요령이 필요하다. 미터 단위의 흘수표는 높이 10cm의 아라비아 숫자를 20cm 간격으로 기입하고, 피트 단위의 흘수표는 높이 6인치의 아라비아 숫자나 로마 숫자를 1피트 간격으로 기입한다(그림 2-2).

① 수분간 수면의 상하운동의 평균치를 잡는다. 그러나 이 경우 최고, 최저의 중간치가 아니라 돌발적인 해면의 동요는 제외하고 최고치와 최저치의 평균치를 읽도록 한다. 파랑에 의한 수면의 상하 폭이 넓으면 순간적으로 오래 머무르는 수면의 숫자를 읽는다(초보자는 주의깊게 반복하여 평균치를 택함이 바람직하다).

② 조류가 있는 장소에서는 선수의 수위가 높아진다는 것을 고려하여 과대하게 읽지 않도록 한다.

③ 중앙흘수, 특히 안벽에서 흘수를 읽을 경우에는 과대하게 읽기가 쉬우나 수면이 평온한 지역에서는 그러한 경향이 적다.

④ 야간에 흘수를 읽을 경우 특히 수면의 동요가 없는 경우에는 조그만 돌을 던져 파문을 일으켜서 읽으면 좋다.

⑤ 읽은 오차의 최종치(Mean of Mean, 또는 1/4mean)에 영향을 미치는 비율은 다음과 같다.

⑥ Draft survey 중에는 본선 Displacement에 영향을 미치는 작업은 금한다(Ballasting, Deballasting 등).

⑦ Trim 변화가 많은 상태보다는 등흘수(Even keel)에 가까운 상태에서 정확한 선적량을 계산할 수 있다.

⑧ Trim이 많은 상태에서 각 Tank Sounding을 실시할 경우에는 정확하게 측정을 실시하고 이에 상응한 Correction을 해준다.

$$\frac{Fc+Ac}{2}=Mc\ ,\quad \frac{P+S}{2}=C$$

$$\frac{Mc+C}{2}=\frac{M}{M}\ \text{(Mean of Mean)}=\frac{\dfrac{M}{M+C}}{2}=\frac{\dfrac{M}{M}}{4}$$

$$= \frac{\dfrac{\dfrac{Fc+Ac}{2}+\dfrac{P+S}{2}}{2}+C}{2} = \frac{\dfrac{Fc+Ac+P+S+4C}{4}}{2}$$

$$= \frac{Fc+Ac+P+S+2(P+S)}{8} = \frac{Fc+Ac+3P+3S}{8}$$

위의 계산식에 의하여 선수미 흘수 1cm의 오차는 최종치의 1/8의 영향을 미치고, 중앙 흘수의 경우에는 3/8의 영향을 미치게 된다. 거대형선의 경우 1cm의 흘수를 잘못 읽을 경우 화물계산에 있어서 엄청난 양이 서로 다르게 된다. 따라서 Draft Survey를 할 경우 화주, 검정인 및 본선 대표가 같이 입회를 하여 실시한다.

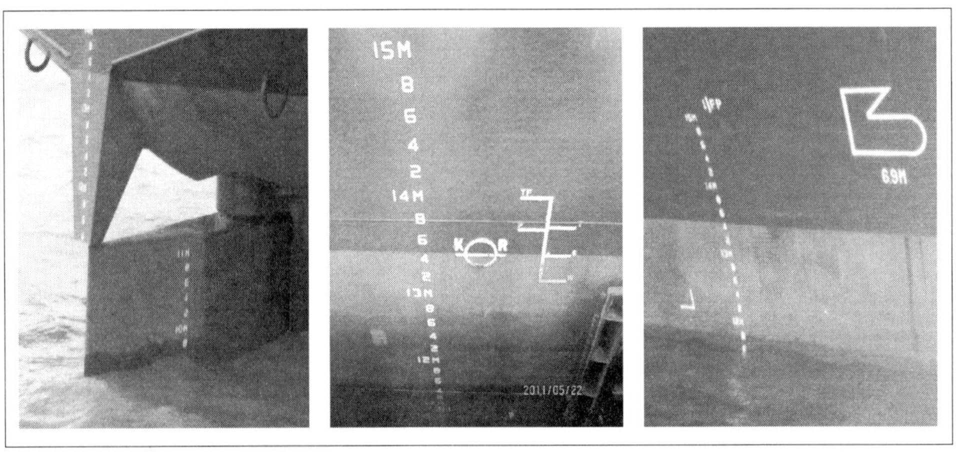

(a) 선미 흘수 (b) 중앙 흘수 (c) 선수 흘수

[그림 2-2] 흘수 표시

2. 해수비중의 측정

거대선일수록 비중측정의 오차는 무시할 수 없을 정도로 커진다. 특히 하구에 있는 항은 주의가 필요하다.

$$\Delta w = \frac{W \times (P_0 - P_1)}{P_0} \fallingdotseq W \times (P_0 - P_1)$$

Δw : 비중차에 의한 배수량의 오차　　W : 배수량(t)

P_1 : 해수비중　　P_0 : 표준해수비중

가령 배수량이 100,000톤인 선박이 해수비중 1.024에서의 수정량은 다음과 같다.

$$\Delta w = \frac{100,000 \times (1.025 - 1.024)}{1.025} = 97.6\text{ton}$$

일반적으로 해수비중은 동일한 장소일지라도 겨울에 높고, 여름에 낮은 경향이 있으며 하구에서는 풍향과 강우에 의해서도 영향을 받는다.

1) 비중측정법

하구항에서 만재상태로 떠 있을 때의 비중측정은 어렵고, 선수미, 수심의 상하층에 따라 해수비중이 차이가 난다. 원칙적으로 선박의 중앙, 선수, 선미의 각 양 현 6개소에서 상, 중, 하층으로 측정하여 평균치를 구한다.

그러나 감정인은 항시 동일한 장소에서 흘수 감정을 행하므로 비중의 변동에 대해서 잘 알고 있으므로 1개소만 측정하는 경우가 있다. 그러한 경우 상중하층의 해수를 측정하여 평균치를 구해야 한다. 비중측정 시에는 뚜껑이 부착된 채수기를 사용해서 배의 흘수를 3등분하는 깊이의 물을 떠올려 측정하여 그 평균을 구한다(그림 2-3).

$$\text{평균해수비중} = \frac{a + 2b + c}{4}$$

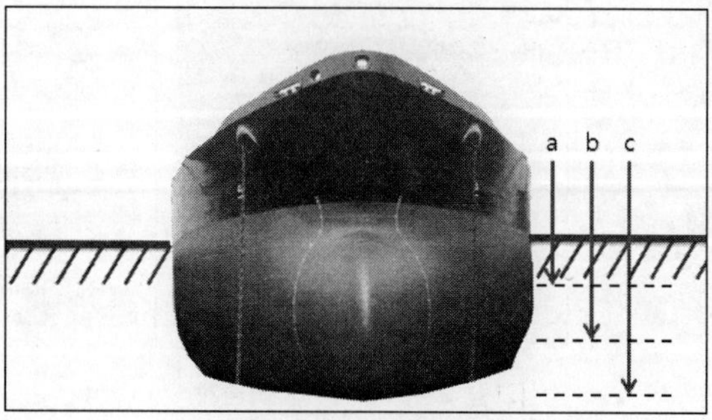

[그림 2-3] 비중측정

2) 비중계의 비교 검정

본선측의 비중계와 Survey의 것과 비교 체크를 해야 한다. 가령 적화지에서 본선의 것을 사용하고, 양화지에서는 본선의 것을 사용하지 않을 경우에는 화물량에 차이가 생기는 일이 있다. 또한 수온 4℃일 때 체적 1cm^3, 밀도 1g/cm^{3}일 때 비중이 1이다. 따라서 수온을 체크해서 상온일 경우 온도개정도 해야 한다. 밀도는 지역별로 차이를 보이는데, 연안에서는 담수의 유입 등으로 인해 밀도가 낮고, 외양으로 갈수록 염분이 증가함에 따라 밀도도 증가한다. 또한 증발이 많이 일어나는 흑해와 같은 지역은 밀도가 높게 나타나며, 적도지방은 수온이 높고 강수가 많기 때문에 밀도가 낮고 극지방은 수온이 낮고 결빙이 많기 때문에 밀도가 높게 나타난다. 외양해수의 밀도는 일반적으로 1024~1030kg/m^3 범위를 갖는다.

3) 해수비중의 측정

① 해수온도와 채수기의 온도차를 없애기 위해서 2~3회 물을 떠 올린 후 맨 마지막에 떠올린 것으로 측정한다.

② 시차를 없애기 위해 채수기에 물을 가득 채워 비중계를 넣으면 물이 넘치도록 한다.

③ 비중계에 기포나 손자국 등이 생기지 않도록 한다.

④ 해수비중의 측정은 물의 표면장력에 의하여 약간 올라간 부분의 눈금을 읽어서 소수점 이하 4자리에서 반올림하여 3자리로 측정한다.

[그림 2-4] 채수기와 비중계

3. 선내 보유물질의 측정

1) 연 료

통상적으로 연료 Tank의 계측을 행하지만 기관사의 보고량을 사용한다.

최초 계측 시 보유량(입항 시)−정박 중 소비량=최종보유량(적양화 종료 시)

또한 본선 일일 평균소비량을 알고 있으면 기관사에게 연락을 하여 계산하게 하는 작업을 제외할 수 있다.

2) 청 수

각 Tank를 계측하여 Sounding Table을 이용하여 그 양을 구한다.

3) Ballast

계측하려는 Tank 및 Ballast의 양이 많을수록 그 오차는 커지므로 정밀한 계측이 요구된다.

① 재화만재 시 : 만선 시 각 Tank는 거의 비어 있게 되지만 Ballast를 다 뽑아내지 못하기 때문에 이것을 계측해야 되는데 계산할 때의 기록상으로는 Bilge 등에 포함시키고 Ballast가 0이 되도록 한다.

② 공선 시 : 거대선에서는 2만톤 이상의 Ballast가 각 탱크에 주입하게 되어 계측시 신중을 기해야 한다. Ballast를 주수하는 경우 Tank의 Air Vent에서 물이 넘쳐 나오면 가득찬 것으로 생각하지만 이것은 Trim이 클 경우에 Air Vent를 통해서 가득 차지 않아도 넘치게 된다. Surveyor에 따라서는 Ballast의 총량에서 1%를 빼는 방법을 취하기도 하는데 그것은 부정확한 방법이다. 표의 값에서 구한 m^3에 비중을 곱하여 중량을 구한다.

③ Bilge : 입항 시에 기관실의 Bilge는 거의 배출되어 있지만 정박 중에는 상당히 남아 있기 때문에 측정하여야 한다. 또 광석선에서는 광석가루가 날리지 않도록 Hold에 물을 뿌렸을 경우 그 양을 포함하여야 한다.

④ Constant가 전 항차에 비해 현저하게 차이가 생겼다면 일단 Draft Survey를 재차 수행하여 확인하여야 한다.

⑤ 하역 중 장비가 Hold 내에 남아 있는지 또는 Swimming Pool에 물이 담겼는지 확인하고 그 중량을 감안한다.

2.3.3 흘수 계산방법

1. 선수미 개정(Stem & Stern Correction)

흘수계산에 이용되는 선박의 길이는 수선간장(Length Between Perpendiculars, 만재계획 흘수선상에서 선수재의 전면에서 타주의 후면 또는 타두재의 중심까지 잰 수평거리)이며, 선수미의 흘수 표시가 수직선상에 바르게 표시되어 있으면 문제가 되지 않지만, 보통 선수재는 파도를 헤치도록 경사되어 있고, 그 위에 Draft Mark가 표시되어 있기 때문에 Trim이 있을 경우에는 선수 수선상의 흘수를 나타내지 못한다. 이것은 선미도 마찬가지이다. 이 때문에 흘수 표시에서 읽은 흘수치를 선수미 수선상의 흘수값으로 수정하여야 한다.

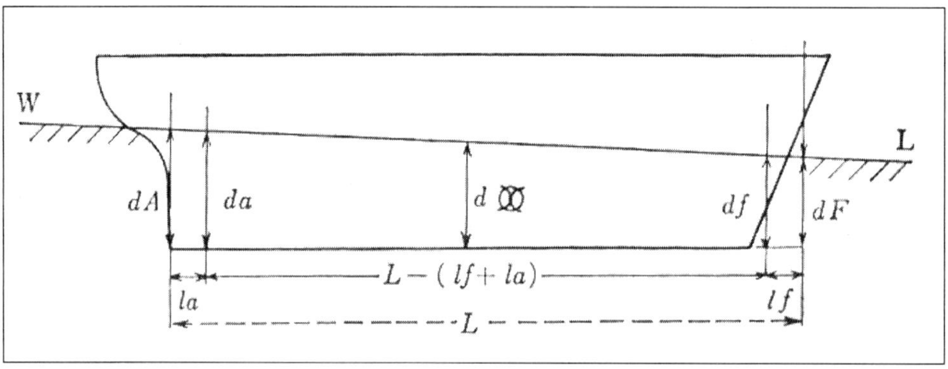

[그림 2-5] 흘수 계산요령도

df : 선수계측흘수(m)

da : 선미계측흘수(m)

d⊗ : 중앙계측흘수(m)

dF : 선수수선에서의 흘수(m)

dM : 평균흘수(m)

lf : 선수수선과 선수흘수표와의 수평거리(m)

la : 선미수선과 선미흘수표와의 수평거리(m)

T : 수선간의 Trim

dA : 선미수선에서의 흘수(m)

계산식에서 by the Stern일 경우 (−), by the Head일 경우는 (+)이다.

$$dF = df - \frac{da - df}{L - (lf + la)} \times lf \ , \qquad dA = da + \frac{da - df}{L - (lf + la)} \times la$$

$$dM = \frac{dF + dA}{2}, \qquad T = dA - dF$$

선체의 비틀림은 Hogging $dM > d$¤, Sagging $dM <$ d¤이다.

2. 비중 개정(density correction)

배수량 계산자료는 표준비중(1.025)에 작성한 것이므로 비중이 차이가 있으면 수정이 필요하다. 또한 비중차에 따라서 Trim의 변화(부력의 중심 위치가 변한다)가 일어나고 양에 차이가 나므로 통상적으로 무시하지는 못한다.

$$\Delta w = \frac{W \times (P_0 - P_1)}{P_0}$$

Δw : 비중차에 따른 수정량(t), W : 배수량(t)

P_1 : 해수비중, P_0 : 표준해수비중

3. Trim 개정(Trim Correction)

선체가 계획 Trim 이외의 흘수로 떠 있을 때의 배수량은 부면심(Center of Floatation)의 이동으로 인하여 단순한 전후 흘수의 평균치를 정확히 구하는 문제가 아니라 Trim의 변화로 인한 배수량의 수정이 필요한 것이다.

1) Trim이 근소한 경우의 배수량의 수정

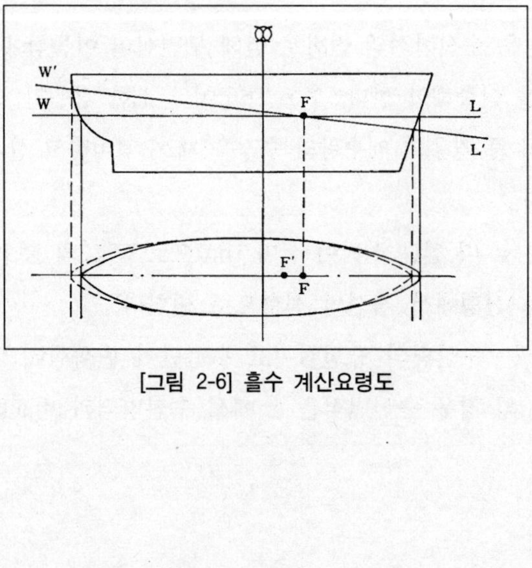

[그림 2-6] 흘수 계산요령도

$$\Delta w = \frac{T \times \otimes F}{L} \times 100 \times \text{TPC}$$

Δw : 부면심에 대한 수정 배수량(t)

L : 수선간 선박의 길이(m)

$\otimes F$: 선체 중앙부에서 부면심까지의 수평거리(m)

T : 수선간 Trim(m)

TPC : 매cm당 배수 톤 수(t)

통상, 광석선의 경우 $\otimes F$의 위치가 $\otimes$ 보다 선수쪽으로 위치해서 부호가 −인 경우가 많으며 만재상태에서는 선미쪽으로 이동한다.

2) Trim이 큰 경우의 배수량의 수정

$$\Delta w^2 = \alpha \times L \times \frac{dM}{dZ} \times \left(\frac{T}{L}\right)^2 = \frac{50 \times (T)^2}{L} \times \frac{dM}{dZ}$$

Δw^2 : 수정배수량(t, by the Stern일 경우 항시 +)

dM : 미소 흘수에 있어서의 매 cm Trim 모멘트의 변화율(t−m)

dZ : 미소 흘수에 있어서의 흘수변화량(m)

T : 수선간 Trim(m)

L : 수선간 선박의 길이(m)

$\frac{dM}{dZ}$: 통상 1m 변화에 따른 MTC의 변화량

Trim이 클 경우 수선면적의 변화로 인해 부면심이 이동함에 따라 상기의 수정을 하여 정확한 수정량을 산출해야 한다. 보통 Trim이 근소한 경우의 배수량의 수정을 제1수정이라 하고, Trim이 큰 경우의 배수량의 수정을 제2수정이라고 한다. 제2수정이 필요한 이유는 다음과 같다.

① WL의 흘수로 떠 있는 선박이 선미 Trim으로 W′L′의 흘수로 변할 경우 그 수선면적은 실선의 선형에서 점선의 선형으로 변한다.

② 부면심 F는 수선면의 중심점이고 수선면이 변화함에 따라 이동을 한다.

③ 선미 Trim의 경우 수선면적은 $\otimes$ 에서 수선면적과 비교하여 선미방향으로 커지게

되어 선미 방향으로 부면심 F'가 이동하게 된다. 최근 건조되는 선박은 Bon Jean Curves(곡선)*에서 각 흘수에 대한 수정량을 개정하며, 수정표가 구비되어 있어 실제 계산과 수정표를 사용하고 있어 거의 차이가 없다.

3) Bending 수정(Bending Correction)

광석선처럼 길이가 긴 선박의 만재시에는 Sagging 또는 Hogging이 15cm 이상이 되는 경우도 있다. Hogging $dM > d$⌑, Sagging $dM < d$⌑이다.

평균 흘수의 배수량에 다음의 수정을 행한다.

$$\delta\Delta = \frac{K}{Cw} \times (d\otimes - dM) \times \text{TPC}$$

$\delta\Delta$: 선체 휘임의 수정량(t), $K : \frac{2}{3}\left(1 - \frac{3(1-Cw)^2}{3-2Cw}\right)$

Cw : 수선면적계수

4) Constant

연료, 청수, Ballast, 선용품, 하역용품 등 정확한 중량을 측정할 수 있는 것을 제외한 추정중량을 말한다. 선박의 대소에 관계없이 선령이 증가할수록 증가하는 것이 보통이다. Constant는 다음에 말하는 중량을 말한다.

① 계측이 안된 Tank의 잔수

② 선저 하부에 부착된 이물질

③ 신조 후 수리 등의 사유로 설비가 변경되거나, 철재 등이 부가된 경우(선령이 증가할수록 늘어나는 것이 보통이다.)

④ 기타 측정 불가능한 불명 중량

⑤ Constant의 산출 : $(B-b)-\text{LC}$

B : Net displacement b : 공선 시 선내 물건의 총량

LC : 선박의 경화상태(Light Condition)

---

* 선박의 수선간 길이를 동일 등분한 분할점의 횡단면적을 곡선으로 표시한 것으로, 이 면적곡선의 면적을 Simpson법칙에 의해 구한 것이다. 이 곡선을 사용하면 임의 흘수에 있어서의 배수량은 배수량 곡선을 사용하지 않고도 산출할 수 있다. Trim이 큰 경우나 Hogging 또는 Sagging의 경우에는 배수량을 동일한 방법으로 계산할 수 있다.

Light Condition이란 일반적으로 완비된 선체, 기관 및 기타 장비들이 작동 가능한 법정 속구 및 기타 예비품 등을 포함한 선박의 상태이다.

적화 전의 $B-b$의 산출을 행하는 것이 원칙이지만, 장주기파 또는 파랑으로 인해 정확한 흘수 측정이 불가능한 경우 Constant 값이 예상외로 큰 값이 산출되는 경우가 있다. 이 경우에는 과거 본선의 Constant 값으로 이용된 값을 적화 계산에 그대로 사용하는 것이 바람직하다.

2.3.4 배수량 계산

다음의 계산 예는 Deadweight : 27369.4, Gross Tonnage : 16252, Net Tonnage : 9669, Light ship : 6140.5, Loa : 167m, Lbp : 158m, Breadth : 26.2m, Summer Draft : 9.9155m인 27K(27,000톤) 선박의 Trim & Stability Booklet에서 발췌한 Displacement (배수량)을 구하는 과정이다.

1. 27,000톤 선박의 평면도

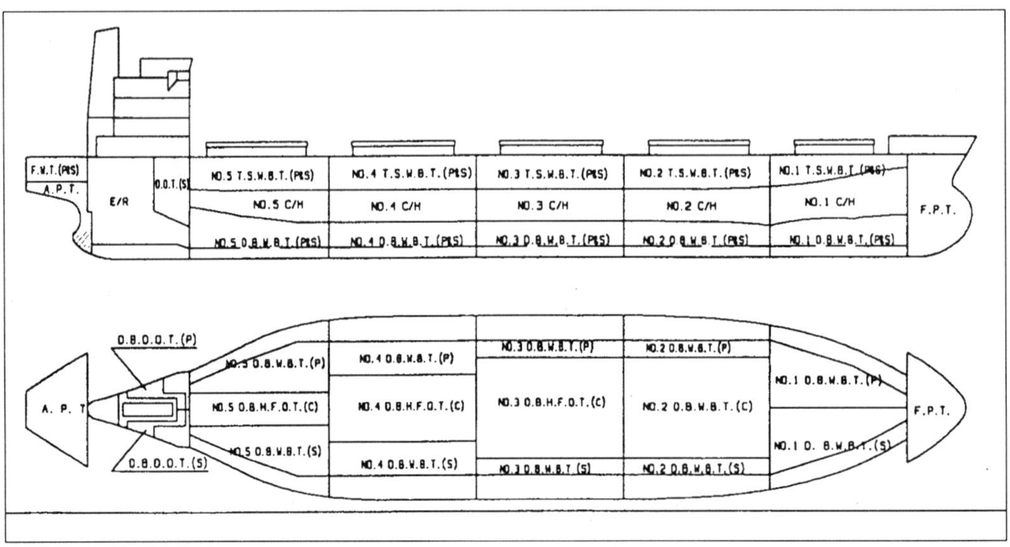

[그림 2-7] 27,000톤 선박의 평면도

2. Draft Correction Method

※ DRAFT MARK & READING SENSOR ARRANGEMENT ※

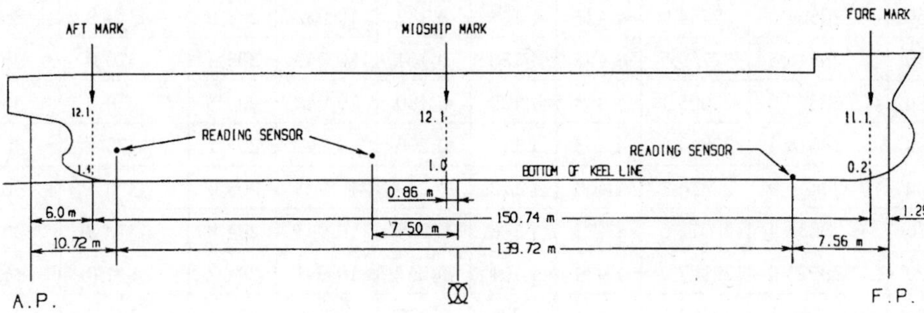

※ DRAFT CORRECTION METHOD ※

1) FOR DRAFT MARKS

AFT MARK	MIDSHIP MARK	FORE MARK
$\frac{-6.0}{150.74} \times TRIM$	$\frac{0.86}{150.74} \times TRIM$	$\frac{1.26}{150.74} \times TRIM$
= -0.0398 x TRIM	= 0.0057 x TRIM	= 0.0084 x TRIM

[그림 2-8] Draft Correction Method

3. Hydrostatic Table

〈표 2-4〉 Hydrostatic Table

Draft	DISPL TON	Volume $(M)^3$	KB M	LCB M	LCF M	KMT M	BML M	MTC TON.M/CM	TPC TON/CM
8.500	28285.4	27521.1	4.416	4.166	-0.029	10.963	206.5	368.7	36.37
8.510	28321.9	27556.5	4.421	4.161	-0.048	10.961	206.3	368.8	36.38
8.520	28358.3	27592.0	4.426	4.155	-0.067	10.959	206.2	369.0	36.38
8.530	28394.7	27627.5	4.432	4.150	-0.086	10.958	206.0	369.2	36.39

Draft	DISPL TON	Volume $(M)^3$	KB M	LCB M	LCF M	KMT M	BML M	MTC TON.M/CM	TPC TON/CM
8.540	28431.2	27663.0	4.437	4.144	-0.104	10.956	205.9	369.4	36.40
8.550	28467.6	27698.5	4.442	4.139	-0.123	10.954	205.7	369.6	36.40
8.560	28504.0	27734.0	4.447	4.133	-0.142	10.952	205.6	369.8	36.41
8.570	28540.5	27769.5	4.453	4.128	-0.161	10.950	205.4	370.0	36.42
8.580	28577.0	27805.1	4.458	4.122	-0.180	10.948	205.3	370.2	36.42
8.590	28613.4	27840.6	4.463	4.117	-0.200	10.947	205.1	370.4	36.43
8.600	28649.9	27876.1	4.468	4.112	-0.219	10.945	205.0	370.6	36.44
8.610	28686.4	27911.6	4.474	4.106	-0.238	10.943	204.8	370.8	36.44
8.620	28722.9	27947.2	4.479	4.101	-0.257	10.941	204.7	371.0	36.45
8.630	28759.3	27982.7	4.484	4.095	-0.277	10.940	204.5	371.2	36.46
8.640	28795.8	28018.3	4.489	4.089	-0.296	10.938	204.4	371.4	36.46
8.650	28832.3	28053.8	4.495	4.084	-0.316	10.936	204.2	371.6	36.47
8.660	28868.8	28089.4	4.500	4.078	-0.335	10.935	204.1	371.8	36.48
8.670	28905.3	28125.0	4.505	4.073	-0.355	10.933	203.9	372.0	36.48
8.680	28941.9	28160.5	4.510	4.067	-0.374	10.931	203.8	372.2	36.49
8.690	28978.4	28196.1	4.516	4.062	-0.394	10.930	203.6	372.5	36.50
8.700	29014.9	28231.7	4.521	4.056	-0.413	10.928	203.5	372.7	36.50
8.710	29051.4	28267.3	4.526	4.051	-0.433	10.927	203.3	372.9	36.51
8.720	29088.0	28302.9	4.531	4.045	-0.453	10.925	203.2	373.1	36.52
8.730	29124.5	28338.5	4.537	4.039	-0.472	10.924	203.0	373.3	36.52
8.740	29161.1	28374.1	4.542	4.034	-0.492	10.922	202.9	373.5	36.53
8.750	29197.6	28409.7	4.547	4.028	-0.512	10.921	202.8	373.7	36.54
8.760	29234.2	28445.4	4.552	4.022	-0.532	10.919	202.6	373.9	36.54
8.770	29270.8	28481.0	4.558	4.017	-0.551	10.918	202.5	374.1	36.55
8.780	29307.4	28516.6	4.563	4.011	-0.571	10.916	202.3	374.3	36.56
8.790	29344.0	28552.3	4.568	4.006	-0.591	10.915	202.2	374.5	36.57
8.800	29380.6	28587.9	4.573	4.000	-0.611	10.913	202.1	374.7	36.57
8.810	29417.2	28623.6	4.579	3.994	-0.631	10.912	201.9	374.9	36.58
8.820	29453.8	28659.3	4.584	3.988	-0.651	10.910	201.8	375.1	36.59
8.830	29490.4	28694.9	4.589	3.983	-0.670	10.909	201.6	375.4	36.59
8.840	29527.0	28730.6	4.594	3.977	-0.690	10.908	201.5	375.6	36.60
8.850	29563.7	28766.3	4.600	3.971	-0.710	10.906	201.4	375.8	36.61
8.860	29600.3	28802.0	4.605	3.965	-0.730	10.905	201.2	376.0	36.61

Draft	DISPL TON	Volume $(M)^3$	KB M	LCB M	LCF M	KMT M	BML M	MTC TON.M/CM	TPC TON/CM
8.870	29636.9	28837.7	4.610	3.960	-0.750	10.904	201.1	376.2	36.62
8.880	29673.6	28873.4	4.615	3.954	-0.770	10.902	200.9	376.4	36.63
8.890	29710.3	28909.1	4.621	3.948	-0.790	10.901	200.8	376.6	36.63
8.900	29746.9	28944.9	4.626	3.942	-0.810	10.900	200.7	376.8	36.64
8.910	29783.6	28980.6	4.631	3.936	-0.829	10.899	200.5	377.0	36.65
8.920	29820.3	28016.3	4.636	3.931	-0.849	10.897	200.4	377.3	36.66
8.930	29857.0	28052.1	4.642	3.925	-0.869	10.896	200.3	377.5	36.66
8.940	29893.7	28087.8	4.647	3.913	-0.889	10.895	200.1	377.7	36.67
8.950	29930.4	28123.6	4.652	3.907	-0.909	10.894	200.0	377.9	36.68
8.960	29967.1	28159.4	4.657	3.901	-0.929	10.893	199.9	378.1	36.68
8.970	30003.9	28195.2	4.663	3.896	-0.948	10.891	199.7	378.3	36.69
8.980	30040.6	28231.0	4.668	3.895	-0.969	10.890	199.6	378.5	36.70
8.990	30077.4	28266.7	4.673	3.889	-0.988	10.889	199.5	378.7	36.70
8.760	29234.2	28445.4	4.552	4.022	-0.532	10.919	202.6	373.9	36.54
8.770	29270.8	28481.0	4.558	4.017	-0.551	10.918	202.5	374.1	36.55
8.780	29307.4	28516.6	4.563	4.011	-0.571	10.916	202.3	374.3	36.56
8.790	29344.0	28552.3	4.568	4.006	-0.591	10.915	202.2	374.5	36.57
8.800	29380.6	28587.9	4.573	4.000	-0.611	10.913	202.1	374.7	36.57
8.810	29417.2	28623.6	4.579	3.994	-0.631	10.912	201.9	374.9	36.58
8.820	29453.8	28659.3	4.584	3.988	-0.651	10.910	201.8	375.1	36.59
8.830	29490.4	28694.9	4.589	3.983	-0.670	10.909	201.6	375.4	36.59
8.840	29527.0	28730.6	4.594	3.977	-0.690	10.908	201.5	375.6	36.60
8.850	29563.7	28766.3	4.600	3.971	-0.710	10.906	201.4	375.8	36.61
8.860	29600.3	28802.0	4.605	3.965	-0.730	10.905	201.2	376.0	36.61
8.870	29636.9	28837.7	4.610	3.960	-0.750	10.904	201.1	376.2	36.62
8.880	29673.6	28873.4	4.615	3.954	-0.770	10.902	200.9	376.4	36.63
8.890	29710.3	28909.1	4.621	3.948	-0.790	10.901	200.8	376.6	36.63
8.900	29746.9	28944.9	4.626	3.942	-0.810	10.900	200.7	376.8	36.64
8.910	29783.6	28980.6	4.631	3.936	-0.829	10.899	200.5	377.0	36.65
8.920	29820.3	28016.3	4.636	3.931	-0.849	10.897	200.4	377.3	36.66
8.930	29857.0	28052.1	4.642	3.925	-0.869	10.896	200.3	377.5	36.66
8.940	29893.7	28087.8	4.647	3.913	-0.889	10.895	200.1	377.7	36.67
8.950	29930.4	28123.6	4.652	3.907	-0.909	10.894	200.0	377.9	36.68

Draft	DISPL TON	Volume $(M)^3$	KB M	LCB M	LCF M	KMT M	BML M	MTC TON.M/CM	TPC TON/CM
8.960	29967.1	28159.4	4.657	3.901	-0.929	10.893	199.9	378.1	36.68
8.970	30003.9	28195.2	4.663	3.896	-0.948	10.891	199.7	378.3	36.69
8.980	30040.6	28231.0	4.668	3.895	-0.969	10.890	199.6	378.5	36.70
8.990	30077.4	28266.7	4.673	3.889	-0.988	10.889	199.5	378.7	36.70

4. 배수량(Displacement) 계산 예

〈표 2-5〉 배수량 산출방법

Item		Method	Measured Draft		
			Aft	Midship	Fore
①	Draft at draft marks	Port side	9.20	8.90	8.40
		Starboard side	9.10	8.80	8.30
②		Mean	9.15	8.85	8.35
③	Apparent trim	Fore-Aft mark			−0.80
④	Draft correction factor	Refer to table	-0.0398	0.0057	0.0084
⑤	Draft correction	③×④	0.032	-0.005	-0.007
⑥	Draft at (A.P) (M.S) (F.P)	②+⑤	9.182	8.845	8.343
⑦	Deflection corr. factor		1	6	1
⑧	Deflection correction	⑥×⑦	9.182	53.07	8.343
⑨	Mean draft	Σ⑧/8	70.595/8＝8.824m		
⑩	Actual trim	Fore−Aft at ⑥	−0.839m		
⑪	LCF at draft ⑨	From hydro. table	−0.6586m		
⑫	Trim correction	⑩×⑪ / LBP(158)	0.003m		
⑬	Equivalent draft	⑨+⑫	8.827m		
⑭	Displacement at draft ⑬	From hydro. table	29479.4Ton		
⑮	Actual S.G. of sea water	As measured	$1.022T/m^3$		
ⓐ	Displacement correction due to S.G. of sea water	⑭×(⑮−1.025) / 1.025	−86.3Ton		
ⓑ	Actual displacement	⑭+ⓐ	29393.1Ton		
ⓒ	MTC at draft ⑬	From hydro. table	375.3Ton-m		
ⓓ	BG at draft ⑬	⑩×ⓒ×100 / ⑭	−1.068m		
ⓔ	LCB at draft ⑬	From hydro. table	3.985m		
ⓕ	LCG at draft ⑬	ⓓ+ⓔ	2.917m		

5. Quarter Mean Draft에 의한 Draft Survey 실제 계산 예

다음의 계산 예는 Deadweight : 27369.4, Gross Tonnage : 16252, Net Tonnage : 9669, Light ship : 6140.5, Loa : 167m, Lbp : 158m, Breadth : 26.2m, Summer Draft : 9.9155m인 27K 선박이 Pre-Stowage Plan을 작성하고 Trim 및 Draft Calculation을 통해 화물의 양과 본선의 GM을 구하는 일련의 과정을 나타내었다.

1) Pre-stowage 작성

① Loading Manual 및 과거의 Loading Condition을 참조하여 작성한다.
② Load/disch. Port에 Draft 제한이 있는 경우 이를 감안하여 작성한다.
③ Loadable Cargo Q'ty, Draft, Trim 등을 고려하여 어떤 Hold를 Slack시킬 것인가를 결정한다.
④ Discharging Port의 변경 또는 양화항이 여러 곳일 경우를 예상하여 작성 후 Discharging 순서에 입각한 본선의 Condition을 Check한다.
⑤ Loading 중, 항해 중, Discharging 중 B.M나 S.F가 허용치를 초과하지 않도록 작성한다.
⑥ Loading Sequence는 Loading 작업 중 Gang의 숫자, Trim, B.M & S.F, Safe Ballasting Condition 등을 고려하여 최대한 신속한 Loading이 이루어지도록 하며, First Loading Hold는 Center Hold에, Final Hold는 Slack Hold로 하는 것이 유리하다.
⑦ Trimming Hold를 정하여 Loading 완료 시 항해 중 연료유 등의 예상소모량을 감안한 출항 Trim이 되도록 Plan을 작성한다.
⑧ GoM 등 기타 본선의 Stability에 관한 계산을 한다.

2) Cargo Stowage Plan

Max. Loadable C의 계산방식에 의해 산출된 화물량이 23,500M / T일 때 각 Hold에 적재할 화물량을 배분한다.

S.F가 43.2 Ft^3/LT이라면 먼저 단위를 M^3/MT으로 환산하여 주어야 한다.

1Ft = 30.48cm, 1m = 3.2808Ft에서 $1M^3 = 35.31467Ft^3$

$\therefore$ Ft^3/LT = 1/3531467×1.016047 = 0.02787M^3/MT

〈표 2-6〉 Hold Plan

	No.1 Hold	No.2 Hold	No.3 Hold	No.4 Hold	No.5 Hold
Grain Cap(m^3)					
Bale Cap(m^3)					

따라서 43.2 Ft^3/LT은 1.024M^3/MT가 되어 No.1 Hold에 Full 적재량은 5766.1M^3/1.204M^3/MT=4789MT이 된다. 다른 Hold도 동일한 방법으로 계산하여 각 Hold에 적재할 화물량을 결정한다.

단, 이때 총 적재량은 확정되어 있으므로 나머지 Hold Capacity에 구애됨이 없이 본선 적양화지의 제한사항 및 본선의 Stress 등 또는 곡물선적 시에는 Stability를 고려하여 적절히 분배하여 적재한다.

3) Quarter Mean Draft법

① 선수미, 중앙, 3곳의 양현 흘수를 읽는다(df, da, $d\theta$).

② 해수비중을 측정한다.

③ 선수미 경사에 대한 흘수 수정을 하여 선수미 수선값으로 수정한다(df', da', $d\theta'$).

④ 다음과 같이 Quarter Mean Draft를 구한다.

㉠ $\frac{(df'+da')}{2}=dm$ (선수미 평균 흘수)

㉡ $\frac{(d\theta p+d\theta s)}{2}=d\theta$ (중앙부 평균 흘수)

㉢ $\frac{(dm+d\theta')}{2}=M/M$ (평균 흘수의 평균)

㉣ $\frac{(M/M+d\theta')}{2}=Q/M$ (Corresponding Mean of Mean : 1/4 M/M)

⑤ Q/M 흘수에 해당하는 Displacement−㉠을 Hydrostatic Table에서 구한다.

⑥ Trim Correction−㉡을 한다.

⑦ ⑤의 배수량에서 ⑥의 수정량을 가감한다(㉠±㉡=㉢).

⑧ 현재 해수비중에 대한 수정−㉣을 가감한다.

⑨ Displacement=㉢±㉣

4) Quarter Mean Draft법에 의한 계산 실례

〈표 2-7〉 Quarter Mean Draft법에 의한 계산 실례

Reading Draft				On Hand weight			
	df	$d\theta$	da	F.O	769MT	Ballast	1600MT
Port	7.20	7.65	8.29	D.O	104MT	Constant	170MT
Stbd	7.22	7.74	8.30	F.W	390MT	Light ship	6135.2MT
				Total : 9168.2MT			

다음은 실제 선박의 Draft를 측정하고 화물량을 구하는 계산이다.

① 양현 Draft의 평균을 구한다.

㉠ $df=(7.20+7.22)/2=7.21\text{m}$

㉡ $d\theta=(7.65+7.74)/2=7.695\text{m}$

㉢ $da=(8.29+8.30)/2=8.295\text{m}$

㉣ App. Trim=7.21−8.295=−1.085 (−) by the Stern

② 선수미 흘수에 대한 흘수의 수정(Stem & Stern Correction)

㉠ Draft mark & Reading Sensor Arrangement(Draft Correction Method 참고)

㉡ Draft Correction 방법

ⓐ $df'=7.21+(0.0084\times(-)1.085)=7.21+(-0.00911)=7.201\text{m}$

ⓑ $da'=8.295-(0.0398\times(-)1.085)=8.295-(-0.043183)=8.338\text{m}$

ⓒ $d\theta'=7.695+(0.0057\times(-)1.085)=7.695+(-0.00618)=7.689\text{m}$

ⓓ Actual Trim$=df'-da'=-1.137\text{m}$

㉢ Q/M 구하는 법

ⓐ $\frac{(df'+da')}{2}=dm$, $(7.201+8.338)/2=7.7695$

ⓑ $\frac{(dm+d\theta')}{2}=M/M$, $(7.7695+7.689)/2=7.7292$

ⓒ $\frac{(M/M+d\theta')}{2}=Q/M$, $(7.7292+7.689)/2=7.709$

㉣ Cargo Weight 계산

〈표 2-8〉 Cargo Weight 계산

Draft	DISP	LCF	TPC	MTC
7.21				347.1
7.70	25391.7	1.317	35.88	
7.71	25427.6	1.303	35.88	
8.21				363.1

ⓐ Q/M = 7.709m로 Loading Manual의 〈표 2-9〉 Hydrostatic Table에서 본선의 Displacement = 25423.99M/T을 찾는다.

ⓑ TPC = 35.88이며 기준 Draft(7.70m)와의 차(0.9cm)만큼 더해주면 Q/M에 해당하는 Disp(25319.7 + (35.88 × 0.9) = 25423.99M/T)를 구할 수 있다.

㉤ Trim Correction

ⓐ 1st Trim Correction :

T_1 = (Trim × LCF)/LBP × 100 × TPCcm

= (−1.137×1.304)/158 × 100 × 35.88 = −33.67 M/T

Hydrostatic Table의 값은 Even Keel 상태의 것이므로 Trim이 있으면 Trim에 의한 수정을 해주어야 한다.

ⓑ 2nd Trim Correction :

T_2 = 50×$Trim_2$ / LBP×ΔMTC / Δd = 50 × (−1.137)2/158 × 16 = 6.5M/T

∴ Trim 수정배수량 = 25423.99 − 33.67 + 6.5 = 25396.82 …… D_1

㉥ Density Correction(S.G Corr')

측정 Density(1.0245)에 대한 수정값은

S.G Corr' = D_1 × (1.025 − S.G)/1.025

= 25396.82 × (1.025 − 1.0245) / 1.025 = 12.42M/T

Density 수정배수량은 25396.82 − 12.42 = 25384.4M/T …… D_2

따라서 화물량은 최종 수정된 배수량(D)에서 본선의 On Hand(9168.2M/T)량을 빼주면 현재 선적된 화물량을 알 수 있다.

∴ 선적화물량 : 25384.4M/T − 9168.2M/T = 16216.2M/T

〈표 2-9〉 Hydrostatic Table

***** HYDROSTATIC PARTICULARS (S.G=1.025) ******

TRIM : EVEN KEEL

DRAFT U.S.K M	DISPT TON	MOULDED VOLUME M3	T.P.C TON/CM	M.T.C M*TON	L.C.B FROM MIDSHIP M	L.C.F FROM MIDSHIP M	K.B M	T.K.M M	DRAFT U.S.K M
4.00	3121.83	3034.14	9.80	45.89	.876	.465	2.241	6.507	4.00
4.01	3131.61	3043.65	9.81	45.93	.875	.454	2.246	6.504	4.01
4.02	3141.40	3053.17	9.82	45.96	.874	.443	2.251	6.501	4.02
4.03	3151.19	3062.68	9.82	46.00	.872	.433	2.257	6.498	4.03
4.04	3160.98	3072.20	9.83	46.04	.871	.422	2.262	6.495	4.04
4.05	3170.77	3081.71	9.83	46.08	.870	.411	2.267	6.492	4.05
4.06	3180.56	3091.23	9.84	46.12	.869	.401	2.272	6.489	4.06
4.07	3190.35	3100.74	9.84	46.16	.868	.390	2.278	6.486	4.07
4.08	3200.14	3110.26	9.85	46.20	.867	.379	2.283	6.483	4.08
4.09	3209.93	3119.77	9.85	46.23	.865	.369	2.288	6.480	4.09
4.10	3219.83	3129.40	9.86	46.27	.864	.354	2.294	6.477	4.10
4.11	3229.75	3139.04	9.86	46.32	.862	.339	2.299	6.475	4.11
4.12	3239.67	3148.68	9.87	46.36	.860	.324	2.305	6.472	4.12
4.13	3249.59	3158.32	9.87	46.40	.858	.309	2.311	6.470	4.13
4.14	3259.50	3167.95	9.88	46.44	.856	.293	2.317	6.467	4.14
4.15	3269.42	3177.59	9.88	46.48	.854	.278	2.322	6.465	4.15
4.16	3279.34	3187.23	9.89	46.52	.852	.263	2.328	6.463	4.16
4.17	3289.26	3196.87	9.90	46.56	.850	.248	2.334	6.460	4.17
4.18	3299.17	3206.51	9.90	46.60	.848	.233	2.339	6.458	4.18
4.19	3309.09	3216.15	9.91	46.64	.846	.218	2.345	6.456	4.19
4.20	3319.01	3225.79	9.91	46.68	.844	.203	2.350	6.453	4.20
4.21	3328.93	3235.43	9.92	46.72	.842	.188	2.356	6.451	4.21
4.22	3338.84	3245.06	9.92	46.76	.840	.173	2.361	6.449	4.22
4.23	3348.76	3254.70	9.93	46.80	.838	.159	2.367	6.447	4.23
4.24	3358.68	3264.34	9.93	46.84	.836	.144	2.372	6.444	4.24
4.25	3368.59	3273.98	9.94	46.88	.834	.129	2.377	6.442	4.25
4.26	3378.51	3283.62	9.94	46.93	.833	.114	2.383	6.440	4.26
4.27	3388.43	3293.26	9.95	46.97	.831	.099	2.388	6.438	4.27
4.28	3398.35	3302.90	9.96	47.01	.829	.084	2.393	6.435	4.28
4.29	3408.26	3312.54	9.96	47.05	.827	.069	2.399	6.433	4.29
4.30	3418.18	3322.17	9.97	47.09	.825	.055	2.404	6.431	4.30
4.31	3428.10	3331.81	9.97	47.13	.824	.040	2.409	6.429	4.31
4.32	3438.02	3341.45	9.98	47.17	.822	.025	2.414	6.427	4.32
4.33	3448.04	3351.20	9.98	47.23	.819	.012	2.420	6.425	4.33
4.34	3458.09	3360.96	9.99	47.29	.816	-.002	2.426	6.424	4.34
4.35	3468.14	3370.73	10.00	47.35	.814	-.015	2.431	6.422	4.35
4.36	3478.19	3380.50	10.00	47.41	.811	-.028	2.437	6.421	4.36
4.37	3488.24	3390.27	10.01	47.47	.808	-.041	2.443	6.420	4.37
4.38	3498.28	3400.03	10.02	47.53	.805	-.054	2.449	6.418	4.38
4.39	3508.33	3409.80	10.02	47.59	.803	-.068	2.454	6.417	4.39
4.40	3518.38	3419.57	10.03	47.65	.800	-.081	2.460	6.416	4.40
4.41	3528.43	3429.33	10.03	47.72	.797	-.094	2.465	6.414	4.41
4.42	3538.48	3439.10	10.04	47.78	.795	-.107	2.471	6.413	4.42
4.43	3548.53	3448.87	10.05	47.84	.792	-.120	2.477	6.412	4.43
4.44	3558.58	3458.63	10.05	47.90	.789	-.133	2.482	6.411	4.44
4.45	3568.62	3468.40	10.06	47.96	.787	-.146	2.488	6.409	4.45
4.46	3578.67	3478.17	10.07	48.02	.784	-.159	2.493	6.408	4.46
4.47	3588.72	3487.94	10.07	48.08	.782	-.172	2.498	6.407	4.47
4.48	3598.77	3497.70	10.08	48.14	.779	-.185	2.504	6.405	4.48
4.49	3608.82	3507.47	10.08	48.20	.777	-.198	2.509	6.404	4.49

〈표 2-10〉 Trim & Stability Calculation

TRIM & STABILITY CALCULATION SHEET

M.V ______ VOY. No: ______ PORT: ______ DATE: ______

	TANKS	FULL COND WT(MT)	FULL COND VCG(M)	ACTUAL COND WT(MT)	ACTUAL COND VCG(M)	V-MNT M-TON	F.S CORR	LCG	LCG MNT
BALLAST TANK	F.P.T	804.3	7.47					74.65	
	No.1 DB & TST(p)	637.6	5.18					57.55	
	No.1 DB & TST(s)	637.6	5.18					57.55	
	No.2 DB & TST(p)	738.3	7.58					33.86	
	No.2 DB & TST(s)	738.3	7.58					33.86	
	No.2 DB WBT(c)	559.4	0.75					34.31	
	No.3 DB & TST(p)	787.8	7.32					8.73	
	No.3 DB & TST(s)	787.8	7.32					8.73	
	No.4 DB & TST(p)	780.6	7.38					-16.79	
	No.4 DB & TST(s)	780.6	7.38					-16.79	
	No.5 DB & TST(p)	812.8	7.18					-41.66	
	No.5 DB & TST(s)	812.8	7.18					-41.66	
	No.3 C. HOLD	77.13	7.88					8.30	
	No.1 D. WBT(p=s)	431.2	1.52					58.27	
	No.2 D. WBT(p=s)	331.5	1.59					33.50	
	No.3 D. WBT(p=s)	371.5	1.58					8.72	
	No.4 D. WBT(p=s)	364.4	1.60					-16.69	
	No.5 D. WBT(p=s)	410.9	2.01					-41.30	
	TOTAL	18500.4							
FW	F.W.T(p)	107.8	12.69	215.6 (p s)	12.69	2736	206	-76.38	-16468
	F.W.T(s)	107.8	12.69					-76.38	
	APT	152.7	9.76	152.7	9.76	1490	1491	-75.91	-11591
	TOTAL	368.3		368.3		4226	1697		-28059
FO	No.3 HFOT (C)	485.3	0.75	485.3	0.67	325	6274	8.69	4217
	No.4 HFOT (C)	483.4	0.75	483.4	0.67	324	6262	-16.97	-8203
	No.5 HFOT (C)	155.7	0.75	155.7	0.68	106	222	-42.13	-6560
	F.O SERV T (p)	21.5	11.56					-60.21	
	F.O SETT T (p)	21.0	11.56					-56.77	
	TOTAL	1166.9		1124.4		755	12758		-14763
DO	D/B DOT(p)	18.7	1.20	18.7	1.11	21	10	-59.36	
	D/B DOT(s)	27.1	1.24	27.1	1.15	31	26	-58.65	
	DOT (s)	107.8	10.43	107.8	10.10	1089	26	-57.12	
	DO SERV T (p)	9.1	12.93					-63.74	
	DO SERV T (p)	4.0	11.30					-63.61	
	TOTAL	166.7		153.6		1141	62		-8857
	SUB TOTAL			1646.3		6122	14517		-47462
	LIGHT SHIP	6140.5	9.735	6140.5	9.735	59775		-8.565	-52592
	CONSTANT	226.1	9.886	226.1	9.886	2235		-37.128	-8395
	CARGO			25497.0	7.62	194295			167001
	DISPLACEMEMT			33509.9	7.83	262427	14517		58552

	COMPART-MENT	WEIGHT (MT)	VCG (M)	V-MNT (T-M)	LCG (M)	L-MNT (T-M)
CARGO	NO.1 HOLD	4597.5	8.17	37561	57.64	264998
	NO.2 HOLD	6016.4	7.85	47229	33.93	204136
	NO.3 HOLD	3464.7	5.25	18190	8.30	28619
	NO.4 HOLD	6018.5	7.86	47305	-17.30	-104601
	NO.5 HOLD	5400.0	8.15	44010	-41.88	-226151
	TOTAL	25497.0	7.62	194295		167001
LOG	No.1 DECK				56.95	
	No.2 DECK				34.21	
	No.3 DECK				8.74	
	No.4 DECK				-16.55	
	No.5 DECK				-42.26	
	TOTAL					
	No.1 HOLD				57.64	
	No.2 HOLD				33.93	
	No.3 HOLD				8.30	
	No.4 HOLD				-17.38	
	No.5 HOLD				-41.88	
	TOTAL					

DISP 33509.9 M/T Mean draft 9.913 M

LCG = LCG MNT / DISP = (58552) / (33509.9) = 1.747 M

LCB 3.297 M LCF -2.686 M MTC 398.0 M

GB = LCG - LCB = (1.747) - (3.297) = -1.55 M

TRIM = (GB x DISP) / (MTC x 100)
= (-1.55 x 33509.9) / (398 x 100) = -1.305 M

df = M.draft + (TRIM) x (LBP/2 - LCF) / LBP
= 9.913 + -1.305 x (158/2 - -2.686) / 158 = 9.24 M

da = M.draft - (TRIM) x (LBP/2 + LCF) / LBP = 10.54 M

GMo = KM - (V-MNT + F.S) / DISP
10.843 - (262427 + 14517) / 33509.9 = 2.58 M

Actual rolling period ______ sec, Cal. rolling period = ______ = sec

2.3.5 Condition Report 작성

1. 목 적

선박이 항구에 입항, 출항하거나 투묘, 양묘 시 본선의 상태를 기록한 것으로 연료유 · 윤활유 · 밸러스트 · 청수 등의 보유량(항내 수급량), 도선사 승 · 하선시간, 접 · 이안시간, 투 · 양묘시간, 흘수, 화물의 선적 및 양화량 등이 기재되어 입출항 수속에 필요한 중요자료이다.

2. 작성시기

모든 기항지에서 필요하며, 출입항 30분 전에 작성하며, 해운회사마다 조금씩 차이는 있으나 원본은 선교에 보관하고 사본은 선장, 기관장, 1항사, 1기사 및 통신장에 배부해야 한다.

3. 작성방법

1) Arrival / Leaving / Shifting에 해당 사항을 표시한다.
2) ①에 선명을 기입한다.
3) ②에 항차번호를 기입한다. 항차는 부산항의 학교부두를 이안하는 시점을 항차의 시작으로 하며, 다음 항차가 시작되기 직전의 시점을 끝으로 한다. 항차번호는 다음의 순서로 기록한다.

00(총 항차) - 00(년도) - 00(당해 항차)

4) ③④에 출입항하는 항구명과 날짜를 기입한다.
5) ⑭⑮⑯⑰⑱⑲에 해당 시각을 기입한다. ⑭는 'First Line to Pier' 시각을 기입하고, ⑲는 'Cast off All Lines' 시각을 기입한다. 시각은 가급적 6분 단위로 기록한다.
6) ⓐⓑⓒⓓ를 기관실로부터 자료를 받아 기입한다. ⓐ에는 D.O를, ⓑ에는 F.O를 기입한다.
7) ⓔⓕ는 각 Tank를 계측하여 Sounding Table에 의해 그 양을 구해 기입한다.
8) ⓖⓗ에 해당 사항을 기입한다.

9) ⓘ의 Constant는 불명중량으로 신조한 이후에 선적된 각종 속구, 선용품, 개인물품 등으로 정확하게 측정할 수 없는 중량을 말한다. 이 불명중량은 공선 시 흘수감정을 통하여 수시로 확인한다.

10) ⓙ의 Total 값은 ⓐⓑⓒⓓⓔⓕⓖⓗⓘ를 모두 합산한 값으로 이는 선박에 선적된 모든 물품의 총 무게이다.

〈표 2-11〉 Condition Report

<table>
<tr><th colspan="7">Arrival / Leaving / Shifting Condition Report</th></tr>
<tr><td colspan="2">SHIP'S NAME</td><td colspan="2">①</td><td>VOY. NO</td><td colspan="2">②</td></tr>
<tr><td colspan="2">PORT</td><td colspan="2">③</td><td>DATE</td><td colspan="2">④</td></tr>
<tr><td rowspan="4">DRAFT</td><td>FORE</td><td colspan="2">⑤</td><td rowspan="3">MIDSHIP</td><td>PORT</td><td>⑧</td></tr>
<tr><td>AFT</td><td colspan="2">⑥</td><td>STB'D</td><td>⑨</td></tr>
<tr><td>MEAN</td><td colspan="2">⑦</td><td>MEAN</td><td>⑩</td></tr>
<tr><td>M/M</td><td colspan="2">⑪</td><td>Q/M</td><td colspan="2">⑫</td></tr>
<tr><td colspan="4">DENSITY</td><td colspan="3">⑬</td></tr>
<tr><td colspan="4">ARRIVAL TIME</td><td colspan="3">⑭</td></tr>
<tr><td colspan="4">QURANTINE TIME</td><td colspan="3">⑮</td></tr>
<tr><td colspan="4">BERTHING TIME</td><td colspan="3">⑯</td></tr>
<tr><td colspan="4">COMMENCED LOADING / DISCHARGING</td><td colspan="3">⑰</td></tr>
<tr><td colspan="4">COMPLETED LOADING / DISCHARGING</td><td colspan="3">⑱</td></tr>
<tr><td colspan="4">LEAVING TIME(ETD)</td><td colspan="3">⑲</td></tr>
<tr><td rowspan="2">F.O</td><td>BUNKER(A)</td><td>ⓐ</td><td>M/T</td><td rowspan="6">SUPPLIED</td><td>ⓚ</td><td>M/T</td></tr>
<tr><td>BUNKER(B)</td><td>ⓑ</td><td>M/T</td><td>ⓛ</td><td>M/T</td></tr>
<tr><td rowspan="2">L.O</td><td>CYLINDER OIL</td><td>ⓒ</td><td>LTR</td><td>ⓜ</td><td>LTR</td></tr>
<tr><td>SYSTEM OIL</td><td>ⓓ</td><td>LTR</td><td>ⓝ</td><td>LTR</td></tr>
<tr><td rowspan="2">F.W</td><td>FRESH WATER</td><td>ⓔ</td><td>M/T</td><td>ⓞ</td><td>M/T</td></tr>
<tr><td>DRINGK WATER</td><td>ⓕ</td><td>M/T</td><td>ⓟ</td><td>M/T</td></tr>
<tr><td colspan="2">BALLAST</td><td colspan="2">ⓖ</td><td>DISPLACEMENT</td><td colspan="2">ⓠ</td></tr>
<tr><td colspan="2">CARGO</td><td colspan="2">ⓗ</td><td>CORRECTION</td><td colspan="2">ⓡ</td></tr>
<tr><td colspan="2">CONSTANT</td><td colspan="2">ⓘ</td><td>LIGHT SHIP</td><td colspan="2">ⓢ</td></tr>
<tr><td colspan="2">TOTAL</td><td colspan="2">ⓙ</td><td>DWT</td><td colspan="2">ⓣ</td></tr>
<tr><td colspan="2" rowspan="2">REMARK</td><td colspan="2"></td><td colspan="3">DIFFERRENCE : ⓤ</td></tr>
<tr><td colspan="2"></td><td></td><td colspan="2"></td></tr>
</table>

2.4 선박의 복원성

2.4.1 배수량, 매 cm 배수톤 등

1. 배수량, 중심 및 부심

Archimedes의 원리에 의하면 물 위에 떠 있는 물체는 그 물체가 배제한 물의 무게만큼 부력을 받는다. 즉, 선박이 평형하게 떠 있다는 것은 곧 중력과 부력의 크기가 같고 그 중심이 동일 연직선상에 있다는 것이다. 따라서 물 위에 부상하고 있는 선박은 그것이 배제한 물의 용적(선박의 수면하의 용적, V)과 그 물의 밀도(ρ)*를 곱한 것과 같은 무게를 가진다. 그러므로 선박의 무게를 무게라 하지 않고 배수량(排水量, Displacement, Δ)이라 한다.

$$\Delta = V \times \rho$$

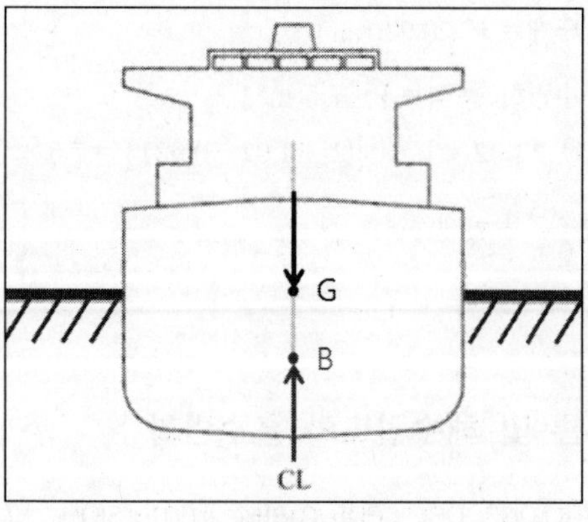

[그림 2-9] 부 심

* 물의 밀도

해수(海水)	$1m^3 = 1,025kg = 1.025kg \cdot ton$ $1ft^3 = 64lbs$ $35ft^3 = 2,240lbs = 1long\ ton$	담수(淡水)	$1m^3 = 1,000kg = 1.000kg \cdot ton$ $1ft^3 = 62.5lbs$ $35ft^3 \fallingdotseq 2,240lbs = 1long\ ton$ $35.883ft^3 = 1long\ ton$

위의 식은 Meter법에서 이용되는 식인데, Foot법에서는 수면하의 체적(ft^3)을 해수일 때는 35, 담수일 때는 36으로 나눈 값이 ton이 된다.

선박의 전중량(全重量)이 한 점에 있다고 생각할 수 있는 점을 중심(重心, Center or gravity, G)이라 하며, 부력이 한 점에서 작용한다고 생각할 수 있는 점을 부심(浮心, Center of buoyancy, B)이라 한다. 부심은 선수하부의 용적의 기하하적 중심(中心)이 된다.

[예제 1] 배수량 5,000ton의 선박이 해수 ($\rho=1.025$ g/cm^3) 중에서와 담수($\rho=1.000$) 중에서의 수면하 용적은 얼마이겠는가?

〈풀이〉 $\Delta = V\times\rho$에서

해수 중 : $V=\dfrac{5,000}{1.025}\fallingdotseq 4,878(\mathrm{m}^3)$

담수 중 : $V=\dfrac{5,000}{1.000}=5,000(\mathrm{m}^3)$

[예제 2] 비중 0.92의 빙괴(氷塊)가 해수비중 1.02의 해상에서 수면상의 용적 7.5m^{3}로 떠 있다면 이 빙괴의 전 용적 $V(\mathrm{m}^3)$은 얼마인가?

〈풀이〉 빙괴의 무게 = $V\times 0.92(\mathrm{ton})$

빙괴의 수면하 용적 = $V-7.5(\mathrm{m}^3)$

$(V-7.5)\times 1.02 = V\times 0.92,\ (1.02-0.92)V=7.5\times 1.02$

$\therefore V=\dfrac{7.65}{0.1}=76.5(\mathrm{m}^3)$

---

2. 매 cm 배수톤 및 해수밀도와 흘수변화

1) 매 cm 배수톤(Tons per centi-meter Immersion : T_{cm})

한 선박이 임의의 수선(水線)에서 횡방향이나 종방향으로 경사됨이 없이 흘수 1cm만큼 침하하면서 밀어내는 해수의 중량, 즉 선박에 경사가 생기지 않을 적당한 위치에 화물 w톤을 적재하여 흘수가 1cm 증가할 때, 그 화물의 무게를 매cm 배수톤(T_{cm})*이라 한다.

---

* 선박에서 사용하는 매cm(inch) 배수톤은 해수의 표준밀도에 있어서 T_{cm} 및 T_{in}이다.

흘수가 1cm 침하하여도 수선면적(Water plane area, A_w)이 일정하다고 가정하면 T_{cm} 는 면적 A_w 에 비례하게 된다. 따라서 표준해수(1.025)에 떠 있는 선박에 대하여 다음 관계가 성립한다. 흘수의 변화량을 Δd(m) 또는 δ(cm)라 하면

$$w = A_X \times \Delta d \times 1.025$$

Δd를 $\frac{1}{100}$m(1cm)로 하면 정의에 따라 $w = T_{cm}$ 가 되어 w는

$$T_{cm} = \frac{A_w}{100} \times 1.025(\text{ton})$$

식 T_{cm} 에서 수선면적 $A_w(\text{m}^2)$의 선박에 T_{cm} ton을 양화하여도 흘수의 변화량은 1cm가 된다. 단위가 Foot일 경우에는 1inch 흘수변화에 소요되는 하중을 매inch 배수톤(Tons per inch immersion, T_{in})이라 한다. 수선면적을 A_w(ft), 흘수변화를 Δd(ft) 또는 δ(in)라 하면 해수중에 떠 있는 선박에 대하여 다음 관계가 성립한다.

$$w = A_w \times \Delta d \times \frac{1}{35}$$

Δd를 $\frac{1}{12}$ft, 즉 1inch로 하면 $w = T_{in}$ 이 된다.

$$T_{in} = A_w \times \frac{1}{12} \times \frac{1}{35} = \frac{A_w}{420}$$

식 T_{in}은 표준밀도에 있어서 Foot법을 사용하는 선박의 매 inch 배수톤수, 즉 해수에서의 T_{in}이다.

[예제] 길이 85m, 폭 13m의 선박이 평균흘수 5m에서 수선면적이 862m²이다. 흘수를 15cm 증가시키려면 몇 ton의 중량을 실으면 되는가? 단, 해수비중은 1.025이다.

〈풀이〉 $T_{cm} = \frac{A_w}{100} \times 1.025 = \frac{862}{100} \times 1.025 = 8.84(\text{ton})$

$w = 15 \times T_{cm} = 15 \times 8.84 \fallingdotseq 132.6(\text{ton})$

---

2) 해수밀도와 흘수변화

일정한 배수량의 선박이 해수의 비중이 다른 곳에 가면 흘수에 변화가 생긴다. 즉, 해상에서 하항(河港)으로 들어가게 되면 흘수는 증가하고, 반대로 하항에서 해상으로 나오면 흘수는 감소하게 된다. 이 경우에 부심(浮心)이 변하여 Trim의 변화가 일어나는데 그 양이 대단히 미소하기 때문에 실용상 무시해도 별 차이는 없다. 배수량 Δ인 선박이 해수비중 ρ_1인 곳에서 ρ_2인 곳으로 들어갔을 경우에 일어난 흘수의 변화량을 Δd(m) 또는 δ(cm)라 하고, 그때의 수면하의 용적을 V_1, V_2라 하면 다음과 같이 나타낼 수 있다.

$$V_1 = \frac{\Delta}{\rho_1}, \quad V_2 = \frac{\Delta}{\rho_2}$$

그리고 V_1, V_2의 관계는 다음과 같이 표시할 수 있다.

$$V_2 = V_1 + A_w \cdot \Delta d$$

$$\therefore \Delta d = \frac{V_2 - V_1}{A_w} = \frac{\Delta}{A_w}\left(\frac{1}{\rho_2} - \frac{1}{\rho_1}\right) \text{ (m)}$$

m를 cm로 바꾸면, $100\Delta d = \delta$이므로

$$\delta = \frac{100 \times \Delta}{a_w}\left(\frac{1}{\rho_2} - \frac{1}{\rho_1}\right) \text{ (cm)}$$

위의 식은 배수량과 수선면적을 알고 있을 때, 비중이 다른 해역(海域)에서 흘수의 변화량을 구하는 식이다. 그런데 실제로는 T_{cm}와 배수량을 알고 나서 흘수의 변화를 구하는 것이 일반적이다.

$$\delta = \frac{100}{A_w \times 1.025} \times \Delta \times \left(\frac{1.025}{\rho_2} - \frac{1.025}{\rho_1}\right) = \frac{\Delta}{T_{cm}}\left(\frac{1.025}{\rho_2} - \frac{1.025}{\rho_1}\right)^*$$

---

* Foot법을 사용하는 선박은 $\Delta d(\text{ft}) = \dfrac{V_2 - V_1}{A_w}$에서

$$\delta(\text{in}) = \frac{12}{A_w}(V_2 - V_1) = \frac{35 \times 12}{A_w}\left(\frac{V_2 - V_1}{35}\right) = \frac{1}{T_{in}} \times \frac{V_0}{35}\left(\frac{V_2 - V_1}{V_0}\right) = \frac{\Delta}{T_{in}}\left(\frac{V_2}{V_0} - \frac{V_1}{V_0}\right)$$

$$\therefore \delta(\text{in}) = \frac{\Delta}{T_{in}}\left(\frac{\rho_0}{\rho_2} - \frac{\rho_0}{\rho_1}\right) \quad \left[\because \begin{array}{l} V_2 : V_0 = \rho_0 : \rho_2 \\ V_1 : V_0 = \rho_0 : \rho_1 \end{array}\right]$$

앞의 식은 선박에서 해수의 밀도 차이에 의한 흘수의 변화를 구하는 데에 많이 사용되는 식으로 중요하다.

[예제 1] 배수량 6,000ton의 선박이 해항(海港)에서 비중 1.015의 하항에 입항했다. 흘수의 변화는 얼마인가? 단, 배수량의 변화는 없고 T_{cm}는 13ton이다.

〈풀이〉 $\delta = \dfrac{\Delta}{T_{\text{cm}}}\left(\dfrac{1.025}{\rho_2} - \dfrac{1.025}{\rho_1}\right) = \dfrac{6{,}000}{13}\left(\dfrac{1.025}{1.015} - \dfrac{1.025}{1.025}\right)$

$\fallingdotseq 461.5 \times (1.01 - 1) = 4.6(\text{cm})$

[예제 2] 상형의 선박이 하항에서 정박하여 석탄을 적재하기 시작할 때 평균 흘수는 2.2m, 하항의 비중은 1.004였고, 적재를 완료했을 때 평균 흘수는 6.5m, 하항의 비중은 1.006이었다. 이 선박이 적재한 석탄의 중량은 얼마인가? 단, 이 선박이 정박하여 하루에 소비하는 물과 연료 등은 14ton이고, 이 작업을 하는데 4.5일이 걸렸으며 본선의 표준해수에서의 T_{cm}는 15ton이다.

〈풀이〉 • 각 평균 흘수를 비중 1.025의 해수의 경우로 환산하면

- 적재할 때 평균 흘수 $= 2.2 \times \dfrac{1.004}{1.025} = 2.155(\text{m})$
- 적재 완료했을 때 평균 흘수 $= 6.5 \times \dfrac{1.006}{1.025} = 6.380(\text{m})$
- 평균 흘수의 전체 변화량 $= 6.380 - 2.155 = 4.225(\text{m})$
- 배수량의 전체 변화량 $= 15 \times 422.5 = 6{,}337.5(\text{m})$
- 적재기간 중의 소비량 합계 $= 14 \times 4.5 = 63.0(\text{ton})$
- 구하는 적재 석탄의 중량은 $W = 6{,}337.5 + 63.0 = 6{,}400.5(\text{ton})$

2.4.2 Trim 변화와 그 조절

선박의 길이방향으로 일정 각도로 기울어진 것을 트림(Trim)이라 한다. Trim은 선수 선미 간의 흘수(Draft) 차이로 표시한다. 선미흘수가 선수흘수보다 클 때를 Trim by the Stern이라 하고, 선미흘수가 선수흘수보다 작을 때를 Trim by the Head라 하며, 선수흘수와 선미흘수가 같을 때를 Even Keel이라고 한다.

선박에 화물을 적부할 때는 Trim을 항해에 알맞도록 조정하여야 한다. 알맞은 Trim은

여기서, $\rho_0 = 1.025$이므로, $\delta(\text{in}) = \dfrac{\Delta}{T_{\text{in}}\left(\dfrac{1.025}{\rho_2} - \dfrac{1.025}{\rho_1}\right)}$이다.

어떠한 상태라고 한 마디로 말할 수는 없으나, 일반적으로 중형선에 있어서는 선박의 길이의 1/70정도 Trim by the Stern인 상태가 적합하다. Trim은 흘수와 같이 선박의 속력, 타효(舵効) 및 능파성(凌波性)에 영향을 미친다. Trim 조정은 다음과 같은 사항을 고려하여 적화계획을 작성하여야 한다.

① 중간항에서의 적화 및 양화량
② 기항지의 수심
③ 항해 중에 소비하는 연료, 청수 등의 영향
④ Tank의 주배수(注排水) 또는 청수의 이동

1. $\overline{\mathrm{BM_L}}$ 등의 계산

1) 부면심

선박이 Even Keel로 떠 있다가 외력에 의하여 배수량의 변화없이 약간 Trim을 하게 되면, 경사하기 전의 수선면과 경사한 후의 수선면과의 교선(交線)은 반드시 어떤 한 점을 통과하게 된다. 이 점은 수선면적의 중심으로써 부면심(浮面心, Center of Flotation, F) 혹은 경사중심(Tipping Center)이라고 한다.

부면심이 경사중심이기 때문에 적은 양의 중량물을 이 부면심을 통하는 수직선상에 적양화면 평행침하하게 되고, 이 점보다 전방 또는 후방에 중량물을 적양화하면 Trim이 생기게 되는 것이다. 보통 선형에서 부면심은 선체 중앙에서 선박길이의 1/30～1/60정도 전, 후방에 있다.

2) $\overline{\mathrm{BM_L}}$과 $\overline{\mathrm{GM_L}}$

① $\overline{\mathrm{BM_L}} = \dfrac{I_L}{V}$

I_L : 부면심을 통하는 횡축에 대한 수선면의 관성 모멘트

V : 배수용적 $\overline{AB} = \dfrac{I\times\tan\theta}{V\times\tan\theta} = \dfrac{I}{V}\,(\mathrm{m})$

위의 식과 같은 원리에서 $\overline{\mathrm{BM_L}}$ 이 정하여진다. 보통 배수량 등곡선도를 이용하여 다음 식으로 구한다.

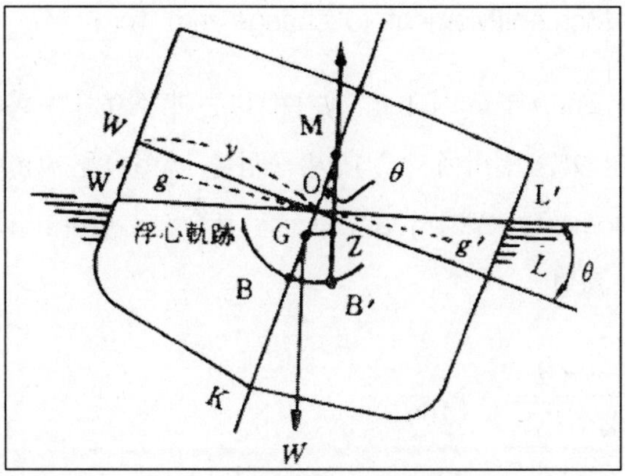

[그림 2-10] 선박의 부면심

$\overline{KM_L} - \overline{KB} = \overline{BM_L}$

선박이 약간 종경사하였을 때 [그림 2-11]에서 보는 바와 같이 B와 B′의 작용선의 교점 M_L 을 종 메타센터(Longitudinal Metacenter)라 하고, G와 M_L 과의 거리를 종 메타센터 높이(Longitudinal Metacenter Height)라 한다.

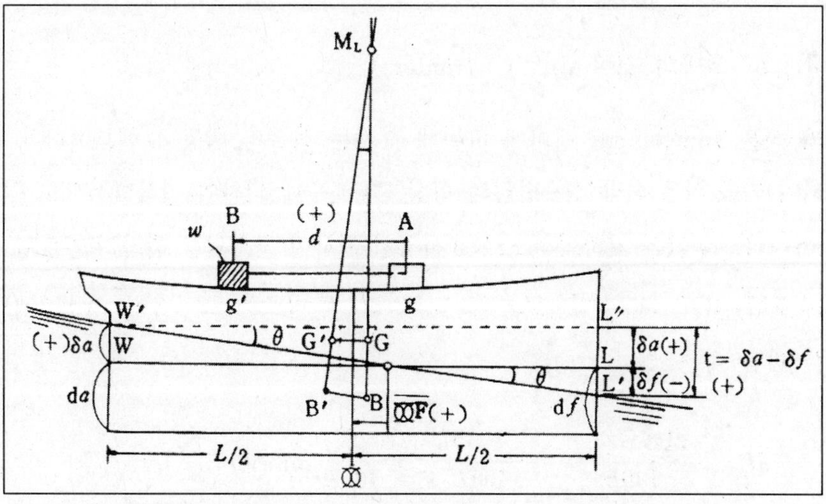

[그림 2-11] 종 메타센터 높이(Longitudinal Metacenter Height)

② $\overline{GM_L} = \overline{KB} + \overline{BM_L} - \overline{KG}$

이 $\overline{GM_L}$ 은 만선(滿船) 시에 선박의 길이와 거의 같으며, 선박안전상의 문제에서는 횡경심의 높이($\overline{GM}$)만큼 중요하지 못하다.

3) 매 cm Trim Moment(Moment to change trim 1cm : M_{cm})

매 cm Trim Moment란 Trim이 1cm 생기게 하는데 소요되는 화물의 이동 모멘트이다. 등흘수선 WL로 떠 있는 선박에서 선내의 중량물 w(ton)을 d(m)만큼 이동하면, $w \times d$ (m-tom)의 Trim Moment가 생겨서 흘수수선은 $W'L'$로 변하고 Trim은 $L'L''$ 만큼 변한다. 경사각을 θ라 하면

$$\tan\theta = \frac{w \times d}{\Delta \times \overline{\mathrm{GM_L}}} = \frac{t}{100L}$$

로 표시할 수 있다. 위 두 식에서 다음의 식을 도출하며

$$t = 100L \times \frac{w \times d}{\Delta \times \overline{\mathrm{GM_L}}} \text{ (cm)}$$

이 식은 Trim t가 1cm일 때의 이동 모멘트, 즉 $w \times d$가 M_{cm} 이므로

$$M_{cm} = \frac{\Delta \times \overline{\mathrm{GM_L}}}{100L} \text{ (m-ton)}$$

L : 선박의 길이(m), t : Trim(cm)

위의 식은 Trim을 1cm 생기게 하는데 요하는 화물의 이동 모멘트이다.

그러나 다음 식은 선박의 수면하의 형상, 즉 흘수에 의하여 기하학적으로 정하여지는 값이 아니다. 이 값을 기하학적으로 표시하기 위하여 근사치를 취하려면 $\overline{\mathrm{GM_L}} \fallingdotseq \overline{\mathrm{BM_L}}$, $\overline{\mathrm{GM_L}} < \overline{\mathrm{BM_L}}$ 이고, Meter법으로는 $\Delta \fallingdotseq V$, $\Delta \rangle V$ 이므로 $\Delta \times \overline{\mathrm{GM_L}} \fallingdotseq V \times \overline{\mathrm{BM_L}}$ 이다. 따라서 다음 식은

$$M_{cm} = \frac{\Delta \times \overline{\mathrm{GM_L}}}{100L} \fallingdotseq \frac{V \times \overline{\mathrm{BM_L}}}{100L} = \frac{I_L}{100L} \text{ (m-ton)}$$

로 표시할 수 있다. 위의 식은 흘수에 의하여 정해지는 값이다. 배수량등곡선도에는 처음 식의 결과 대신에 아래의 식의 값이 쓰이고 있다. M_{in}(매 inch Trim Moment)는

$$M_{in} = \frac{\Delta \times \overline{\mathrm{GM_L}}}{12L} \text{ (ft-ton)} = \frac{I_L}{35 \times 12L} = \frac{I_L}{420L} \text{ (ft-ton)}$$

2. Trim 및 흘수계산법

선박에 있어서 화물의 적양, Tank 내의 물의 이동 등에 의하여 흘수 및 Trim이 변한다. 이들 흘수 및 Trim 변화에 대한 계산은 다음과 같다.

1) 선내중량의 이동

① 선내의 화물, 연료, 물 등의 종방향 이동에 의한 흘수변화
지금 선내에 실려 있는 중량물 w를 A에서 B로 d거리만큼 이동했을 때 Trim의 변화량 t는 다음과 같이 표시된다.

$$t = \frac{w \times d}{M_{\mathrm{cm}}} \text{ (cm)}$$

② 그런데 Trim은 Tipping Center(F)를 중심으로 하여 변화가 생기므로 선수 및 선미 흘수의 변화는 다음과 같다.

$$da' = da + \frac{L/2 + \overline{\Phi \mathrm{F}}}{L} \times \frac{w \times d}{M_{\mathrm{cm}}} \text{ (cm)}$$

$$df' = df - \frac{L/2 - \overline{\Phi \mathrm{F}}}{L} \times \frac{w \times d}{M_{\mathrm{cm}}} \text{ (cm)}$$

$\overline{\Phi \mathrm{F}} = 0$이라 놓으면,

$$da' = da + \frac{1}{2} \cdot \frac{w \times d}{M_{\mathrm{cm}}} \text{ (cm)}$$

$$df' = df - \frac{1}{2} \cdot \frac{w \times d}{M_{\mathrm{cm}}} \text{ (cm)}$$

단, 각 Symbol의 의미와 그 부호는 다음과 같다.

w : 이동화물량(ton), 적화 시에는 양(+), 양화 시에는 음(−)

d : 화물의 이동거리(m), 단 선미방향으로 이동했을 때 양(+)

t : 선미 Trim 증가 시에는 양(+), 단위는 cm

$\overline{\Phi \mathrm{F}}$: 선체중앙과 부면심과의 수평거리(m), 부면심이 선체중앙보다 선수방향일 때 양(+)

df : 선수흘수(cm) df' : 변화 후의 선수흘수(cm)

da : 선미흘수(cm) da' : 변화 후의 선미흘수(cm)

[예제] 선수흘수 5.14m, 선미흘수 6.06m의 선박이 APT(船尾水艙)의 청수 65ton을 FPT(船首水艙)로 이동하였다면, 선수미흘수는 어떻게 되겠는가? 단, F는 중앙에서 1.5m 선미방향에 있고, Tank 사이의 거리는 39m, M_{cm}는 64.2(m-ton)이고 배의 길이는 55m이다.

〈풀이〉 $da' = da + \frac{L/2 + \overline{\Phi F}}{L} \times \frac{w \times d}{M_{cm}}$ (cm)에서

$$da' = 606 + \frac{27.5 - 1.5}{55} \times \frac{65 \times (-39)}{64.2} = 606 - 8.6 = 587.4\text{(cm)}$$

$$df' = df - \frac{L/2 - \overline{\Phi F}}{L} \times \frac{w \times d}{M_{cm}} \text{ (cm)에서}$$

$$df' = 514 - \frac{27.5 + 1.5}{55} \times \frac{65 \times (-39)}{64.2} = 514 + 20.7 = 543.7\text{(cm)}$$

---

③ Trim을 변경하기 위한 선내 중량의 이동량 및 이동거리 중량의 이동으로 인한 Trim Moment는 다음과 같이 표시되므로,

Trim Moment $= w \times d = M_{cm} \times t$ (m-ton)

이동량 및 이동거리는 다음과 같다.

$$w = \frac{M_{cm} \times t}{d} \text{ (ton)}, \quad d = \frac{M_{cm} \times t}{w} \text{ (m)}$$

[예제] 흘수가 선수 635cm, 선미 640cm인 화물선이 FPT(Φ에서 63.23m)의 청수를 APT(Φ에서 62.46m)로 이동시켜서 50cm Trim by the Stern으로 하려면 몇 톤의 청수를 옮겨야 하는가? 단, M_{cm}은 151.7m-ton이다.

〈풀이〉 df : 635cm

da : 640cm

현재 Trim : 5cm

예정 Trim : 50cm(stern)

현재 Trim : 5cm(stern)

Trim 변화 : 45cm(stern)

$w \times d = M_{cm} \times t$에서

$w \times (63.23 + 62.46) = 45 \times 151.7$

$$\therefore w = \frac{45 \times 151.7}{125.69} = 54.3\text{(ton)}$$

---

2) 중량물의 적재 또는 양화

화물이나 다른 중량의 적량화에 의한 Trim 및 흘수의 변화는 다음과 같이 계산한다.

① 소량 화물 : 화물을 적화 또는 양화할 때는 부면심(F)의 위치에 적화(또는 양화)하여 소정의 적양화 위치에 옮긴 것으로 생각하면 다음과 같이 표현할 수 있고, Trim 계산하는데 자주 사용된다.

$$da' = da + \frac{\Sigma w}{T_{\text{cm}}} + \frac{L/2 + \overline{\Phi \text{F}}}{L} \times \frac{\Sigma w \times d}{M_{\text{cm}}} \quad (\text{cm})$$

$$df' = df + \frac{\Sigma' w}{T_{\text{cm}}} - \frac{L/2 - \overline{\Phi \text{F}}}{L} \times \frac{\Sigma w \times d}{M_{\text{cm}}} \quad (\text{cm})$$

단, w : 적화 혹은 양화한 중량(ton), 적화 시는 양(+), 양화 시는 (−)

d : 부면심과 화물중심과의 종거리(m), 부면심(또는 선체 중앙)보다 선미쪽이면 양(+)

위의 식에서 $\overline{\Phi \text{F}}$ 의 값이 Zero이면 다음과 같이 계산된다.

$$da' = da + \frac{\Sigma w}{T_{\text{cm}}} + \frac{1}{2} \times \frac{\Sigma w \times d}{M_{\text{cm}}} \quad (\text{cm})$$

$$df' = df + \frac{\Sigma' w}{T_{\text{cm}}} - \frac{1}{2} \times \frac{\Sigma w \times d}{M_{\text{cm}}} \quad (\text{cm})$$

[예제] 선수흘수 7.35m, 선미흘수 8.25m의 선박이 A.P.T(F에서 62.26m 후부)에 청수 150ton을 싣고 No. 4 Hold(F에서 16m 후부)의 화물 220ton을 양륙(揚陸)하였다. 흘수를 구하라. 단, $L = 132\text{m}$, $T_{\text{cm}} = 20.7$ ton, $M_{\text{cm}} = 167$m-ton, 부면심 F는 선체 중앙(Φ)의 후방 1.22m에 있다.

〈풀이〉 먼저 Trim을 생기게 하는 요소의 Moment를 구해 보면

청수 :	150 × 62.26	=	9,339(m-ton)
화물 :	− 220 × 16	=	− 3,520(m-ton)
	− 70		5,819(m-ton)

따라서 선미흘수는

$$da' = da + \frac{\Sigma w}{T_{\text{cm}}} + \frac{L/2 + \overline{\Phi \text{F}}}{L} \times \frac{\Sigma w \times d}{M_{\text{cm}}} (\text{cm})$$

$$= 825 + \frac{-70}{20.7} + \frac{66 - 1.22}{132} \times \frac{5819}{167} = 825 - 3.4 + 17.1 = 838.7 \fallingdotseq 839(\text{cm})$$

선수흘수는 마찬가지로,

$$df' = df + \frac{\Sigma' w}{T_{cm}} - \frac{L/2 - \overline{\Phi \mathrm{F}}}{L} \times \frac{\Sigma w \times d}{M_{cm}} \text{(cm)}$$

$$= 735 + \frac{-70}{20.7} - \frac{66 + 1.22}{132} \times \frac{5819}{167} = 735 - 3.4 - 17.8 \fallingdotseq 714\text{(cm)}$$

② 대량화물 : 대량화물을 적화 또는 양화할 때는 평균흘수의 변화량이 커서 화물 하역 전후의 흘수에 대한 부면심의 위치, T_{cm} 및 M_{cm} 은 상당한 양이 변하기 때문에 다음에 설명하는 방법에 의하여 흘수 및 Trim을 구한다.

흘수의 변화에 따라서 부면심 F의 위치가 이동하기 때문에, 이때는 하역전과 하역후의 부면심의 평균위치에 화물을 적양한 다음에 소정(所定)의 위치로 옮긴 것으로 생각하는 것이 편리하다.

$$T_{cm} = \frac{T_{cm1} + T_{cm2}}{2}, \quad \overline{\Phi \mathrm{F}} = \frac{\overline{\Phi \mathrm{F}_1} + \overline{\Phi \mathrm{F}_2}}{2}$$

M_{cm} 는 적량 후의 흘수에 대한 값 M_{cm2} 로 되고, d는 부면심의 평균위치에서 소정의 장소까지의 거리가 된다. 즉,

$$da' = da + \frac{\Sigma w}{\dfrac{T_{cm1} + T_{cm2}}{2}} + \frac{L/2 + 1/2(\overline{\Phi \mathrm{F}_1} + \overline{\Phi \mathrm{F}_2})}{L} \times \frac{\Sigma w \times d}{M_{cm2}} \text{(cm)}$$

$$df' = df + \frac{\Sigma w}{\dfrac{T_{cm1} + T_{cm2}}{2}} - \frac{L/2 - 1/2(\overline{\Phi \mathrm{F}_1} + \overline{\Phi \mathrm{F}_2})}{L} \times \frac{\Sigma w \times d}{M_{cm2}} \text{(cm)}$$

단, Symbol의 오른쪽 아래에 붙여 쓴 1 또는 2는 처음 흘수 및 적량 후 흘수에 대한 값이라는 뜻이다. 하역량과 Moment를 〈표 2-12〉와 같이 만들려면

〈표 2-12〉

w	$\overline{d\Phi}$	$\overline{\Phi \mathrm{F}}$	d	$w \cdot d$
200	−31	0.19	−30.81	−6,162
180	−5	0.19	−4.81	−865.8
210	17	0.19	17.19	3,609.9
240	22	0.19	22.19	5,325.6
$\Sigma w = 880$				$\Sigma w \cdot d = 1{,}907.7$

$$da' = da + \frac{\Sigma w}{\dfrac{T_{cm1}+T_{cm2}}{2}} + \frac{L/2+1/2(\overline{\Phi F_1}+\overline{\Phi F_2})}{L} \times \frac{\Sigma w \times d}{M_{cm2}} \text{ (cm)}$$

$$= 340 + \frac{880}{\dfrac{8.8+9.65}{2}} + \frac{45+0.19}{90} \times \frac{1,907.7}{44}$$

$$\fallingdotseq 340+95.39+0.50\times 43.37 \fallingdotseq 340+95.39+21.7 \fallingdotseq 457.1\text{(cm)}$$

$$df' = df + \frac{\Sigma w}{\dfrac{T_{cm1}+T_{cm2}}{2}} - \frac{L/2-1/2(\overline{\Phi F_1}+\overline{\Phi F_2})}{L} \times \frac{\Sigma w \times d}{M_{cm2}} \text{ (cm)}$$

$$\fallingdotseq 315+95.39-\frac{45-0.19}{90}\times 43.37 \fallingdotseq 340+95.39-21.6 \fallingdotseq 388.8\text{(cm)}$$

[예제 2] 어떤 선박에 소량의 중량 w를 싣거나 풀 때 선미흘수가 변하지 않는 위치를 구하여라.

〈풀이〉 $d = -\frac{M_{cm}}{T_{cm}} \times \frac{L}{L/2+\overline{\Phi F}}$

2.4.3 복원력 계산

선박의 정상적인 위치로부터 경사를 한다고 가정하면, 정상적인 위치에서의 선체중심선과 경사때의 부력의 작용선과의 교점 M(Metacenter)을 기점으로써 일종의 진자운동을 하는 것으로 생각할 수 있다. 선박의 정상적인 위치에서의 정횡 선체부력의 중심 B(부심)는 선박이 경사할 경우 수선하 선체체적의 비율이 변해서 경사방향으로의 B′로 이동한다. 선박의 정상적인 위치에서의 정횡 선체 중심을 G라고 하면 경사 상태에서 중력은 연직 하방으로 움직이고, B'에서의 부력은 연직 상방으로 움직여서 선박을 원래의 위치로 돌아오게 하는 복원이 작용한다. 이 복원을 복원력(Stability)이라 한다.

선박에서 복원력이 있기 위해서는 교점 M이 선체중심 G보다 상방으로 있지 않으면 안된다. 즉, KM>KG가 되지 않으면 안된다.

이 KM과 KG와의 차 GM을 교점 높이(Metacentric Height)라 하고 복원력은 다음과 같이 정의된다.

$$\text{초기 복원력} = W\times \text{GM}\sin\theta = W\times \text{GZ}$$

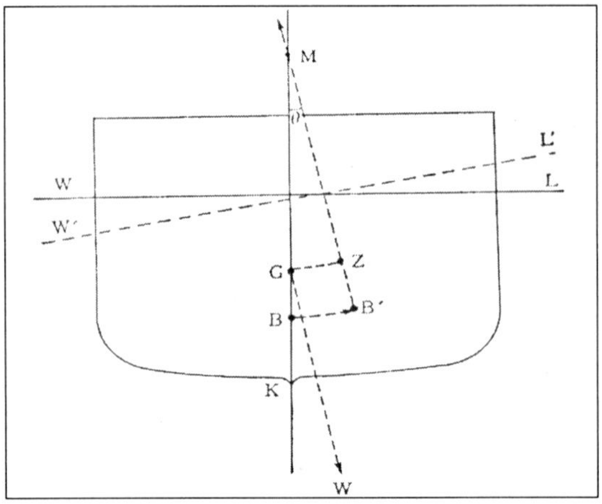

[그림 2-12] 복원력 계산도

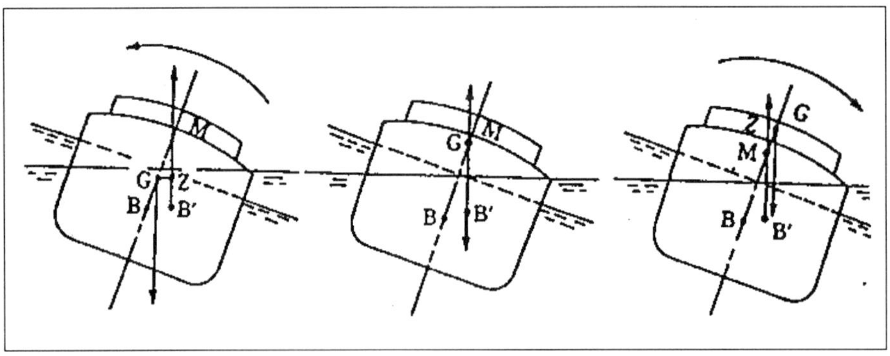

(a) 안정평형 (b) 중립평형 (c) 불안정평형

[그림 2-13] 중력과 부력의 작용과 안정성

① 만약, KM < KG로 되어 있다면 선박이 경사했을 경우 부력과 중심의 관계는 더욱더 경사시키도록 작용을 한다. 이러한 상태를 복원력이 없다고 한다.

② 또 KM=KG로 되어 있다면 선체가 경사할 경우 부력과 중력이 균형을 이루어 외력이 더 이상 작용하지 않는다면 경사한 그대로의 상태를 유지한다.

③ KM > KG일 경우 GM이 작으므로, 선박이 높은 파도, 강풍을 조우할 경우 선박을 경사시키도록 하는 압력에 대해서 복원력이 없어 선박은 전복하게 된다.

④ GM이 과대할 경우 선체동요 주기가 짧아 선체, 속구, 화물 등을 손상시키는 결과를 가져올 수 있으므로 GM의 크기는 적정해야 한다.

또 선박의 각 상태에서 GM의 조정, 즉 복원력의 조정이 필요하게 된다.

GM의 적정한 크기는 선박의 종류, 크기, 흘수의 정도에 따라서 다르지만, 경험상 일반적인 평온한 해상상태에서는 60~80cm, 대양에서는 90~100cm 정도 되지만, 황천의 경우에는 이 이상의 GM이 필요하게 된다.

선박이 항해 중에 연료, 청수, 부식 등을 소비하므로 보통 항해상태에서 GM 값은 변한다. 항해 중에 필요하다면 Ballast Tank의 주배수 등을 통해서 적절한 GM 값을 보유하기 위해 복원력의 조정을 하지 않으면 안된다.

1. GM의 계산

GM은 선박의 상태에 따라 KM 및 KG를 계산하여 그 차이를 구하면 된다.

1) KM의 계산

KM은 선박에 비치되어 있는 도면 중 배수량등곡선도(Hydrostatic Curve)의 Transverse Metacenter Above Base Line에 의해 각 평균 흘수 또는 배수량에 대해 구해질 수 있다.

2) KG의 계산

① KG(m) = Total Weight Moment(m-t) / Total Weight(T)

② Total Weight Moment = Weight Moment of Light Condition + Adding Weight Moment

③ Total Weight = Weight of Light Condition + Adding Weight

④ Light Condition(경하 흘수)에서의 Weight 및 Weight Moment는 경사시험성적표(Result of Inclining Experiment)로부터 구하며, Adding Weight 및 Adding Weight Moment는 Light Condition으로부터 선박에 적재하는 화물의 양에 따라 계산한다.

3) GM 계산의 예

① 각 Compartment의 Weight에 Longitudinal Center of Gravity를 곱하고 LCG−MNT를 구하여 선수부쪽을 (+), 선미부를 (−)로 한다.

② Aft쪽 Moment의 합계를 ㉠, FWD쪽 합계를 ㉡이라 하고 각 Compartment Weight

를 합하면 Displacement=33509.9 M/T이다.

③ TTL LCG=LCG MNT / DISP=58552 T-M / 33509.9 MT=1.742m

④ Hydrostatic Table에서 Displacement에 의한 LCB와 LCF, MTC를 찾아 계산에 대입한다.

LCB=3.297m, LCF=−2.686m, MTC=398.0TON.M/CM

⑤ LCG와 LCB 간의 거리 GB를 구한다.

GB=LCG−LCB=1.747−3.297=−1.55m

GB는 부심의 위치와 선체중심의 위치와의 선수미 방향의 수평거리이다.

⑥ Total Trimming Moment=Displacement×GB

=33509.9×(−)1.55=(−)51940 M−T

⑦ Trim=Total Trimming Moment / MTC

=(−) 51940 Ton.M / 398Ton.M / 100=(−)1.305m

⑧ df =Draft Corresponding+Trim×(LBP/2−LCF) / LBP

=9.913m+(−)1.305×(158 / 2−(−)2.686) / 158=9.24m

da =9.913m−(−)1.305×(158 / 2+(−)2.686) / 158=10.54m

dm =9.89m

여기에서 계산에 사용되는 부호는 선수방향일 경우에는 (+), 선미방향일 때에는 (−)이므로 Draft 계산공식의 부호가 반대로 적용된다.

4) GoM의 계산

① 기본공식 GM=KM−KG에서 유동수의 영향으로 인한 G점의 상승분을 감하여 주면 GoM이 산출된다.

② KG=Total V−MNT / Displacement

=262427 TON−M / 33509.9MT=7.83m

CGo=Total F.S MNT / Displacement

=14517 TON−M / 33509.9MT=0.433m

③ GoM=KM−(KG−GGo)=10.843−(7.83−0.43)=2.58m

2. 복원성과 화물배치

1) 화물배치와 복원성의 관계

화물을 실을 때 선박의 안전을 확보하기 위하여 당연히 충분한 복원력을 가질 수 있도록 해야 할 것이다. 복원력을 평가하는 기준이 되는 GM은 선박의 교점(M), 무게중심(G), 부심(B)의 위치에 따라 결정되기 때문에, 화물배치와 GM과의 영향을 검토해 보는 것이 중요하다. 화물을 적재하지 않은 경하 흘수상태에서는 배수량(Δ)이 작기 때문에, GM을 크게 하지 않으면 충분한 복원력을 얻지 못한다. 이와는 반대로, 화물을 만재하여 흘수가 깊어지면 배수량이 커지므로 GM이 비교적 작은 값이라도 복원력이 부족하지 않게 된다.

결국, 화물의 적재에 의하여 복원성이 결정되는 것은 어디에 무게중심(G)의 위치를 정하느냐 하는 것이므로, 그 때의 배수량과의 관계를 고려하여 적정한 선박 무게중심(G)의 위치가 확보될 수 있도록 화물의 중량을 배치해야 한다.

일반적으로 선창 내에 화물을 적재하는 경우는 물론이고, 특히 갑판위에 화물을 싣는 경우나 무거운 화물 등을 싣는 경우에는 복원성에 관한 계산을 명확히 해야 한다.

선박의 안정성을 확보하기 위해서는 선박을 직립상태로 떠 있게 하는 것이 가장 중요하다. 그러므로 먼저 화물이나 그 밖의 중량물을 좌우평형이 되도록 균등하게 배치해야 한다. 복원성 확보를 위해서는 선창과 갑판 구획에 화물을 어떻게 배치하면 적당한 GM을 얻을 수 있는지를 검토해야 한다. 이 때 물론 화물 이외에 연료유, 청수, 밸러스트(Ballast) 등에 대해서도 고려해야 한다.

화물의 상하 배치에 의한 선박의 무게중심(G)의 설정은 항해 중에 발생하는 연료유, 청수 등의 소비, 유동수의 발생 또는 화물의 건조나 갑판상에 적재한 화물의 해수 흡수 등에 따른 중량의 증가와 감소가 무게중심 위치에 미치는 영향을 예상하여, 항해의 전체 과정을 통해 안정된 복원성을 유지할 수 있는 GM을 확보할 수 있도록 계획해야 한다.

화물을 만재한 경우 동일한 화물이 아닌 적화계수가 다른 여러 종류의 잡다한 화물을 적재할 때에는 각 구획에 균등한 배치를 할 수 없으므로, 전체 선창을 종합하여 상하 배치 비율을 계획한다.

화물을 만재하지 않을 경우에는 선체 강도를 고려하여 적재할 화물의 전체 중량에 대한 선창과 각 구획의 배분량을 정하여 적재하도록 계획한다.

복원성을 계산, 확인하는 일반적인 방법은 적재계획 단계에서 정밀하게 GM을 계산하여 미리 적합 여부를 평가하고, 적재완료 후에 보다 정확하게 GM을 계산하여 확인하는 것이다.

선창 또는 적재구획이 수직상으로 여러 개의 갑판으로 분리되어 있지 않고 하나의 선창 또는 구획으로 되어 있는 선박은 선창의 용적과 갑판 하중을 고려하여 곡물 또는 광석 등은 산적화고, 철재나 강재 등은 그 중량을 분산하여 화물손상을 방지하기 위해 어느 정도의 가능한 높이만큼 차곡차곡 싣는다.

이때, 필요하면 선창바닥 및 화물 사이에 Dunnage를 깐다. 다만, 컨테이너선이나 원목수송선과 같이 갑판 위에 화물을 싣는 경우나 광석, 철재 등을 적재할 경우에는 반드시 GM을 계산하여 확인하는 것이 중요하다.

2) 복원성의 조정

① 선박의 무게중심(G)을 조정하는 방법 : 선박의 무게중심(G)을 상하로 이동시켜서 GM을 변화시키면 복원성을 조정할 수 있다. 선박의 무게중심의 위치는 화물을 상하로 이동시키거나 화물을 싣고 내림에 따라 이동하게 된다.

이때, 선박의 무게중심의 이동량은 상하로 이동되는 화물의 중량과 이동거리, 싣고 내리는 화물의 중량과 그 화물의 무게중심의 수직 높이에 따라 달라진다.

일반적으로, 선박에서 밸러스트를 탱크에 넣거나 빼는 작업은 선박의 무게 중심(G)의 위치를 조정하기 위한 목적으로 수행되고 있다. 선내에 적재되어 있는 중량을 이동하거나, 화물을 적화 또는 양화할 경우의 선박의 무게중심의 수직 이동거리(GG')는 각각 다음 식으로 구한다.

㉠ 어떤 중량 w(t)를 거리 d(m)만큼 상하로 이동할 경우

$$\mathrm{GG}' = \frac{w \times d}{\Delta}\ (\mathrm{m})$$

㉡ 선박의 무게중심(G)의 위 또는 아래에 수직거리 d(m)에 중량 w(t)를 실을 경우

$$\mathrm{GG} = \frac{w \times d}{\Delta + w}\ (\mathrm{m})$$

㉢ 선박중심(G)의 위 또는 아래에 수직거리 d(m)에 있는 중량 w(t)를 내릴 경우

$$\mathrm{GG} = \frac{(-w) \times d}{\Delta + (-w)}\ (\mathrm{m})$$

위의 계산식에서 d(m)의 부호는 선박중심의 위 방향이면 양(+), 아래 방향이면 음(−)이다.

② 횡요(Rolling)주기(T)를 조정하는 방법 : 항해 중에 화물의 이동을 방지하거나 승무원의 안락한 작업환경과 승선감을 유지하기 위하여, 복원력이 부족하지 않은 범위 내에서 횡요주기가 길어지도록 복원성을 조정할 필요성이 있을 때가 있다.
빠른 횡요 가속도를 줄이기 위한 방법으로는 화물을 선박중심에서 가능한 한 먼 양 현측에 적재하여 횡요운동의 관성 모멘트를 증가시키거나 GM을 줄여 횡요주기를 길게 하는 방법이 있다.
화물을 선체 양 현측 끝단에 적재한다는 것은 특별한 경우를 제외하고는 실질적으로 실행하기 곤란하므로 그 효과는 기대할 수 없다. GM을 줄이는 방법은 선박 중심을 높이면 되지만, 그것은 복원성을 감쇠시키는 결과가 되기 때문에 횡요가속도를 줄여 선박을 쾌적한 상태로 한다는 것은 한계가 있다.
따라서, 횡요주기를 줄이는 방법은 어느 정도 복원력을 감소시킬 수 있음에 유의해야 한다.

3) 복원성에 영향을 미치는 요소

① 선폭의 영향 : 선박의 길이, 깊이, 흘수와 무게중심의 높이(KG) 등은 변화시키지 않고 선박의 폭(Breath)만을 증가시키면, 배수 톤수가 증가하고 GM이 커지게 된다. 따라서, 정적 복원력 곡선은 원점에서의 경사가 급해지고, 경사에 의한 저항이 증가하여 복원력의 최대값도 커진다. 그러나 복원력이 최대가 되는 경사각과 복원성 범위는 작아진다. 그러므로, 페리(Ferry)와 같이 흘수가 얕고 선박중심이 높은 선박의 선폭을 넓혀서 복원성을 확보하고자 할 때에는 복원성에 관한 세밀한 계산이 필요하다.

② 건현의 영향 : 적당한 선폭과 GM을 가지고 있어도 충분한 건현(Freeboard)을 가지고 있지 않으면, 경사하여 갑판 끝이 물속에 잠기게 되는 각이 작아져서 복원성 범위가 보장되지 못한다. 이와는 반대로, 건현을 높이면 갑판 끝이 물속에 잠기는 각도가 커지게 되고, 선체 경사에 따라 선폭을 크게 하는 효과가 있기 때문에 복원성 범위가 현저히 증대된다. 또, 복원력의 최대값이 커지고 복원력이 최대가 되는 경사각도 커지게 된다.

③ 현호의 영향 : 선박이 항해 중에 있을 때 현호(Sheer)는 갑판으로 들어오는 해수의 유입을 막아 주는 역할을 하는데, 이는 현호가 같은 높이의 건현을 가지는 것과

똑같은 효과를 내기 때문이다.

④ 배수량의 영향 : 복원력은 배수량과 복원의 팔(GZ)의 곱으로 표현되므로, 복원의 팔이 같은 값이라 하더라고 그 때의 배수량의 크기에 따라 복원력은 변한다. 서로 다른 선박의 복원성을 비교하거나 동일한 복원의 팔 및 GM을 함께 생각해야 한다. 밸러스트 상태나 적화량이 적어서 배수량도 적을 때에는 같은 복원력을 가지기 위해서 만재상태로 항해할 때보다 큰 GM을 필요로 하게 된다.

⑤ 유동수의 영향 : 선내의 탱크에 청수, 밸러스트, 기름 등의 액체가 가득 차 있지 않아 출렁일 수 있는 자유표면(Free Surface)을 가질 경우, 선박이 동요하게 되면 탱크 안의 액체도 유동하게 된다. 선박이 항해 중에 운동하게 되면 액체의 표면도 움직이게 되므로, 유동수의 가상 중심(Virtual Center of Gravity)에 의해 선박의 무게 중심(G)이 상승한 것과 똑같은 결과를 가져와 복원력을 감소시키는 효과를 일으킨다. 이 현상을 유동수의 자유표면효과라 한다. 항해 중에 여러 탱크에 유동수가 많이 발생하게 되면, 선박의 안전에 큰 영향을 미치게 된다.

그러므로, 유조선과 같은 선박에서는 유동수의 영향을 줄이기 위하여 구조적으로 여러 개의 길이 방향의 격벽을 설치하여 자유표면의 폭을 나누어 작아지게 설계한다. 자유표면을 없애기 위해서는 탱크를 가득 채우거나 완전히 비우면 된다. 실제로, 선박에서는 물 탱크와 기름 탱크를 측정하여 자유표면이 최소가 되도록 물과 기름을 옮기는 작업을 항해 중에도 매일 수행한다. 또, 황천 시 갑판 위에 파도가 쳐 올라와 머무르게 되면 자유표면이 생기게 되고, 상부에 중량물을 싣는 것과 같아져서 복원성을 더욱 나쁘게 하므로 주의가 필요하다.

⑥ 바람의 영향 : 선박이 가로방향으로부터 속도가 일정한 바람을 받을 때 수면 위의 선체 부분은 풍압이 작용하고 수면 아래의 선체 부분은 물의 반력이 작용하므로, 선박은 일정한 각도로 기울어지게 된다. 그러나 황천 시에는 강풍, 돌풍, 높은 파도의 영향이 서로 합쳐져서 큰 경사 모멘트를 받게 되고, 갑판 위에 쳐 오르는 파랑 때문에 복원력이 크게 감소하게 되어 선박이 전복될 위험이 높아진다. 그러므로 여유 있는 복원력의 확보와 위험을 피할 수 있는 선박운용이 필요하다.

4) 유동수에 의한 선박의 무게중심의 상승량을 구하는 계산식

선체의 배수용적을 V, 유동수의 경사축에 대한 자유표면의 관성 모멘트를 i, 유동수의 비중을 ρ', 선박이 떠 있는 해수의 비중을 ρ라 하면, 유동수에 의한 선박의 무게중심의 상승량(GG')은 다음의 계산식으로 구한다.

$$\mathrm{GG'} = \frac{i}{V} \times \frac{\rho'}{\rho} \text{ (m)}$$

유동수와 해수밀도가 같으면,

$$\mathrm{GG'} = \frac{i}{V} \text{ (m)}$$

이 경우에는 유동수에 의한 중심의 상승량(GG')은 유동수의 양에는 관계가 없고, 자유표면의 관성 모멘트 i에만 영향을 받는다는 것을 알 수 있다.

5) 횡요주기에 의한 GM의 근사 추정방법

직립상태의 선박이 어떤 원인에 의하여 가로 방향으로 경사하게 되면, GM이 양(+)의 값일 경우에는 복원력이 작용하여 선체는 원래의 위치로 되돌아오려는 회전운동을 시작한다. 만일, 회전운동 에너지가 외부의 저항이 없어 소모되지 않는다면 복원 모멘트에 의하여 좌우의 현으로 횡요운동을 계속하게 된다. 이와 같이 저항이 없는 선체운동을 무저항 횡요운동이라 한다.

선박이 횡요운동을 할 때에 저항이 작용하지 않는다고 가정한 무저항 횡요운동을 해석하여 보면, 그 때의 횡요운동주기(T)는 선폭(B)과 GM으로써 그 관계를 다음과 같이 근사식으로 구할 수 있고, 그 식으로부터 계산하여 GM을 추정할 수 있다.

$$T = \frac{0.802B}{\sqrt{\mathrm{GM}}} \text{ (s)} \Rightarrow \mathrm{GM} = \left(\frac{0.802B}{T}\right)^2 \text{ (m)}$$

이 계산식은 정수 중에서의 무저항 횡요운동을 가정한 것이지만, 실제의 선박에서는 선체 외판 등이 해수와의 마찰에 의하여 저항을 받게 된다. 따라서, 이 식에서 구한 GM은 실제의 GM보다 약간 크므로, 그 점을 항해 안전을 평가하는 데에 참고해야 한다.

6) 이상적인 GM

선박에서 적절한 복원성을 유지하기 위해서는 적당한 크기의 복원력, 즉 적당한 GM을 가져야 한다. GM이 너무 커지면 복원력이 과대해져서 횡요주기가 짧아지고, 선체의 운동이 빠르게 된다. 따라서, 횡요각도가 커지게 되면 승무원이나 승객에게 멀미를 일으켜서 불쾌감을 주고, 화물 또는 선내 중량물의 이동으로 인해 선체나 화물 등에 손상을 일으킬 수도 있다.

GM이 너무 작으면 복원력이 작아져서 횡요주기가 길어지고, 경사했을 때 직립 상태로 되돌아가는 가속도가 작아진다. 따라서 이 상태에서 높은 파도나 강한 바람을 만나면, 복원력의 부족으로 인하여 선체가 전복될 수 있는 위험이 있다.

그러므로 선박은 적당한 크기의 이상적인 GM을 가져야 하는데 그 값은 배의 종류, 크기, 형상, 흘수상태에 따라 다르다. "이상적인 GM은 얼마이다."라고 표현하기는 어려우나, 해상에서의 오랜 경험과 항해실적을 통해 통계적으로 얻은 값을 살펴보면 여객선은 선폭의 약 2%, 일반 화물선은 선폭의 약 5%, 유조선에서는 선폭의 약 8% 정도가 적당한 GM이라고 인식되고 있다.

황천 시에는 더 큰 GM이 요구되며, 항해사는 황천에 대비하여 본선의 적화상태에 따라 알맞은 GM이 얼마인지를 파악해 두어야 할 것이다.

대양항해 선박은 최소 30CM 이상의 GM 확보가 기본이며, 통계적으로는 선폭의 4%~7% 정도가 적당하다. 그리고 일반상선의 선종별 Normal Condition GM은 〈표 2-13〉의 범위가 일반적이다.*

〈표 2-13〉 선종별 평균 GM

선 종	일반상선	컨테이너선	카캐리어	LNG선	초대형 탱커
평균 GM	0.5~1m	1.5~2m	1~1.5m	4~5m	5~10m

한편, 어선의 경우에는 어로 작업 또는 갑판상에서의 어획물 이동에 따르는 복원력 상실로 인하여 전복사고가 가끔 발생하고 있다. 그리고 목재운반선의 경우에도 상갑판상에 상당량의 원목을 적재하게 되면 항해 중에 파도가 쳐서 갑판에 적재한 원목이 수분을 흡수하게 된다.

따라서, 이로 인한 선박의 무게 중심 상승과 화물의 이동에 기인한 복원력 상실로 선체 전복에 의한 침몰사고가 발생할 가능성이 높은 점에 특히 주의해야 한다.

* 이노우에, 선박의 이론과 실제, 성산당

2.4.4 적하지침기기

선박은 하역작업 또는 항해 중에 화물 및 밸러스트의 부적절한 선적으로 인한 선체에 작용하는 과도한 응력을 피해야 한다. 따라서 선급에서는 선장에게 본선의 성능 및 상태를 이해시키고 적하에 따른 선체강도와의 관계를 종합적으로 파악할 수 있도록 적하지침서를 비치하도록 규정하고 있다. 또한, 화물 및 밸러스트의 적하상태에 대하여 해당 선박에 발생하는 정수 중 종굽힘 모멘트, 전단력과 비틀림 모멘트 등을 신속하고 쉽게 계산할 수 있는 적하지침기기(종강도 적하지침기기)를 비치하도록 규정하고 있다.

1. 관련 규정

적하지침서 및 적하지침기기에 관한 사항은 선급 및 강선규칙에서 규정하고 있으며 주요 내용은 다음과 같다.

1) 적하지침서(선급 및 강선 규칙 - 제3편 3장)

① Lf가 65m 이상인 선박은 선박구조에 적합하지 않은 응력의 발생을 피하기 위하여 선장이 화물 및 평형수를 조정할 수 있도록 우리 선급이 승인한 적하지침서를 선박에 비치하여야 한다. 다만, 우리 선급이 필요성이 없다고 인정하는 선박에 대하여는 예외로 한다.

② ①항에 규정하는 적하지침서에는 적어도 다음 사항이 기재되어야 한다.

㉠ 선박설계 시 고려한 적하조건과 정수 중 종굽힘 모멘트 및 정수 중 전단력의 허용값

㉡ 표준적하상태에 대한 정수 중 종굽힘 모멘트 및 정수 중 전단력의 계산서

㉢ 표준적하상태 이외의 적하상태에 대한 정수 중 전단력 및 종굽힘 모멘트의 계산을 위한 자료 및 계산. 다만, 2)의 적하지침기기를 비치한 선박은 생략할 수 있다.

㉣ 우리 선급이 필요하다고 인정하는 경우 창구덮개, 갑판 및 이중저구조 등에 대한 허용 국부하중

2) 종강도 적하지침기기(선급 및 강선 규칙 - 제3편 3장)

① 1)에 규정하는 적하지침서에 추가하여 Lf가 100m 이상인 다음의 선박에는 모든

화물 및 평형수 적하상태에 대하여 해당 선박에 발생하는 정수 중 종굽힘 모멘트, 정수 중 전단력과 필요한 경우에는 비틀림 모멘트 등을 신속하고 쉽게 계산할 수 있는 적하지침기기(종강도 적하지침기기) 및 그 사용설명서를 선내에 비치하여야 한다. 다만, 우리 선급이 필요성이 없다고 인정하는 선박은 예외로 한다.

㉠ 큰 개구가 있고 수직 및 수평방향의 선체 종굽힘 모멘트와 비틀림 모멘트에 의한 조합응력을 고려할 필요가 있는 선박이다.

㉡ 화물 및 평형수의 적재분포가 불균일한 선박, 다만 Lf가 120m 미만인 선박으로서 화물 및 평형수의 불균일한 적재분포가 설계에 반영된 선박은 예외로 한다.

㉢ 케미컬 탱커 및 액화가스 산적운반선이다.

② ①항의 적하지침기기는 우리 선급의 승인을 받은 것이어야 하며, 본선 설치 후 승인된 시험성적서에 따라 우리 선급의 검사원 입회하에 시험을 받아야 한다.

2. 적하지침기기 소개

적하지침기기(Loading Computer)는 외국의 일부 해운국뿐만 아니라 우리나라에서도 일부 업체에서 개발하여 선박에 보급 사용되고 있다.

적하지침기는 실시간으로 빠른 계산이 가능하며 Stowage Plan 작성 시 여러 상황의 시뮬레이션이 가능하고 실시간으로 적화상태와 선체 스트레스의 정도를 알 수 있어 매우 유용하다.

1) 적하지침기의 주요 기능은 다음과 같다.

① Automatic calculation.

② Displacement & Deadweight Calculation.

③ Trim & Drafts (fore, mean, aft) calculation.

④ Draft (fore, aft and mean), correction due to difference of sea water density

⑤ Heeling angle calculation.

⑥ Trim and heeling adjustment by using two pairs of fwd, and aft. Tanks.

⑦ Shear force and bending moment at the prescribed frame points with visual

⑧ Maximum values of bending moment and shear force with their actual position and the ratio of actual shear force/bending moment(allowable shear force/bending moment on each bulkhead at sea/port and their graph).

⑨ Displacement and Deadweight calculation based on actual Drafts Physically measured on draft marks.

⑩ Static stability (KMT, KG, GGo, GoM) Calculation.

⑪ Intact stability calculation including GoM according to IMO A749(18)3.1 CRITERIA.

⑫ Free surface moment(Maximum / Actual).

⑬ Weather Criteria according to IMO A749(18)3.2 CRITERIA.

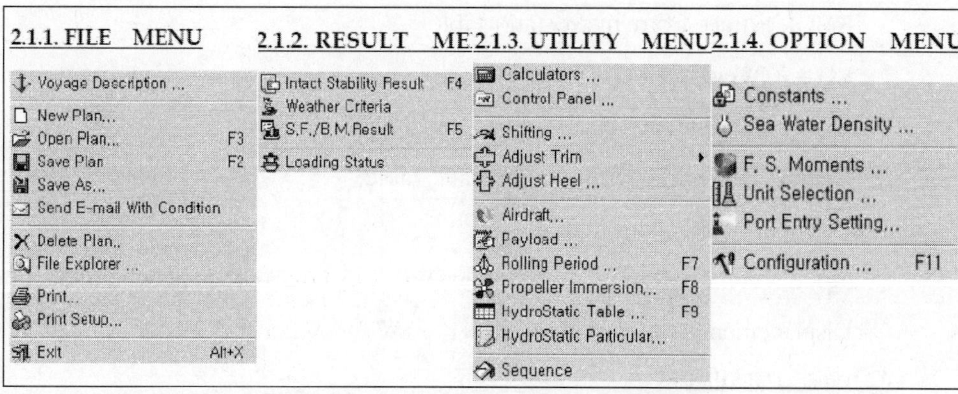

[그림 2-14] 적하지침기의 기능(Shipmanager-88)

2) 이런 적하지침기는 선박의 기본 데이터를 사용하여 컴퓨터가 계산하며, 사용되는 선박 data는 다음과 같다.

① Stability table(KN data)

② Down flooding angle

③ Tank capacity table & Volume table

④ Hydrostatic table

⑤ Bonjean data

⑥ Lightship weight distribution data

⑦ Deadwegiht constant information

⑧ Frame number and position

⑨ Maximum allowable shear force & bending moment

⑩ Data for the calculation of propeller immersion ratio

⑪ Draft mark information

3) 기본계산 개념(Basic calculation concept)은 다음과 같다.

① Trim / Draft / Weight calculation flow

㉠ DWT = Cargo + WBT + FOT + DOT + LOT + ETC.T + Constant weight

㉡ Disp = ΣWeight + LWT

Wight = Cargo + WBT + FOT + DOT + LOT + ETC.T + Constant weight

㉢ GoM = KMt − (KG + GGo)

KMt ; extract from hydrostatic table

KG = Σ(Weight×VCG) / Disp

GGo = ΣI Moment / Disp

㉣ Deq, LCF : extract from hydrostatic table.

② Intact stability calculation flow

㉠ Input Weight of each Compartment(Wi) and DWT constant weight(Wconst)

Displacement is summation of Wi + LWT + Wconst

㉡ Basic Calculation

LCG(LCGi), KG(KGi), TCG(TCGi), Free Surface Moment(Fi)of each compartment from volume table

KMT : extract from Hydrostatic data

㉢ Total KG Moment(MKG)

MKG = Σ(KGi×Wi) + (KGLWT×LWT) + (KGconst×Wconst)

㉣ KG of the Ship(KG)

KG = MKG / Disp

㉤ Total Free Surface Moment(FSM)

FSM = ΣFi

㉥ GM Calculation

GM = KMT − KG

KMT : extract from Hydrostatic data

㉦ GGo Calculation

GGo = FSM / Disp

ⓞ GoM Calculation

$GoM = GM - GGo$

ⓙ Flood Angle(θf)Calculation

θf : extract from down flooding angle data

ⓒ KN Value at 0.1°, 5°, 10°, 20°, 30°, 40°, 50°, 60°

(KN0.1, KN5, KN10, KN20, KN30, KN40, KN50, KN60) is calculated from disp(or draft) and KN Table at each Angle

ⓚ Calculation GoZ at Each Angle

ⓐ $GoZ0.1 = KN0.1 - \{(KG + GGo) \times \sin 0.1°\} - |TCG| \times \cos 0.1$

ⓑ $GoZ5 = KN5 - \{(KG + GGo) \times \sin 5°\} - |TCG| \times \cos 5°$

ⓒ $GoZ10 = KN10 - \{(KG + GGo) \times \sin 10°\} - |TCG| \times \cos 10°$

ⓓ $GoZ20 = KN20 - \{(KG + GGo) \times \sin 20°\} - |TCG| \times \cos 20°$

ⓔ $GoZ30 = KN30 - \{(KG + GGo) \times \sin 30°\} - |TCG| \times \cos 30°$

ⓕ $GoZ40 = KN40 - \{(KG + GGo) \times \sin 40°\} - |TCG| \times \cos 40°$

ⓖ $GoZ50 = KN50 - \{(KG + GGo) \times \sin 50°\} - |TCG| \times \cos 50°$

ⓗ $GoZ60 = KN60 - \{(KG + GGo) \times \sin 60°\} - |TCG| \times \cos 60°$

ⓣ Calculation Heeling Angle

Angle of which is 0 point of GoZ.

3. 선종별 적하지침기기의 사용법 및 특이사항

1) 실습선 한바다호 적하지침기기

[그림 2-15]는 적하지침기기를 실행하면 나타나는 기본화면으로 본선의 Loading Condition을 확인할 수 있다. 현재 Online 상태(상단의 표시부분)로 각 Tank로부터 Sounding 값이 실시간으로 입력되어(중앙 바탕부분) 본선의 현재 Condition(우측 표시부분)을 나타내고 있다.

본선의 변동가능한 모든 Tank가 좌측에 입력되어 있고, 각 Tank마다 Moment Lever(LCG, VCG, TCG)가 입력되어 있어 해당 Tank의 용량이 변하면 모멘트가 발생하여 선박의 Condition을 변화시킨다.

여기에서 본선의 Condition을 변경하여 계산하고자 한다면, Offline으로 변경하여 해당

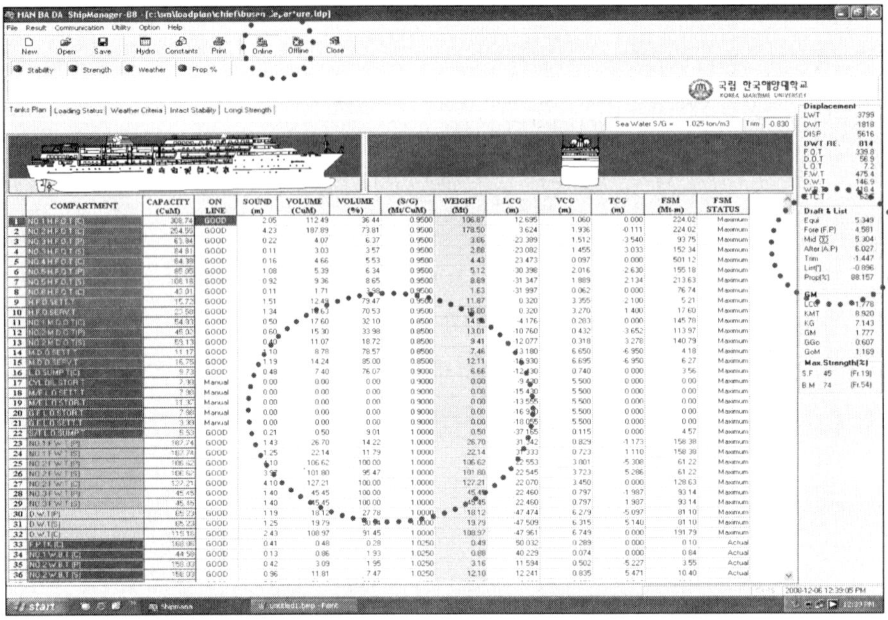

[그림 2-15] Tanks Plan 화면

Tank에 Sound 값이나 Volume 값을 변경해 가면서 동시에 우측의 Condition을 확인하여 해당 Tank에 얼마만큼을 적재하면 되는지를 결정하면 된다. 해당 Tank에 Sound 값이나 Volume 값을 입력하면 실시간으로 계산되어 해당 Condition이 확인 가능함으로써 화물, Bunker, Ballast Water 및 청수 등의 부적절한 선적이 곧바로 확인 가능하다.

Loading Computer의 사용은 Stowage Plan(Loading / Discharging)의 작성, 화물의 적양하 순서(Loading / Discharging Sequence) 결정, 적양하항에서의 흘수(Arrival / Departure Draft) 및 Trim의 예측 등이 가능하며, 이러한 과정 중에는 반드시 적절한 GM과 선체에 가해지는 응력의 크기를 확인해야 한다.

[그림 2-16]은 Loading Status를 한눈에 쉽게 확인할 수 있도록 구성한 화면으로 Oil Tank와 Water Tank를 구별하여 볼 수가 있다.

[그림 2-16] 및 [그림 2-17]은 IMO 복원성 기준[Res. A. 749(18)]에 대한 만족 여부를 확인할 수 있는 화면이다.

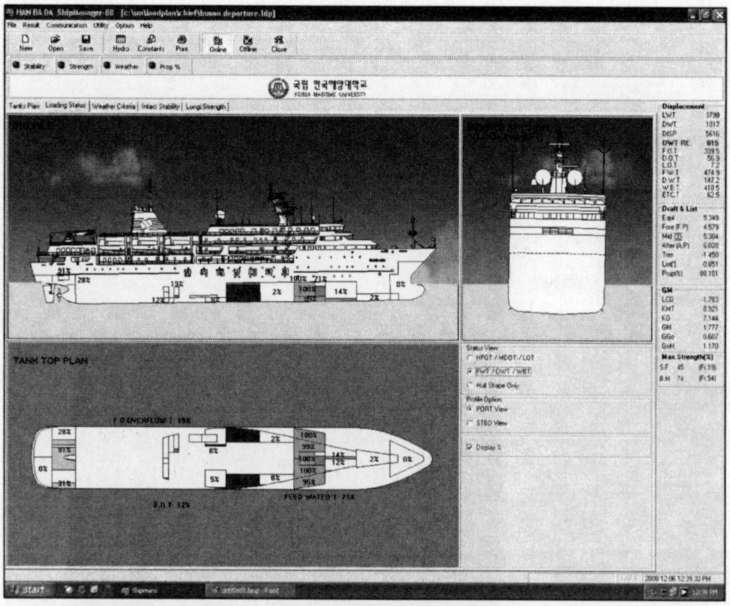

[그림 2-16] Loading Status 화면

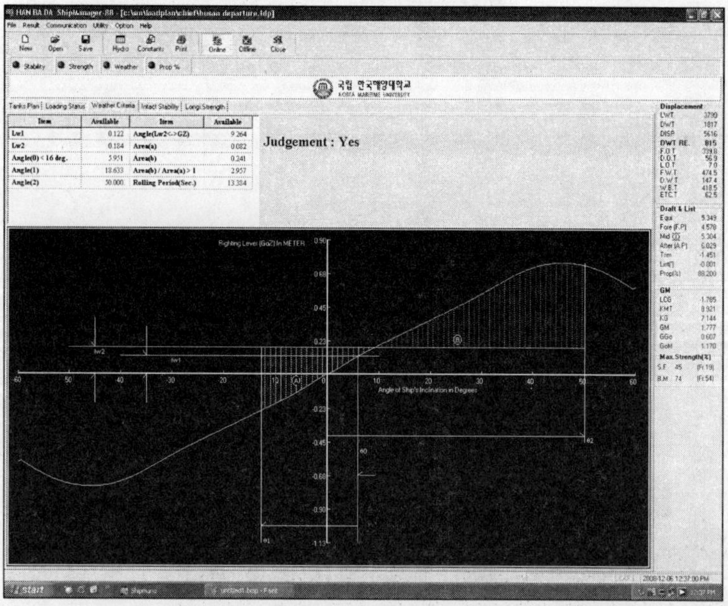

[그림 2-17] Severe Wind and Rolling Criterion 화면

[그림 2-17]은 바람 및 파도에 대한 복원성 기준(Severe Wind and Rolling Criterion)이다.

[그림 2-18]은 일반 복원성 기준(정적 복원성 기준, Intact Stability)을 나타낸다. 본선은 해당 복원성 기준을 만족한 것으로 표시되고 있다.

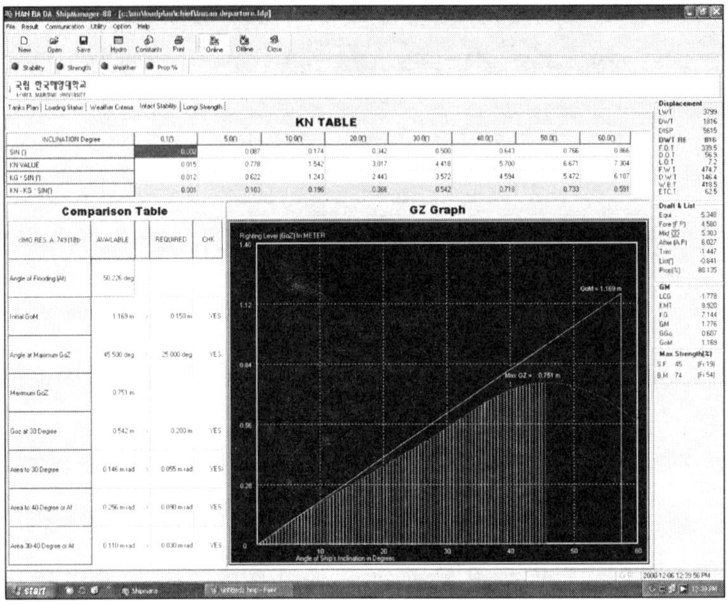

[그림 2-18] Intact Stability 화면

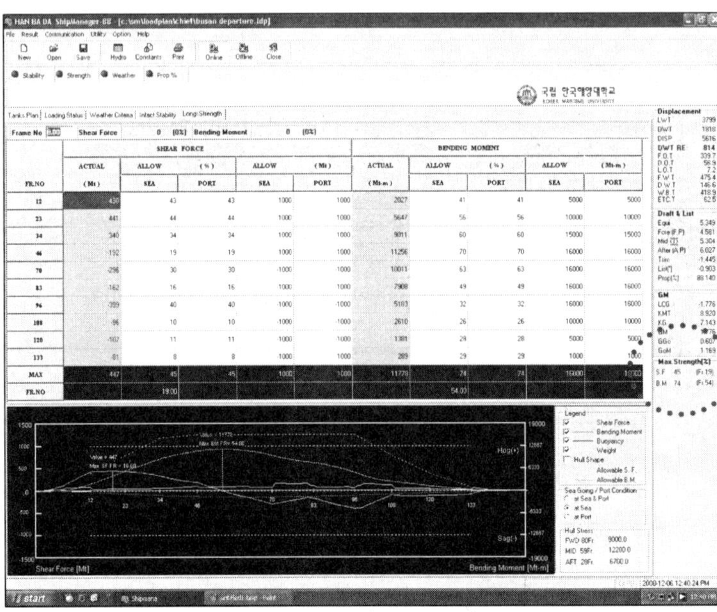

[그림 2-19] Longitudinal Strength 화면

[그림 2-19]는 선체에 가해지는 Longitudinal Strength를 확인할 수 있는 화면이다. 좌측에는 선미부터 선수까지의 Frame Number가 표시되어 있고, 그 우측으로는 해당 위치에서의 현재의 전단력(Shere Force)과 종굽힘 모멘트(Bending Moment)의 계산값과 허용 기준치에 대한 비율 및 허용 기준치가 표시되어 있다. 하단부 및 우측에는 해당 값의 최대치가 Frame Number와 함께 표시되어 있다.

기타 기능으로는 Hydrostatic Table(TPC, MTC 등)을 확인할 수 있는 화면(그림 2-20), 불명중량(Constant)을 수정할 수 있는 화면(그림 2-21) 그리고 해수비중을 수정할 수 있는 화면(그림 2-22) 등이 있다.

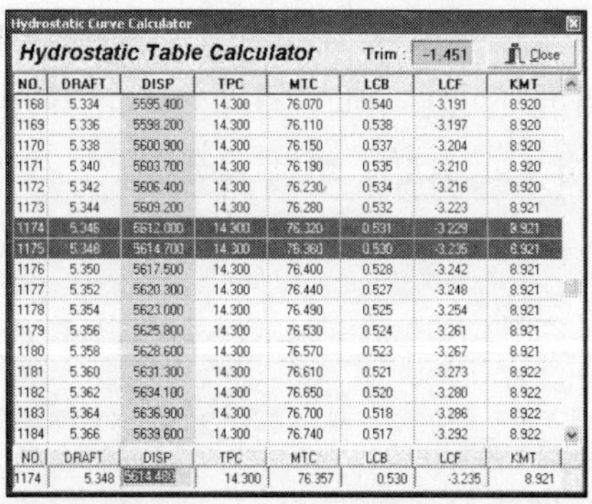

[그림 2-20] Hydrostatic Table 화면

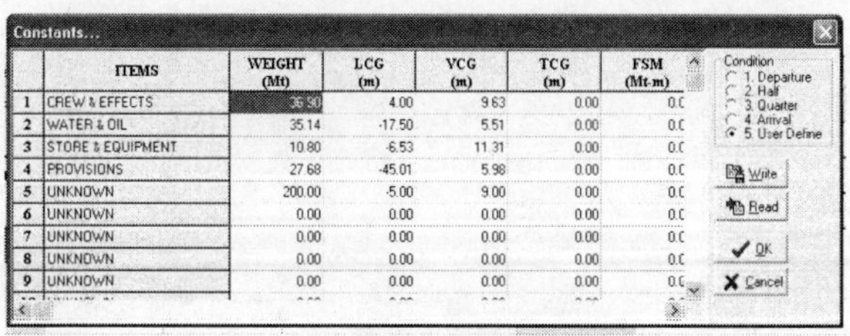

[그림 2-21] Constant 수정 화면

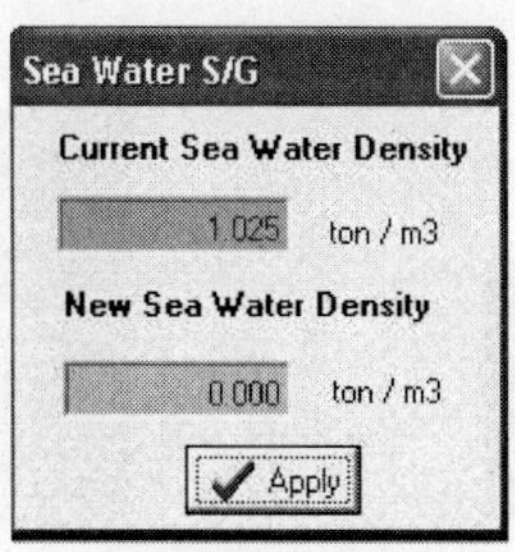

[그림 2-22] 해수비중

2) 컨테이너선 적하지침기

Cargo Loading이나 Ballast 조정 시 본선의 Stability를 확인하기 위해서 본선의 복원성과 관련된 데이터를 볼 수 있는 기능을 활용하여 복원성이 알맞게 확보되었는지를 확인한다. 그러한 기능은 Displacement Summary나 Torsion Moment, Longitudinal Strength, Stability Summary 등으로서 알 수 있다. 조정이 필요한 사항이 있으면 Trim 조정기능이나 위에서 설명한 Tank Data와 Trim / heeling Adjustment 기능을 이용하거나 화물적재 위치를 변경하여 조정 가능하다(그림 2-23).

컨테이너 전용선에서 화물 적양하시 고려해야 할 사항은 다음과 같다.

① 적절한 GM유지를 위한 무게 분산 : GM이 100cm 이하에서 5도 이상의 타 사용 시 선박 경사가 심하게 발생하므로 최소 GM이 90cm 이상이 되도록 하고 있다.

② 갑판적 컨테이너 화물의 배치로 인한 시야확보 : 선박의 조선위치에서 전방으로 선수에서 좌우 각 10도 이내 범위의 해수면 시야가 LOA의 2배 이하 또는 500m 보다 작아야 한다.

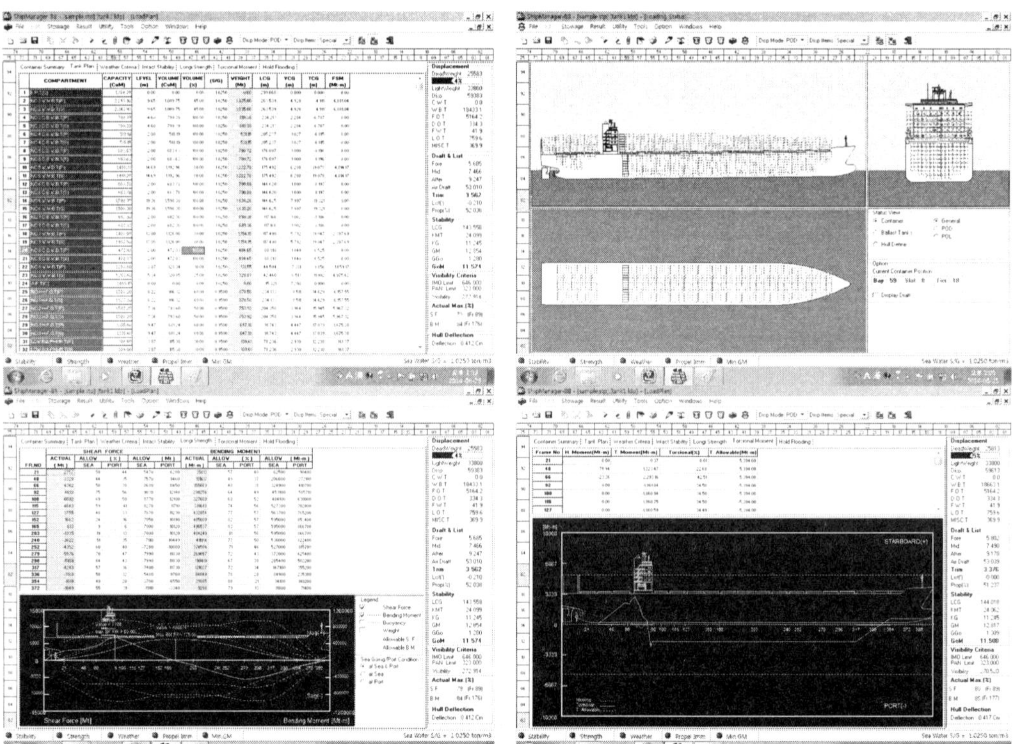

[그림 2-23] 컨테이너선 적하지침기 화면

③ 본선 스트레스를 감안한 균등한 중량배치 : 선적된 각 컨테이너마다 중량이 다르고, 기본적으로 무거운 컨테이너를 아래에 싣는다.

④ 특수한 성질을 가진 화물(Special Cargo)의 배치 및 관리 : CNTR Size, CNTR Type, Cargo Type에 따라 컨테이너 선적위치를 고려해야 한다. 특히 Reefer Container, Dangerous Cargo, Hi Cubic Container 등을 고려한다.

⑤ Stacking Weight를 점검하여 극부 하중 여부를 확인하여야 한다. 초과한 경우는 화물을 다른 곳으로 이동 분산시켜야 한다.

⑥ 기항지의 수 및 양하될 화물의 순서를 고려한 적절한 배치를 들 수 있다. 같은 선적항이더라도 추후 양하항이 틀리면 먼저 도착하는 양하항이 양하되는데 다음에 도착하는 양하항의 화물의 이동이 필요하거나 양하작업을 방해하지 않도록 Stowage Plan을 작성해야 하며 이때 선체의 과도한 Stress 및 GM 감소가 규정 이하가 되지 않도록 주의하여야 한다.

⑦ 컨테이너선은 그 구조적 특성상 갑판적화물이 많고 화물의 단위당 무게가 다른 화물에 비해 그리 크지 않을 뿐더러 용적은 일정하게 차지하므로 동일규모의 다른 선종의 선박, 즉 탱커선이나 벌크선에 비해서 GM값이 작아질 수 있다. 하지만 무조건 GM 값을 크게 해서는 안 되는데 이는 GM이 과도하게 되면 횡요주기가 짧아져 선체요동이 심화되어 갑판적화물이 이탈할 가능성이 있기 때문에 적절한 크기의 GM을 갖는 것이 중요하다.

3) LNG선 적하지침기기

LNG선에서 화물 적양하 시 고려해야 할 사항은 다음과 같다.

① 선적된 액화천연가스는 액체상태로 선박의 움직임에 의해 유동수 효과가 발생한다. LNG 선박의 Cargo Tank 내부에 격벽이 존재하지 않아서 멤브레인 형식의 LNG선에서는 초박형으로 설계된 Cargo Tank에 치명적인 손상을 입힐 수 있으므로 이 유동수 효과가 발생하지 않도록 화물 적양화를 실시하는게 중요하다.

일반적으로 Tank 높이의 10% 이하 높이의 90% 이상으로 항상 선적하며, 실무적으로는 양하 시는 높이의 4% 이하로 선적하고 있고 적하 시에는 높이의 98% 이상 선적한다. Loading Computer를 이용하여 해당 높이 확인 후 적양하 작업 중 Topping Off시 참조하며 Stowage Plan 짤 때 중요한 전제가 된다(그림 2-24).

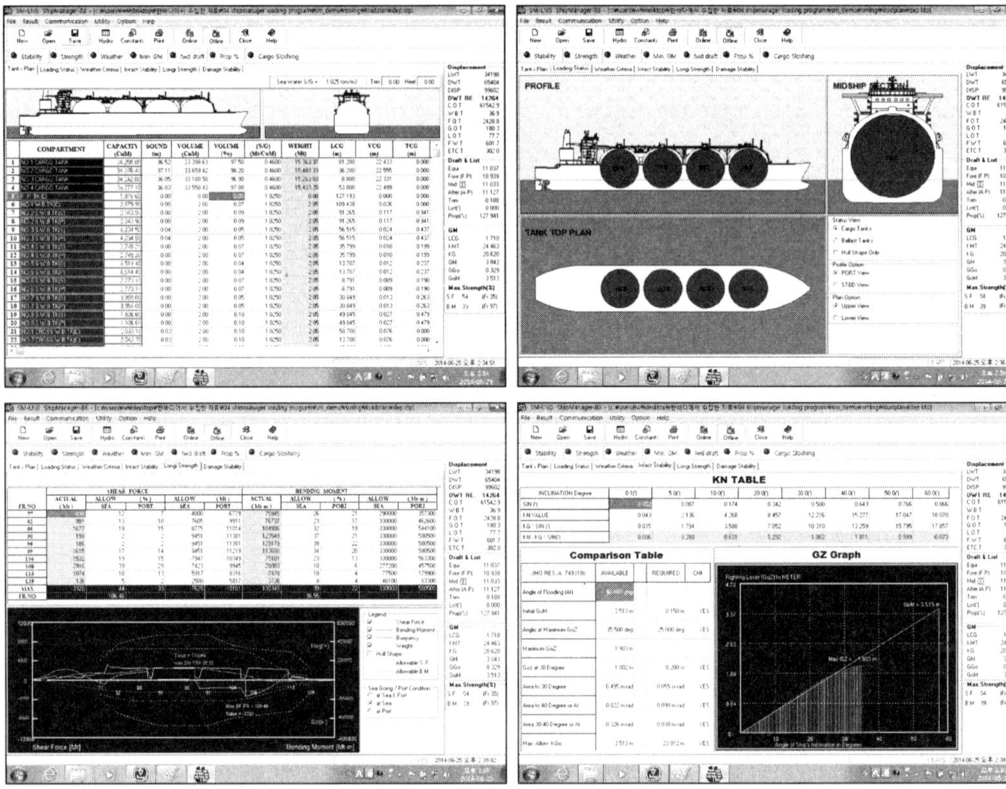

[그림 2-24] LNG선 적화지침기 화면

② Loading Computer에 필요한 각종 데이터를 Online/Offline Mode 두 가지 방법으로 확인할 수 있는데 Online 상태로 본선 상태를 실시간으로 정확하게 알 수 있다. Off Line Mode를 이용해서 Stowage Plan을 작성하고 있고, 실제 운항 중에는 항상 On Line 상태로 각종 데이터를 실시간 수신하여 선박에 대한 감항성을 확인할 수 있기 때문에 안전도 측면에서 굉장히 유리하다고 볼 수 있다. 참고로 선적된 액화천연가스는 CTS라고 하는 정전용량식 계측장비로 실시간 Cargo Level을 확인하고 있고, 나머지 Ballast 및 유류 Data 등은 Metritape를 이용하여 저항치의 변화에 따른 측정값을 Loading Computer에 실시간으로 보내 확인하고 있어 실시간 선박 복원성 판단에 이용 가능하다.

③ LNG 화물비중은 0.45~0.55정도로 예상하여 계산을 하고 있으며, 액화가스의 비중을 운항자는 정확하게 알 수가 없고, 선적항에서 샘플을 선적 후 육상에 전달하여 연구실에서 계산하여야 정확한 값을 알 수 있다. 그러나 이런 비중은 화주 대외비인

경우가 많다. 즉, 본선에서는 LNG 비중을 정확하게 알 수 없고 대략 계산하고 약간의 오차는 확보하게 된다. LNG는 중량화물이 아니라 부피화물이므로 이 정도의 오차는 Draft 변화에 큰 영향을 주지 않아 부두 입출항 시 문제가 발생하지 않으나 주의하여야 한다.

④ 특수선인 LNG선은 부두 입항 후 통상 20시간안에 작업을 마무리하고 빠른 시간내에 출항을 하기에 적양하 작업 중에도 사정상 곧 바로 출항할 수 있는 컨디션을 확보할 수 있는 상태를 유지해야 하기 때문에 어떠한 상황에서도 출항할 수 있는 Sea Condition의 감항성을 확보하고 있어야 한다. 즉, 시간별로 하역양 및 밸러스트량을 고려하여 On Line 상태로 Loading Computer를 운용하여 선박 감항성을 항상 유지하는게 필수적이다.

4) 자동차운반선 적하지침기기

Cargo Summary 및 Deck Plan을 이용하여 각 Deck 및 Hold별로 Cargo Weight를 입력할 수 있다. Tank Plan을 이용하여 Tank별 적재량 입력 후 Longitudinal Strength, Stability, Weather Criteria를 활용하여 선체 복원성이 알맞게 확보되었는지를 확인한다.

Cargo Information에 차종에 따라 Dimension 및 Weight를 입력하면 Quick Loading Tool을 사용하여 Deck Plan상에 Cargo를 배치하여 입력 및 조정 가능하다.

자동차운반선에서 화물 적양하 시 고려해야 할 사항은 다음과 같다.

① 적절한 GM유지를 위한 무게 분산, GM이 100cm 이하에서 5° 이상의 타 사용 시 선박 경사가 심하게 발생하므로 최소 GM이 85cm 이상이 되도록 하고 있다.

② 자동차선의 화물은 Main Deck(통상 Deck 5)의 Stern 및 Side Ramp로만 하역작업이 가능하므로 Drive Way를 차단하지 않도록 기항지별 양하순서를 적절히 고려하여 선적될 수 있도록 한다.

③ 자동차선은 일반 승용차 외에도 중장비 및 Static Cargo 등의 부피가 크거나 중량화물도 선적 가능하므로 각 Deck별 1.0M^{2}당 선적 가능한 화물의 무게인 Uniform Load와 차축 기준으로 계산된 화물의 선적 가능 무게인 Axle Load 및 Height를 확인하여 선적될 수 있도록 배치한다.

④ 자동차선의 특성상 기항지가 많고 적양하가 반복되므로 화물 적양하 시 선체 복원성 손실이 발생하지 않도록 유의한다.

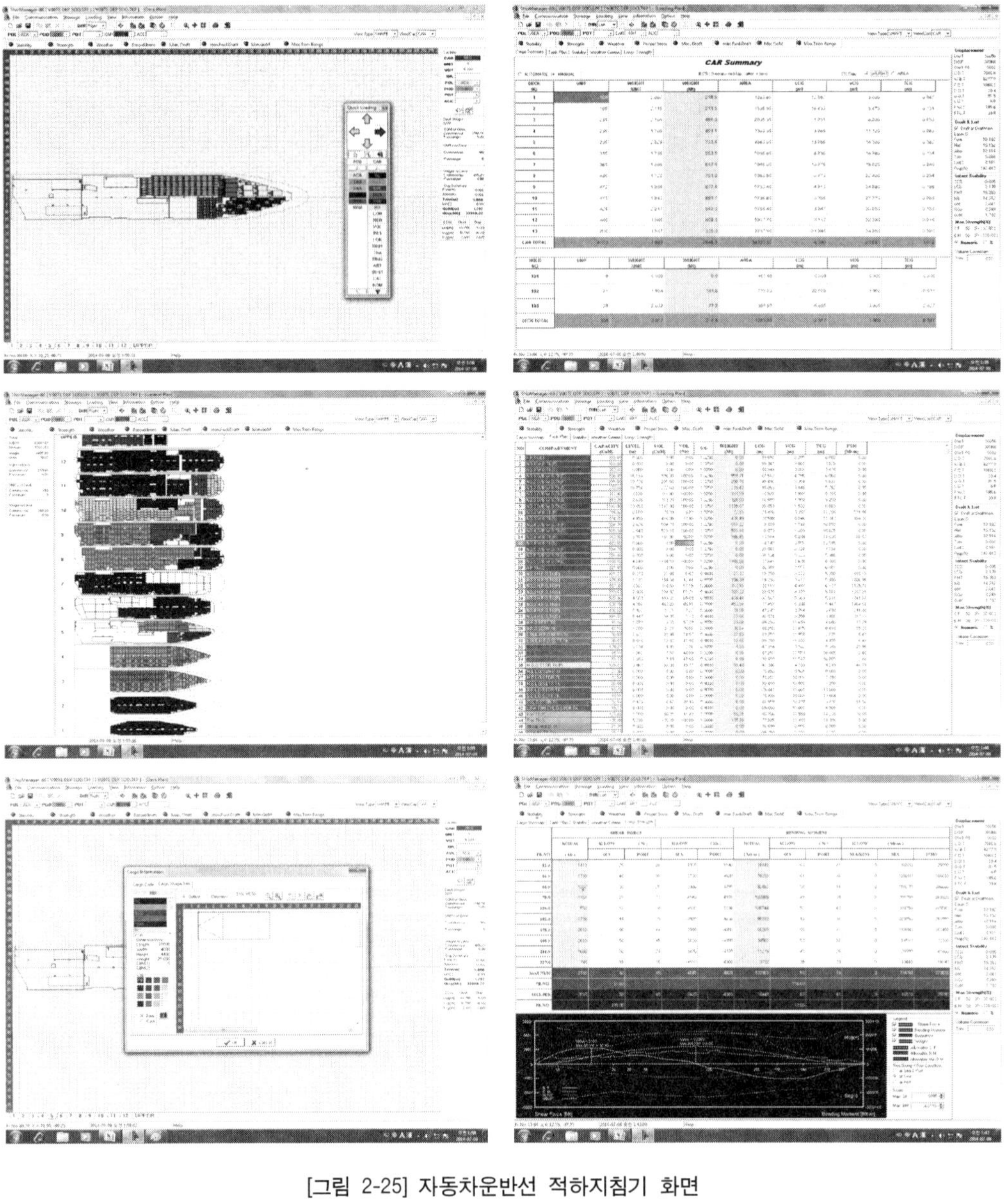

[그림 2-25] 자동차운반선 적하지침기 화면

⑤ 하역작업 중 안전을 위하여 필요하다면 수동으로 WBT의 밸러스트 이동며, Heeling 2° 이내로 유지 & 조정하여야 한다.

⑥ 최신 자동차 선박은 Deck 높이 조절이 가능하며, 조정한 경우 VCG값을 정확히 입력해 주어야지 GM값이 정확하다.

5) 탱커선 적하지침기기

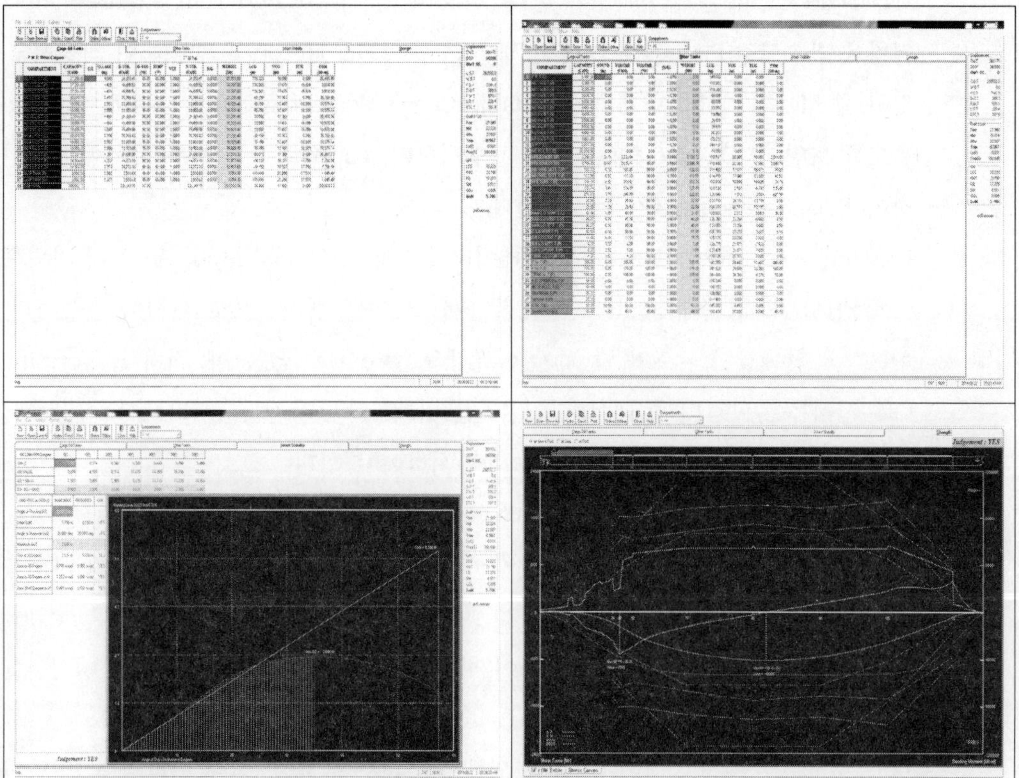

FR.NO	SHEAR FORCE ACTUAL (Mt)	ALLOW (%) SEA	ALLOW (%) PORT	ALLOW (Mt) SEA	ALLOW (Mt) PORT	BENDING MOMENT ACTUAL (Mt-m)	ALLOW (%) SEA	ALLOW (%) PORT	ALLOW (Mt-m) SEA	ALLOW (Mt-m) PORT
54	[illegible]	42	33	-11510	-14500	-89148	31	17	-285000	-525000
60	-7083	55	44	-12810	-16150	-119536	37	20	-325000	-595000
62	-5856	49	37	-11950	-16000	-183849	47	26	-395000	-720000
70	-2458	18	14	-13350	-17430	-335539	54	29	-620500	-1138500
80	-405	3	2	-15030	-18250	-404106	65	35	-620500	-1138500
90	1515	11	9	14000	17750	-375950	61	33	-620500	-1138500
100	3565	24	19	14750	18880	-251227	61	33	-415000	-765000
110	5346	72	62	7380	8690	-37125	44	22	-85000	-165000
MAX	-7083	55	44	-12810	-16150	-405895	65	36	-620500	-1138500
FR.NO		60.00					82.00			

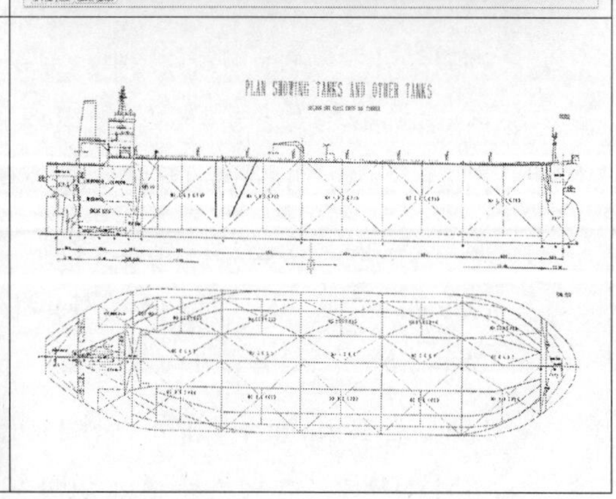

[그림 2-26] 탱커선 적하지침기 화면

탱커선에서 화물 적양하 시 고려해야 할 사항은 다음과 같다.

① 탱커의 경우 취급화물 특성상 액체상태의 화물을 운송하므로 선박의 움직임에 의해 유동수 효과가 발생한다. 이에 따라 유동수 효과를 최소화 하도록 화물 적양하를

실시하도록 한다. 통상 Cargo Tank의 98% 이상 적재를 금하고 있으며, 이를 고려해 Max Load Ullage를 결정하도록 한다. Volume의 경우 Cargo Temperature에 의해 영향을 받으므로 Plan 작성 시에는 해당 Cargo Data History를 참조하여 작성하고, 적하 중 Mid-Topping 단계에서 Portable Cargo Measuring Unit을 사용하여 Cargo 온도를 확인 및 On-Line Sensor와 비교실시하며, Topping Off 전 온도를 재차 확인하여 Final Ullage를 결정하도록 한다.

② Loading Computer에 필요한 각종 데이터를 Online/Offline Mode 두 가지 방법으로 확인할 수 있는데, Online 상태로 본선 상태를 실시간으로 확인이 가능하다. 단, 각종 연동장치의 오차 및 기기적 결함을 무시할 수 없는 바, 적하 중 Topping Off 시에는 동 장비의 데이터 값은 참조용으로만 사용하고, 반드시 현장에서 Portable Measuring Unit을 사용하여 실시하여야 한다.

③ 해당 항차 Voyage Order에 따라 Multi-Grade Cargo 선적을 하게 될 경우, 각 Cargo 별로 적양하 시 Condition이 확보 가능하도록 Tank Segregation 및 Ballast Plan을 수립하여야 한다. 아울러 적양하 작업 중 4~6시간 간격으로 해당 Stage Condition을 산출하여 하역작업 중 Condition이 확보된 상태로 작업이 가능한지 사전점검을 실시하도록 한다.

④ 탱커 운항 특성상 주로 Deep Draft 운항을 실시하게 되며, 이에 따라 화물 적양하 계획수립 시 입출항하는 해당 부두 및 제한수역(ex. Singapore Strait)의 Draft Restriction을 고려하여 작성하여야 한다.

Crude Oil의 비중 단위로는 주로 API를 사용하며, 해당 화물의 Final API는 주로 적하 막바지 또는 적하종료 후에 Terminal측에서 제공하므로 적하작업 중에는 Official API를 따로 제공받아 사용하도록 한다(통상 해당 항구 마지막 선적 선박의 화물 API 또는 평균값을 제공함).

Loading Computer상에서 계산 Draft 및 On-Line Draft를 확인할 수 있다. 그러나 상기 항목에서도 명시한 바와 같이 기기의 오차 및 결함을 고려하여 Draft값을 실측할 수 있는 부두에 접안을 할 경우, 각종 Draft 값을 비교하여 오차값을 수시로 측정하고 추후 참조사용 가능하도록 해당 데이터를 유지하도록 한다.

통상 VLCC Full Loading 실시 시, Sagging 값이 20~30cm 가량 발생하므로 (화물 API에 따라 다름) 이를 감안하여 본선의 Max. Draft를 결정하여야 한다.

⑤ 운항 중 Loading Computer Accuracy를 주기적으로 실시하여야 하며, 매 1년 간격으로 Class Survey 시 선급에 의한 승인 갱신을 실시하여야 한다.

6) 광탄선 적하지침기기

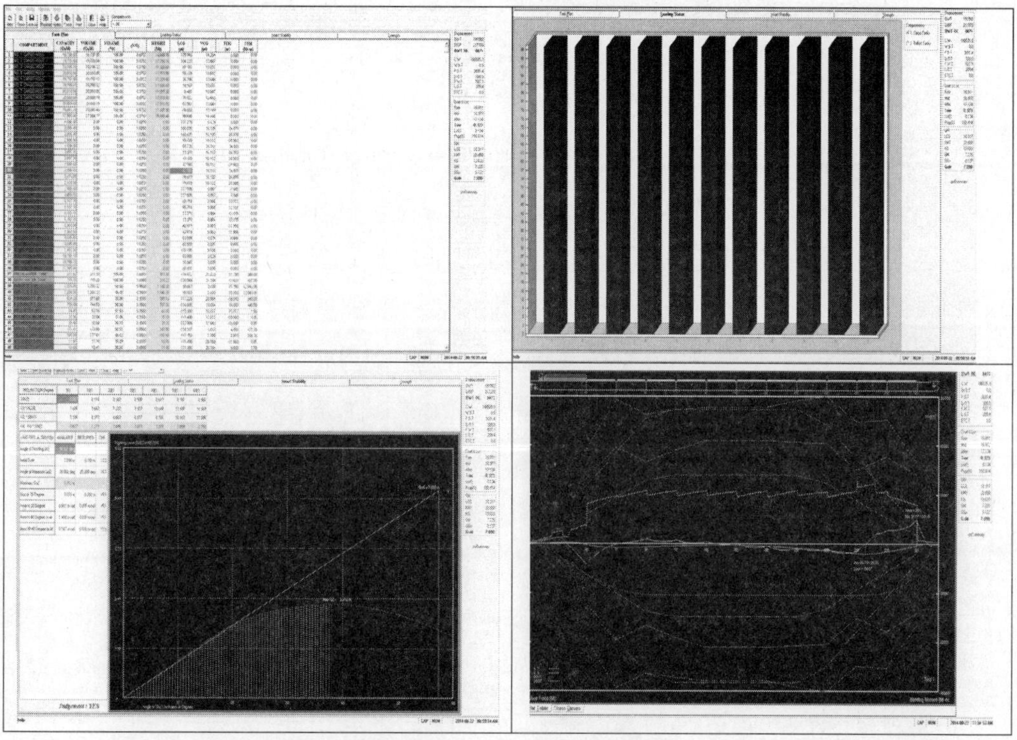

[그림 2-27] 광탄선 적하지침기 화면

광탄선에서 화물 적양하 시 고려해야 할 사항은 다음과 같다.

① 광탄선 취급화물 특성상 SF(Stowage Factor, 화물 1톤이 차지하는 선창용적)가 작은 중량화물을 운송하므로 선체에 강한 스트레스(Shearing Force / Bending Moment)가 발생한다. 이러한 스트레스가 선체의 어느 한 곳에 집중되지 않도록 화물 적양하를 실시하도록 한다.

통상적으로 Voy. Order상의 SF는 단위가 1LT/ft^{3}으로 표시되어 수신되므로 이를 사용자가 계산하기 편하도록 단위를 적절히 변경하여 화물 적양하 Plan을 작성해야 한다.

철광석의 경우 SF가 20~30으로 중량화물이며, 작은 화물량으로도 선체 경사가 생기기 쉬우니 Trimming Cargo를 Plan 작성 시 충분히 확보하는 것이 좋다.

철광석 선적 시 화물선창의 100% 선적은 불가하고 선창용적의 50~60% 정도 선적하는 것이 보통이다. 이 때 화물이 한 곳에 집중되어 과도한 국부응력을 발생시키지 않도록 주의하며 전체적으로 모든 화물선창에 비슷한 양이 선적되도록 한다. 석탄의 경우는 SF가 50~70으로 이상적인 선적(100% 선적)이 가능하며, 모든 선창에 동일하게 100%에 가깝게 선적하므로 철광석에 비하여 화물 적양하 Plan을 작성하는데 있어 용이하다.

② Loading Computer에 필요한 각종 데이터를 Online/Offline Mode 두 가지 방법으로 확인할 수 있는데 Online 상태로 본선 상태를 실시간으로 확인이 가능하다. 단, 각종 연동장치의 오차 및 기기적 결함을 무시할 수 없는 바, 적하 중 Deballasting 시에는 Online Mode로 전송되는 데이터는 참조만 하고 반드시 현장에서 실제 Sounding을 실시하여야 한다. Deballasting 중 실측값의 어느 정도에서 Air가 들어오는 지에 대하여 파악하고, 최대한 Main Ballast Pump를 사용 및 적절한 Trim을 유지하여 Ballast 잔량을 최소화 하도록 한다.

③ 광탄선의 화물은 Ship Loader라는 기계에 의해 선적되는데, Ship Loader의 화물선적 위치는 해당 선창 Hatch Cover 상부에서 적당한 Clearance를 가지고 선창으로 화물을 떨어뜨려 선적한다. Ship Loader가 화물을 선적하기 위해 선측에서부터 화물선창쪽으로 이동을 하는데 이 때 ship loader와 선적할 선창의 Hatch Cover 상부와의 Clearance는 매우 중요하다.

화물선적 전 선박의 수면에서 Hatch Cover 상부까지의 Air Draft 및 Ship Loader의 Air Draft 명확히 파악하여 적절한 Clearance로 Ship Loader가 본선 선적할 선창으로 이동하는데 지장을 주지 않도록 유의한다. 이러한 이유로 선적항의 조석에 및 Ship Loader의 시간당 선적량에 대한 명확한 정보를 바탕으로 Deballsting 계획 수립하여야 한다.

광탄선 화물선적에는 Hatch Cover 상부과 Ship Loader와의 Clearance가 중요하기 때문에 타 선박에는 없는 Hold Ballast라는 것을 실을 수 있도록 설계되어 있다. 보통 2, 4, 6, 8번 Hold(9개 Hold Cape Size 기준)가 Ballast Hold로 설계되어 있으며, 4번은 Full로 Ballast 선적 가능하도록 되어 있다(선박에 따라 6번 Hold가 Full Ballst Hold로 설계된 경우도 있다). Ship Loader의 Air Draft가 낮은 항만에 기항할 경우 선박의 Hatch Cover 상부까지의 Air Draft를 낮추기 위해 주로 사용되며, Hold Ballast는 항해 중에 선적하면 위험하므로 반드시 양하항에서 정박 중 주입하거나 선적항 묘박 중 주입한다.

④ 광탄선은 타 선박과 마찬가지로 화물선적 흘수에 있어 Load Line 규정을 따라 화물을 선적한다. Load Line 규정은 해수밀도 1.025에서의 선박만재흘수선에 대한 규정으로 예를 들어 1.022 해수밀도의 항만에서 만재흘수선을 넘어 선적하여도 출항 후 대양 1.025 해수밀도에서 만재흘수선이 지켜지면 되므로, 그 해수밀도 차이만큼 흘수가 더 깊어져도 항만의 수심이 허락되는 한 문제가 되지 않는다. 이는 적하계획 시 Density Correction을 하여 미리 예측할 수 있다.

선적량=(Displacement×제한흘수항 비중) / 표준해수비중(1.025)

다만, 호주에는 AMSA에서 조석을 바탕으로 산출한 MSD(Maximum Sailing Draft)라는 개념이 있다. 이는 Load Line과는 별개의 규정으로 해수밀도와 상관없이 호주의 항구에 기항한 모든 선박은 출항 전 흘수가 MSD를 초과할 수 없으므로 적하계획을 작성 시 해당 항만의 해수밀도에 대한 정보를 입수하여 화물을 초과하여 선적하는 일이 없도록 한다.

이렇듯 광탄선은 운항 특성상 주로 Deep Draft 운항을 실시하게 되며, 이에 따라 화물 적양하 계획수립 시 입출항하는 해당 부두 및 제한수역(ex. Singapore Strait)의 Draft Restriction 을 고려하여 작성하여야 한다. 통상 광탄선 Full Loading 실시 시, Sagging 값이 10~20cm 가량 발생하므로 이를 감안하여 본선의 Max. Draft를 결정하여야 한다.

⑤ 운항 중 Loading Computer Accuracy를 주기적으로 실시하여야 하며, 매 1년 간격으로 Class Survey 시 선급에 의한 승인 갱신을 실시하여야 한다.

실습과제

1. 일반 상선에서 일등항해사의 주요 업무 중에서 화물의 적재와 관련된 모든 직무에 대하여 기술하고, 정박 시에 2등항해사 및 3등항해사의 직무에 대하여 설명해보자.

2. 화물의 적재 시에 반드시 고려해야 될 일반 사항들을 기술해보자.

제3장

선체구조 및 정비

3.1 선박 각 부의 명칭
3.2 선박에 작용하는 힘
3.3 선체의 구조와 도면
3.4 선박의 건조과정
3.5 선박의 정비

3.1 선박 각 부의 명칭

3.1.1 선박의 주요 치수

선박의 특성을 표시하거나 크기의 비교, 선박의 조종, 선체정비, 구성재료의 치수와 배치 등을 결정하는 데 있어서 선박의 길이, 폭, 깊이 등을 사용하는데, 이를 선박의 주요 치수라 한다. 이 주요 치수는 사용목적에 따라 그 계측 기준이 달라지는데, 예컨대 건현을 계산하기 위한 길이, 선박원부에 등록하기 위한 길이, 선박의 정적특성 및 복원특성을 계산하기 위한 길이 등은 각기 그 계측 기준을 달리하고 있다.

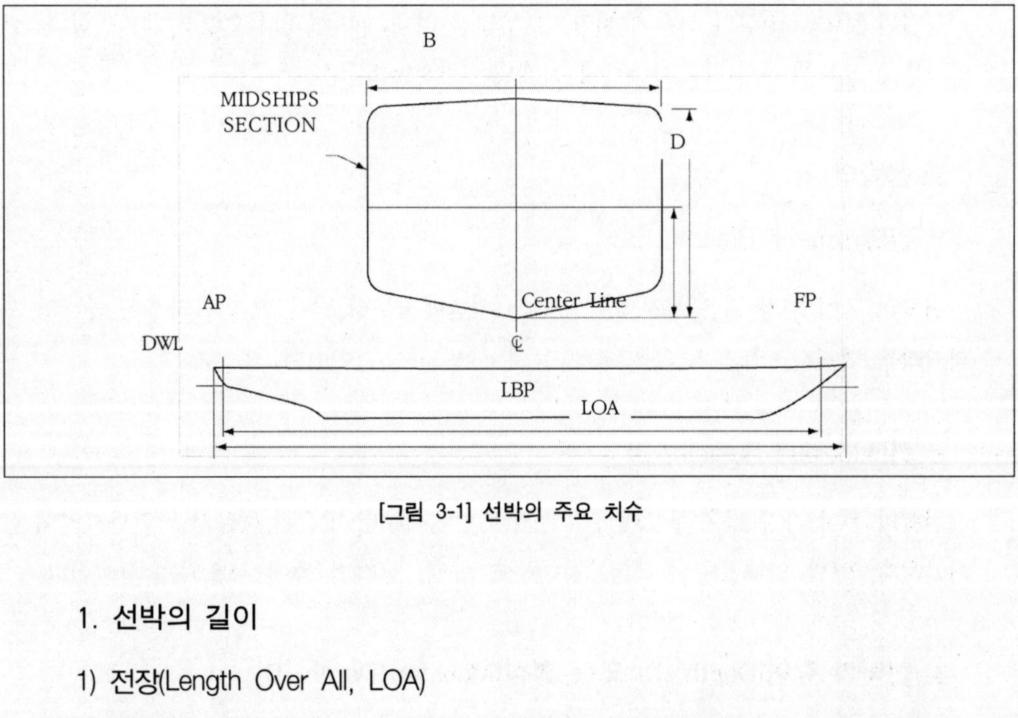

[그림 3-1] 선박의 주요 치수

1. 선박의 길이

1) 전장(Length Over All, LOA)

선체에 고정적으로 붙어 있는 모든 돌출물을 포함한 선수의 최전단으로부터 선미의 최후단까지의 수평거리를 말하며, 부두 접안이나 입거 등의 선박조종에 사용되는 길이이다.

2) 수선간장(Length Between Perpendiculars, LBP)

계획 만재흘수선상의 선수재의 전면과 타주의 후면(타주가 없는 선박은 타주재 중심선)에 각각 수선을 세워 이 양 수선 사이의 수평거리를 말하며, 선체 길이의 중앙은 수선간장의 가운데를 가리킨다. 강선구조 규정, 선박 만재흘수선 규정, 선박구획 규정 등 일반적으로 사용되는 길이이다.

3) 수선장(Water Line Length, LWL)

계획 만재흘수선상의 물에 잠긴 선체의 선수재 전면으로부터 선미 후단까지의 수평거리를 말하고 배의 저항, 추진력 계산 등에 이용된다.

4) 등록장(Registered Length)

상갑판 보(Beam)상의 선수재 전면으로부터 선미재 후면까지의 수평거리를 말한다. 선박원부에 등록되고 선박국적증서에 기재되는 길이이다.

2. 선박의 폭

1) 전폭(Extreme Breadth, Bex)

선체의 폭이 가장 넓은 부분에서 외판의 외면에서부터 맞은 편 외판의 외면까지의 수평거리를 말한다. 입거 및 선박조종 등에 사용되는 길이이다.

2) 형폭(Molded Breadth, B)

선체의 폭이 가장 넓은 부분에서 늑골의 외면에서부터 맞은편 늑골의 외면까지의 수평거리이다. 선박 만재흘수선 규정, 강선구조 규정, 선박법 등에 사용되는 길이이다.

3. 선박의 깊이(Depth, D) 또는 형심(Moulded Depth, D)

선체중앙에 있어서 용골의 상면(base line)으로부터 건현갑판(또는 상갑판 보)의 현측상면까지의 수직거리이다. 선박 만재흘수선 규정, 강선구조 규정, 선박법 등에서 사용되는 깊이이다.

3.1.2 선체의 주요 형상

선박이 해상의 운송 수단으로 이용되는 것은 부양성, 적재성 및 이동성이 있기 때문이다. 선체(Hull)가 이러한 기능을 발휘하기 위해서는 특수한 형태와 복잡한 구조가 요구된다. 또한 선체는 이동 중이거나 정박 중에도 여러 종류의 외력을 받기 때문에 선체의 구조는 이에 견딜 수 있는 충분한 강도를 가져야 한다. 따라서 선체 구조는 견고하게 제작되고, 그 중에서도 선수, 선미, 기관실은 특히 튼튼하게 만들어진다. 선체의 형상은 그 용도에 따라 가장 적합한 성능을 가질 수 있도록 설계되며, [그림 3-2]는 선체의 형상을 나타내고 각 부의 명칭은 다음과 같다.

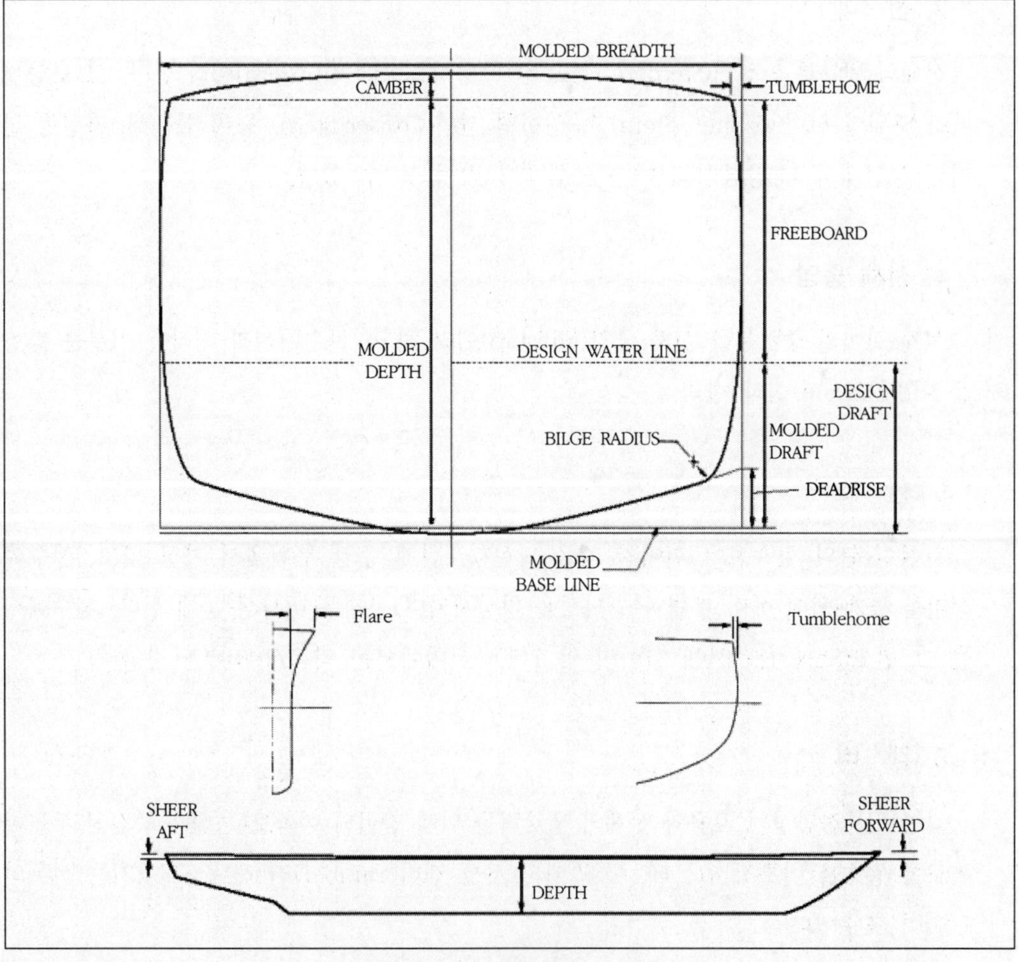

[그림 3-2] 선체의 형상과 명칭

1. 선 체

연돌(Funnel), 키(Rudder), 마스트(Mast), 추진기(Screw Propeller) 등을 제외한 선박의 주된 부분이다.

2. 선 수

선체의 앞부분을 선수(Bow)라 하고, 선수 방향을 어헤드(Ahead)라 한다. 그 모양에 따라 클리퍼 선수(Clipper Stem), 직립형 선수(Upright Stem), 경사형 선수(Raked Stem), 구형 선수(Bulbous Stem) 및 램형 선수(Ram Stem) 등이 있다.

3. 선 미

선체의 뒷부분을 선미(Stern)라 하고, 선미 방향을 어스턴(Astern)이라 한다. 그 모양에 따라 타원형 선미(Counter Stern), 순양함형 선미(Cruiser Stern) 등이 있는데, 타원형 선미는 상선에서, 순양함형 선미는 군함에서 많이 볼 수 있다.

4. 선체 중앙

선체 길이의 중앙부를 선체 중앙(Midship)이라 하고, 선수미선과 직각을 이루는 방향을 어빔(Abeam)이라 한다.

5. 현 호

건현 갑판의 현측선이 휘어진 것을 말한다. 선체 중앙 부위에서 가장 낮고, 선수와 선미를 높게 하여 예비 부력과 능파성을 향상시키며 선체를 미관상 좋게 한다. 선수에서는 그 현호(Sheer)를 선체 길이의 약 1/50, 선미에서는 약 1/100이 되게 한다.

6. 캠 버

갑판보는 갑판상의 배수와 선체의 횡강력을 위해 양현의 현측보다 선체 중심선 부근이 높도록 원호를 이루고 있는데, 이 높이의 차를 캠버(Camber)라 하며 그 크기는 선폭의 1/50이 표준이다.

7. 텀블 홈 및 플레어

상갑판 부근의 선측 상부가 안쪽으로 굽은 정도를 말한다. 플레어(Flare)는 텀블 홈(Tumble Home)의 반대의 경우로 선측 상부가 바깥쪽으로 굽은 정도를 말한다.

8. 빌 지

빌지(Bilge)는 선저와 선측을 연결하는 만곡부이다.

9. 선저 경사

중앙 단면에서 선저의 경사도이다. 선체의 강도상 목선이나 단저 구조선 등에서 볼 수 있다. 이중저구조선에는 선저가 편평하다.

3.2 선박에 작용하는 힘

3.2.1 선체가 받는 힘

선박은 화물이나 여객을 싣고 항해할 수 있도록 외판, 선저 외판, 갑판에 의해 수밀이 유지되어야 할 뿐만 아니라 파랑의 충격, 너울에 의한 굽힘 모멘트, 중력과 부력에 의한 전단력, 무거운 하중에 견딜 수 있는 구조이어야 한다.

선박은 해상에서는 일반적으로 선체의 중량과 해수의 부력에 의해 균형을 이루고 있으나, 선체의 형상과 화물의 적재 여하에 따라 부분적으로는 균형을 이루지 못한다. 하물며 화물이나 여객 등을 만재하고, 거친 대양을 항해하는 데는 많은 어려움이 따른다. 따라서 선체의 구조를 어떻게 할 것인가를 고려할 때, 황천에 견디고 안전하게 항해할 수 있는지가 매우 중요하다.

즉, 거친 자연의 힘에 대해 선체의 강도를 어떻게 하여 유지하는가에 있고, 그렇게 하기 위해서는 우선 선체에 어떠한 힘이 작용하는가를 검토하여야 한다.

선체는 물이 새지 않는 상자형의 용기라 생각할 수 있으며, 항해 중, 정박 중을 막론하고, 여러 가지의 힘이 작용하고 있다. 이것을 크게 나누면 선체를 종방향으로 굽히려는 힘, 선체의 횡단면을 변형시키려는 힘, 선체를 비틀려는 힘, 선체를 형성하고 있는 부재를 개별적으로 고려하여 각 부분에 작용하는 힘으로 나눌 수 있다.

1. 종방향의 힘

선박이 항해할 때에 각 부분은 중력과 부력의 차, 즉 상향력과 하향력에 의하여 선체는 종방향으로 굽힘 모멘트를 받게 된다. 특히, 파도 속을 항행할 때에는 파의 위치에 따라 호깅(Hogging) 및 새깅(Sagging) 상태가 된다. 이 때 갑판과 선저 외판은 압축력과 인장력을 번갈아 받게 된다. 이때 가장 큰 힘이 미치는 경우는 선체의 길이가 파장과 같을 때이며 선체의 길이의 중앙부가 파정에 놓이는 경우를 호깅상태라 한다. 호깅상태는 화물을 중앙부에 적게 적재하고 전후단에 많이 실을 경우에도 일어난다. 이 현상이 심하면 갑판이나 선저에 균열이나 주름이 생기며, 이 상태가 반복됨으로써 심하면 선체가 절단되기도 한다.

이와는 반대로 새깅의 경우는 파도의 계곡이 선체 길이의 중앙부에 오면, 선체의 전부와 후부에는 부력이 크고, 중앙부에서는 중력이 크게 작용하기 때문에 갑판과 선저에 인장력과 압축력이 교차로 작용하게 되며, 심하면 호깅과 마찬가지로 선체가 절단되기도 한다. 새깅은 화물을 중앙부에 과적하고 전후단에 적게 실을 경우에도 일어난다.

일반적으로 호깅상태에서는 갑판에 인장응력, 선저판에는 압축응력이 생기고, 새깅상태에서는 갑판에 압축, 선저판에 인장응력이 생긴다. 이러한 변형력에 견디기 위하여 선체는 길이 방향의 힘, 즉 종강력을 충분히 가져야 하며, 이러한 종강력을 형성하는 부재로는 용골, 중심선 거더, 종격벽, 선저 외판, 선측 외판, 내저판, 갑판하 거더, 마진 플레이트, 선측 종재, 상갑판 등이 있다.

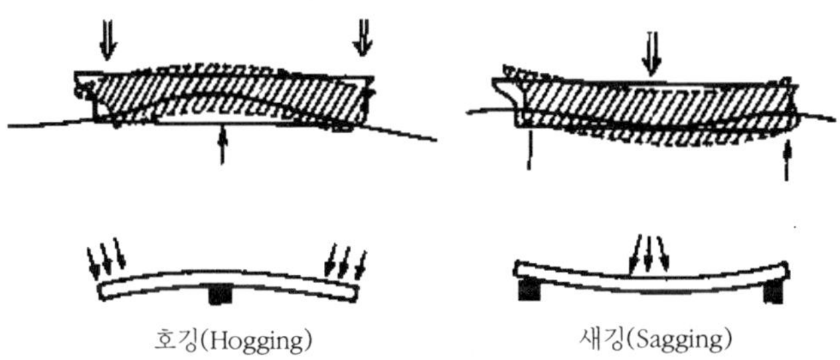

[그림 3-3] 호깅과 새깅상태

2. 횡방향의 힘

선체가 횡방향에서 파랑을 받거나 또는 횡동요를 하게 되면 선체의 좌현과 우현의 흘수가 달라져서 변형이 일어나는 것을 래킹(Racking)이라 한다. 이러한 횡방향의 변형력에 견디기 위하여 충분한 횡강력을 가져야 하며, 횡강력을 형성하는 부재로는 늑골, 갑판보, 늑판, 빔 브래킷, 횡격벽, 외판, 갑판 등이 있다(그림 3-4).

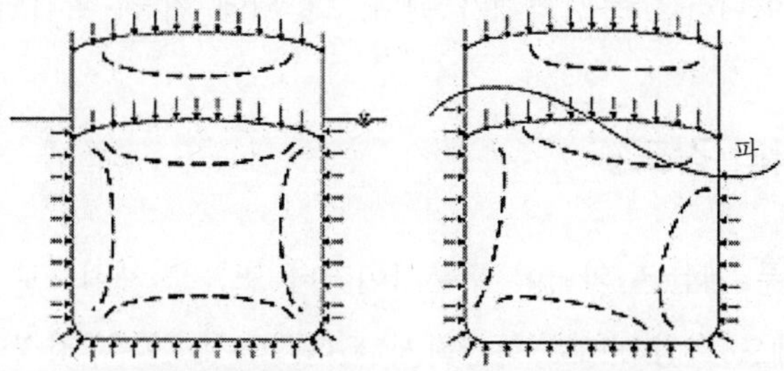

[그림 3-4] 횡단면을 변형시키려는 힘

3. 선체를 비틀려는 힘

배가 선측으로부터 심한 바람을 받아 옆으로 기울어지거나, 배가 파도중을 항해할 때 전방 또는 후방으로부터 파도나 바람을 비스듬히 받아 파도 또는 풍압의 작용방향이 선수미부에서 서로 달라지게 되면 배의 길이방향을 축으로 하여 비틀려는 비틀림 모멘트가 작용하게 된다. 일반적으로 파도의 길이가 배의 길이와 거의 동일하고 배와 파도의 진행방향이 45°각도이며, 파정 또는 파저가 배의 중앙부에 위치할 때 배에 작용하는 비틀림 모멘트가 최대가 된다(그림 3-5).

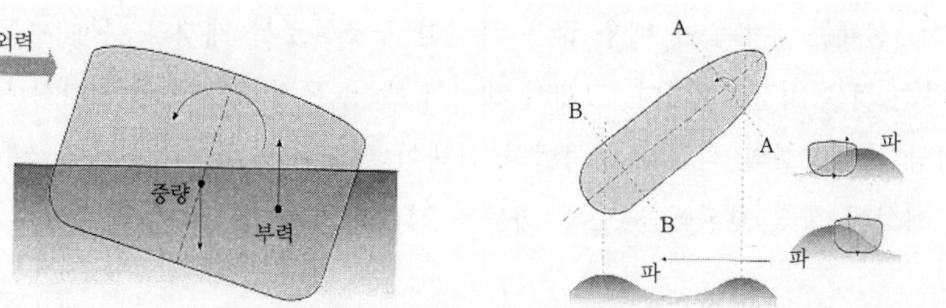

[그림 3-5] 선체를 비틀려는 힘

4. 국부적으로 작용하는 힘

선박에 국부적으로 발생하는 힘으로서 항해 중에 황천을 만나면 종동요(Pitching)와 횡동요(Rolling)가 심해지면서 선수부 및 선미부에는 파랑에 의한 충격으로 심한 진동이 발생한다. 이런 현상을 팬팅(Panting)이라 한다. 파랑에 의한 충격에 대항하기 위한 선수재(Stem), Propeller의 진동에 대항하기 위한 선미재(Stern Frame) 등은 선체 구성의 주요소가 될 뿐만 아니라 국부강력재가 된다. 그 외에 기둥, 횡격벽 등이 있다.

3.2.2 선박의 강도

선체강도의 세부 계산은 외력이 부분적이거나 또는 전체적으로 가해지기도 할 뿐만 아니라 힘의 형태도 다양하므로 복잡하게 된다. 또 그 힘은 정적인 힘과 동적인 힘이 동시에 작용하기도 하고, 이로 인하여 종단면 또는 횡단면에서 굽힘 변형 또는 비틂 변형 및 래킹으로 인한 변형이 발생한다.

실제의 선체에 있어서는 다양한 부재들이 서로 연결되어 있으며, 각 부재들의 기능들도 단일하지 아니하므로 어떠한 특정 부재에 걸리는 응력을 정확하게 구하기란 거의 불가능하다.

따라서 고려되어야 할 주안점은 선체의 각 부재가 그들이 사용되는 주목적을 수행할 만큼 충분히 강한가, 또 강도상 돌연한 불연속은 배제되었는가를 밝히는 데에 있다. 적합하게 설계된 선박에서는 항해 중 전체 구조가 외력에 대하여 하나의 탄성범위 내에서 응답하여야 하며, 각 부재는 발생되는 인장하중 및 압축하중의 적당한 양을 감당할 수 있어야 하며, 어느 부재도 특별히 더 강하거나 더 무겁지 않은 상태이어야 한다.

특히, 선체는 부재수가 매우 많은 복잡한 구조물로서 개개의 부재 모두를 고려하여 해석하는 것은 비경제적이다. 그래서 해석의 대상, 목적, 구조물의 역학적 특성을 고려하여 적당한 이상화와 적절한 해석법의 선택이 행해져야 한다. 그리고 국부적인 해석과 전체 해석이 상호 보완이 되도록 계산을 진행해 나가야 한다.

1. 종강도

배를 길이방향으로 굽히려는 힘, 즉 종굽힘 모멘트에 대항하는 강도를 종강도라 하고, 배의 강도 중에서 가장 중요하므로, 이 응력성분의 결정은 실제 항해조건과 가능한 한

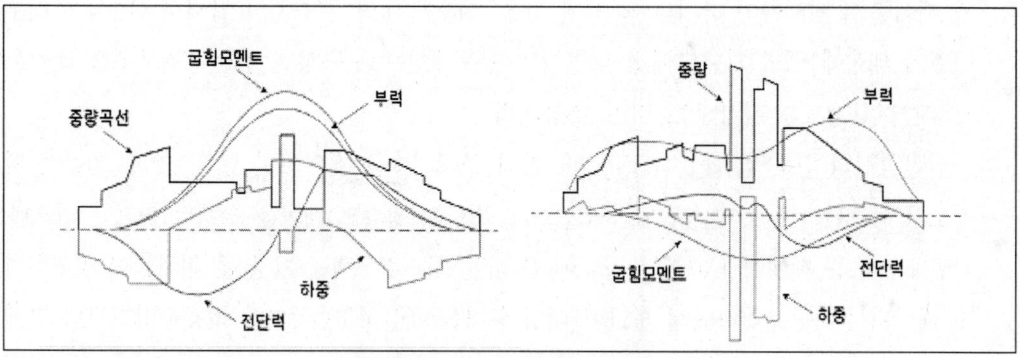

[그림 3-6] 종강도 계산(호깅 및 새깅)

가까운 가정을 설정하여 행해져야 한다. 종강도는 배를 1개의 보(Beam)로 가정하고, 이 보에 작용하는 종굽힘 모멘트를 계산한 뒤 보이론을 적용하여 평가한다.

일반적으로 이 응력은 하중곡선을 적분함으로써 얻어지는 종굽힘 모멘트로부터 구해지게 되며, 하중곡선은 중량과 부력의 차를 선체 전체길이에 걸쳐서 연속적으로 나타냄으로써 구할 수 있다. 이 종굽힘 모멘트와 선체횡단면계수를 이용함으로써 보이론에 의하여 상갑판 또는 선저판에서의 응력을 구할 수 있다.

배에 작용하는 종굽힘 모멘트에 대항하여 배의 종강도에 기여하는 부재를 종강도부재라고 한다. 배를 구성하는 구조부재가 종강도부재로서의 역할을 하기 위해서는 길이방향으로 충분히 길어야 하고 다른 부재와도 견고하게 고착되어 있어야 한다.

선급규정에서는 배의 중앙부 L/2 이상에 걸쳐 종통하는 부재 또는 이와 동등한 기여를 할 수 있는 종통부재를 종강도부재라고 정의하고 있다. 종강도 부재에는 갑판부, 외판부, 2중저구조, 종격벽, 선측 종통재, 방형 용골 등이 있다(그림 3-6).

2. 횡강도

배의 횡단면을 변형시키려는 횡하중에 대항하는 강도를 횡강도라고 한다. 배의 횡강도를 계산함에 있어서 고려하는 횡하중으로는 정수압, 구조하중, 갑판하중, 선창 내 화물압력 등이 있으며, 엄밀하게는 횡단면 내에 작용하는 각종 국부하중을 중첩하여 계산할 수 있으나, 일반적으로는 가장 큰 횡하중이 발생한다고 예상되는 하중조건을 대상으로 계산하고 있다.

배는 입체구조물로서 배의 강도는 엄밀하게는 종강도와 횡강도를 동시에 고려하여 3차원 해석을 수행하여야 하지만, 선체와 같은 복잡한 대형 구조물의 입체구조해석은 매우 어렵기 때문에 배의 횡단면에서 늑골간의 횡부재만으로 구성된 평면골조구조를 대상으로 배의 횡강도를 평가하는 것이 보통이다.

일반상선의 경우 법규나 선급규정에 따라 부재치수를 결정하면 일반적으로 충분한 횡강도가 확보된다는 것이 확인되어 있으므로 별도의 횡강도 계산을 수행할 필요는 없으나, 갑판개구가 큰 배에서와 같이 횡강도에 문제가 있는 경우에는 가장 큰 횡하중이 발생한다고 예상되는 하중조건하에서 횡단면 내의 응력을 계산하고, 이것이 허용응력값보다 작게 되도록 부재치수를 결정하면 된다.

횡단면을 변형시키려고 하는 힘에 대항하는 부재를 횡강도부재라 하고, 가로방향으로 배치되는 보, 늑판, 횡격벽 등이 이에 속한다.

3. 비틀림강도

배를 비틀려고 하는 힘에 대항하는 강도를 비틀림강도라고 한다. 일반적으로 실제 배에 작용하는 비틀림 모멘트에 의하여 배의 횡단면 내의 부재에 생기는 응력의 크기는 매우 작기 때문에 비틀림강도의 계산은 별도로 수행하지 않는 것이 보통이다.

그러나 갑판개구가 큰 배에서는 큰 비틀림변형이 생기기 쉬우므로 비틀림강도의 검토를 행할 필요가 있다. 배를 비틀려고 하는 힘에 대항하는 부재를 비틀림강도부재라고도 하는데, 이들의 예로는 외판, 갑판, 내저판, 늑판, 늑골, 보, 횡격벽 등이 있다.

4. 국부강도

종강도 및 횡강도와 비틀림강도는 배를 전체적으로 검토하고 있는데 반해서 배의 부분구조 또는 구조부재에 국부적으로 작용하는 힘에 대항하는 강도를 국부강도라고 한다. 배의 강도를 달리 하는 국부변형은 선체의 무거운 중량, 선각 거어더의 처짐, 국부진동 또는 선체진동, 피로응력, 입거작업, 슬래밍이나 해상에서의 다른 운동 등에 기인하여 발생할 수 있다. 이러한 문제들의 영향에 대해 어느 정도의 국부보강이 필요한지, 적절한 강도를 갖기 위해서는 어느 정도의 치수를 가져야 하는지를 결정할 수 있어야 할 것이다.

3.3 선체의 구조와 도면

3.3.1 선체의 구조와 명칭

1. 용 골

선체의 최하부의 중심선에 있는 종강력재로, 선체의 중심선을 따라 선수재에서 선미재까지의 선체의 종조직을 구성하는 기초가 되는 부분이다.

1) 방형 용골(Bar Keel)

방형 용골은 단면이 장방형이며, 재료는 단강재 또는 압연 강재이다. 선저 중앙부가 돌출하고 있으므로 흘수를 증가시키며, 입거할 때 손상을 받기 쉬우며, 또 선저 내부 구조와의 연결이 불완전하여 종강력이 약한 단점이 있다. 그러나 구조가 간단하고 횡동요(Rolling)를 감쇠시키는 역할을 하며, 풍압에 의한 선체의 압류를 막는다. 또 좌초 시 선저 외판을 보호하는 장점이 있다. 이것은 주로 소형선, 범선 및 어선 등에 채용되고 있다.

2) 평판 용골(Flat Keel)

평판 용골은 밑바닥이 편평하기 때문에 선저 외판의 일부부분으로 볼 수 있으며, 선저에 있어서 종강력을 분담하는 중요한 재료이다. 평판 용골은 방형 용골처럼 선저에서 돌출하고 있지 않으므로 횡동요 방지의 효과가 없고, 또 선저 보호목적에는 부적합하다. 그러나 흘수를 증가시키지 않고, 선저 내부 구조와의 연결도 완전하여 선저에 필요한 강도를 부여한다. 또, 건조 시 결합이 쉽고 수밀이 용이한 점 등의 장점이 있으므로, 소형선 이외의 대부분의 선박에 채용되고 있다.

2. 선저부 구조

선저 구조에는 단저 구조와 이중저 구조가 있다. 소형선은 대부분 단저 구조로 되어 있으나, 대형선은 선저의 안쪽에 내저를 설치하여 선저를 이중으로 하고 있다.

1) 단저(Single Bottom) 구조

단저 구조는 일반적으로 횡방향의 늑판(Floor)과 종방향의 중심선 킬슨(Keelson) 및 사이드 킬슨(Side Keelson)으로 조립되어 있다.

늑판은 선저 외판의 위쪽에 횡으로 늑골 위치마다 배치되어 있는 강판으로, 늑골과 결합되어 선체의 횡강력을 분담하는 부재이다. 킬슨은 선저 내부를 종통하여 용골과 함께 종강력의 중요한 부재를 이루고 있다.

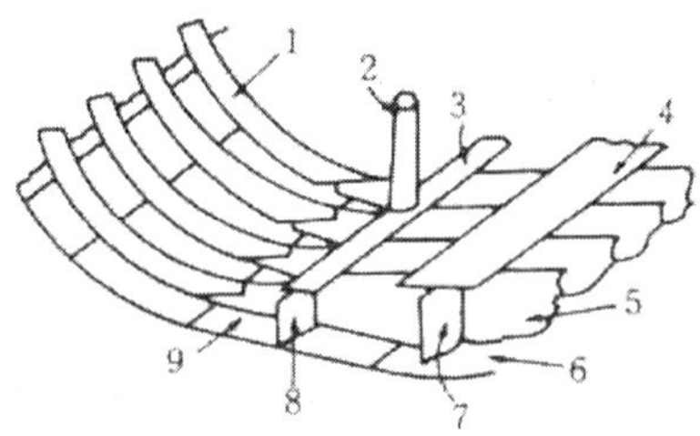

1. 프레임 2. 기둥 3. 라이더
4. 라이터 플레이트 5. 늑판 6. 용골
7. 중심선 킬슨 8. 사이드 킬슨 9. 선저 외판

[그림 3-7] 단저 구조

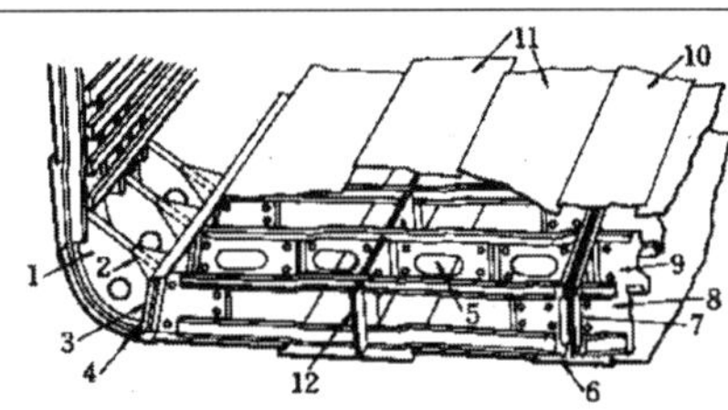

1. 이중저 외측 브래킷 2. 가셀 3. 마진 플레이트
4. 마진 5. 라이트닝 홀 6. 용골
7. 중심선 거더 8. 조립늑판 9. 실체 늑판
10. 중심선 내저판 11. 내저판 12. 사이드 거더

[그림 3-8] 이중저 구조

2) 이중저(Double Bottom) 구조

종방향으로 중심선 거더가 용골상을 종통하며, 횡방향으로 늑골의 위치에 늑판을 배치한다. 그리고 외판에는 선저 외판을, 내저에는 내저판을 덮고, 다시 내저의 빌지 부근에는 마진 플레이트(Margin plate)를 덮어 탱크를 수밀 또는 유밀 구조로 한다. 마진 플레이트는 탱크 사이드 브래킷(Side Bracket)에 의해 늑골에 결합된다. 이와 같이 이중저는 상하, 전후, 좌우를 구획으로 하여 다수의 상자형으로 형성되어 있다.

우리나라 선급 및 강선 규칙은 길이 100m 이상인 선박은 선수격벽에서 선미격벽까지 전통 이중저를 설치하도록 하고 있다. 대형선에 사용되는 이중저의 장점은 다음과 같다.

① 좌초 등으로 선저부의 손상을 입어도 내저판으로 선내의 침수를 방지하여 화물과 선박의 안전을 기할 수 있다.

② 선저부의 구조를 견고히 하므로 호깅(Hogging) 및 새깅(Sagging)의 상태에도 잘 견딘다.

③ 이중저의 내부를 구획하여 밸러스트, 연료 및 청수 탱크로 사용할 수 있다.

④ 밸러스트 탱크의 주·배수로 다음과 같은 효과가 있다.

㉠ 공선항해 때 흘수를 깊게 하면 추진효율을 향상시킬 수 있다.

㉡ 선박의 중심이 하방으로 작용하여 복원성을 증가시킬 수 있다.

㉢ 횡경사, 트림 등을 조절할 수 있다.

3. 늑골, 보 및 기둥

1) 늑골(Frame)

선체의 좌우 선측을 구성하는 뼈대로서 용골에 직각으로 배치되고 갑판보와 늑판에 양 끝이 연결되어 선체의 횡강도의 주체가 된다. 즉, 갑판보의 양 끝을 지지하여 갑판 위의 무게를 지지함과 동시에 수압 등의 외력에 의하여 선측 외판이 변형되지 않도록 지지한다.

① 늑골 간격(Frame Space) : 늑골 간격은 일반적으로 선박의 길이에 따라 정해져 있지만 재료와 구조에 따라 적당히 증가시킬 수 있다. 선체에서 늑골 간격은 부분적으로 다르게 나타나는데, 선체 중앙부보다 선수미부에서 간격을 좁게 한다. 일반배치도 등의 도면에서 'F.S 760'으로 표기되어 있는 의미는 늑골의 간격이 760mm라는 뜻이다.

② 늑골 번호(Frame Number) : 늑골의 위치에 따라서 각각의 번호가 붙여진다. 이 번호는 선체의 전후의 위치를 나타내는 것으로, 보통 선미 수선을 0번으로 하여 선수를 향해서 붙여간다. 따라서 선체의 손상부위 또는 선체의 어느 부위에 대한 늑골의 번호만 알면 그 위치를 쉽게 파악할 수 있다.

③ 특설 늑골(Web Frame) : 기관실, 중량물을 적재하는 선창, 큰 해치를 가진 선창에 늑골만으로 횡강력이 충분하지 못한 장소에 강력한 조립 늑골을 배치하는데, 이것을 특설 늑골이라 한다.

2) 보(Beam)

보는 양 현의 늑골과 빔 브래킷으로 결합되어 선체의 횡강력을 형성하는 부재로, 횡방향의 수압과 갑판 위의 무게를 지탱한다. 보에는 갑판 아래에 배치되는 갑판보, 선창 내에 보강을 목적으로 배치하는 선창보, 국부적으로 보강을 위해 배치되는 특설보가 있다.

3) 기둥(Pillar)

기둥은 보와 갑판 또는 내저판 사이에 견고하게 고착되어 보를 지지함으로써 갑판 위의 하중을 분담하는 부재로, 보의 보강, 선체의 횡강재 및 진동을 억제하는 역할을 한다.

4. 외판 구조

외판은 선체의 외곽을 이루어 수밀을 유지하고 부력을 형성하는 것으로 종강력을 구성하는 주요 부재이다. 외판은 그 위치에 따라 다음과 같이 나눌 수 있다.

1) 현측 후판(Sheer Strake)

강력 갑판인 상갑판의 현측 최상부의 외판으로 가장 두꺼운 외판이다.

2) 현측 외판(Topside Strake)

현측 후판 바로 아래의 외판으로 현측 후판과 다른 외판과의 강도의 급변을 피하기 위한 것이다.

3) 선측 외판(Side Plating)

현측 외판에서 선저 만곡부까지의 외판이다.

4) 선저 외판(Bottom Plating)

만곡부 상부에서 평판 용골까지의 외판이다. 선저 외판 중에서 만곡부 부분의 외판을 만곡부 외판 또는 빌지 외판(Bilge Strake)이라 한다.

5) 용골 익판(Garboard Strake)

방형 용골을 채용하는 경우에 용골과 인접한 외판이다. 강선구조 규정에서는 외판을 현측 후판, 용골익판, 선저 외판 및 선측 외판으로 구분한다.

5. 갑판 구조

갑판은 선체의 종강도를 담당하며, 비바람, 파도, 햇빛 등을 견딜 수 있는 강도와 수밀성이 요구된다. 수밀성만을 고려하면 강갑판으로 할 필요는 없고, 목갑판으로도 지장이 없으나, 강도를 고려하면 상갑판을 강갑판으로 하는 것이 유리하다. 구조상으로 갑판을 분류하면, 일반선박에서 최상층의 전통갑판을 상갑판(Upper Deck) 또는 건현 갑판(Freeboard Deck)이라 한다. 그 아래에 있는 것을 차례로 제2갑판, 제3갑판이라 한다.

상갑판보다 위에 있는 선루 갑판(Superstructure Deck)은 선수루 갑판(Forecastle Deck), 선교루 갑판(Bridge Deck), 선미루 갑판(Poop Deck)이 있다. 그 위에는 유보갑판(Promenade Deck), 보트갑판(Boat Deck), 항해갑판(Navigation Deck), 컴퍼스 갑판(Compass Deck) 등을 설치하는 것이 일반적이며, 상갑판 위를 기준으로 하여 A갑판, B갑판, C갑판, D갑판 등으로 말하기도 한다.

6. 선수재 및 선미골재

1) 선수재(Stem)

선수재는 선미재와 함께 선체의 양단에 위치하여 선수 구성재가 되는 중요한 골재이다. 선체의 형상은 선수로 감에 따라 점차로 뾰족해지므로 선체가 그 형상을 유지하기 위해서는 선체를 특이한 형상으로 하지 않으면 안된다. 그러므로 선수부는 선수재를 두고 여기에 양 현의 외판을 결합하여 선체 전단부의 구조를 이루고 있으며, 충돌 등의 사고시에 선체를 보호하는 역할을 한다.

2) 선미골재(Stern Frame)

선미골재는 용골의 후부에 연결되고, 양 현의 외판이 접합하여 선미의 형상을 이루는 골재이다. 이것은 키와 Propeller를 지지하는 역할을 하는 것으로, 1~2개의 주강이나 강판이 조립되어 있다.

7. 선수미 구조

1) 선수부 구조

선수부는 파랑의 충격이나 충돌사고가 날 때에 잘 견디고 선체를 보호할 수 있는 강한 구조로 되어 있는데, 이를 팬팅(Panting) 구조라 한다. 상갑판에서 아래로, 충돌 격벽으로부터 전방은 선수탱크(Fore Peak Tank)가 있고, 그 위쪽은 갑판 창고로 사용되고 있다.

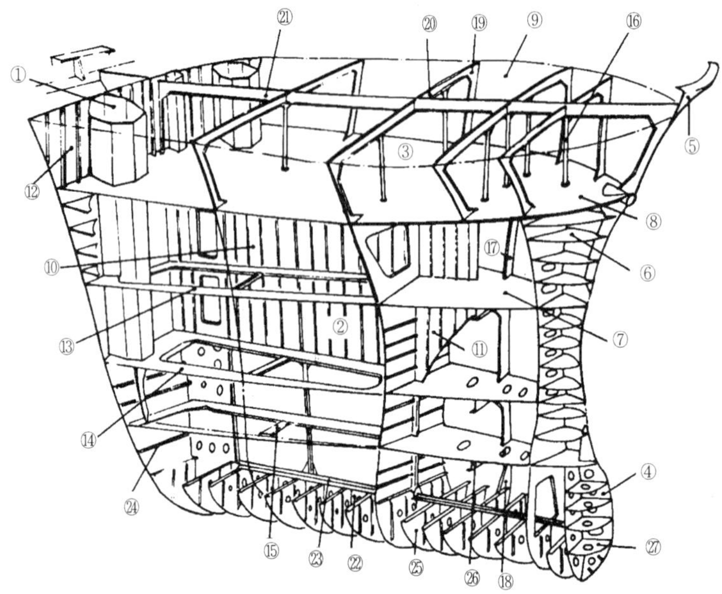

① 체인 로커 Chain locker
② 선수창(船首倉) Forepeak tank
③ 갑판장 창고(甲板長倉庫) Boatswain's store
④ 구형 선수재(球形船首材)Bulbous bow
⑤ 패션 플레이트 Fashion plate
⑥ 브레스트 훅 Breast hook
⑦ 제2갑판(第2甲板) Second deck
⑧ 상갑판(上甲板) Upper deck
⑨ 선수루 갑판(船首樓甲板) Forecastle deck
⑩ 중심선 구획판(中心線區劃板) Center division
⑪ 제수판(制水板) Wash plate
⑫ 선수 격벽(船首隔壁) Collision bulkhead
⑬ 선측 종재(船側縱材) side stringer
⑭ 방요 종재(防撓縱材) Panting stringer
⑮ 방요(防撓) 빔 Panting beam
⑯ 양주(梁柱) Pillar
⑰ 늑골(肋骨)·프레임 Frame
⑱ 탱크 사이드 브래키트 Tank side bracket
⑲ 빔 브래키트 Beam bracket
⑳ 빔·양(梁) Beam
㉑ 갑판하(甲板下) 거더 Deck girder
㉒ 중심선(中心線) 거더 Center girder
㉓ 관판(冠板) Rieder plate

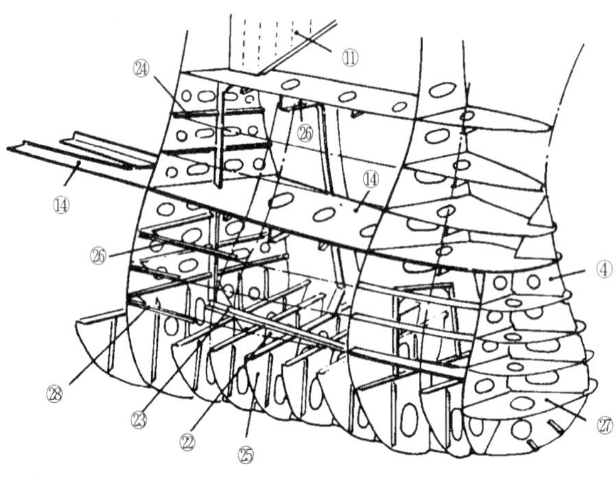

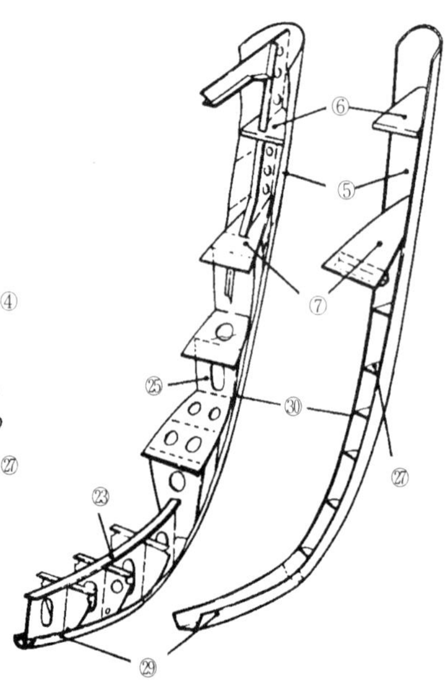

㉔ 수평(水平) 스티프너 Horizontal stiffener
㉕ 심늑판(深肋板) Deep floor
㉖ 방요 종재하(防撓縱材下) 빔 Panting stringer under beam
㉗ 리브 Rib
㉘ 외판(外板) 종통재(縱通材) Shell longitudinal
㉙ 킬 Keel
㉚ 선수재(船首材) Plate stem

[그림 3-9] 선체의 선수부의 주요 명칭

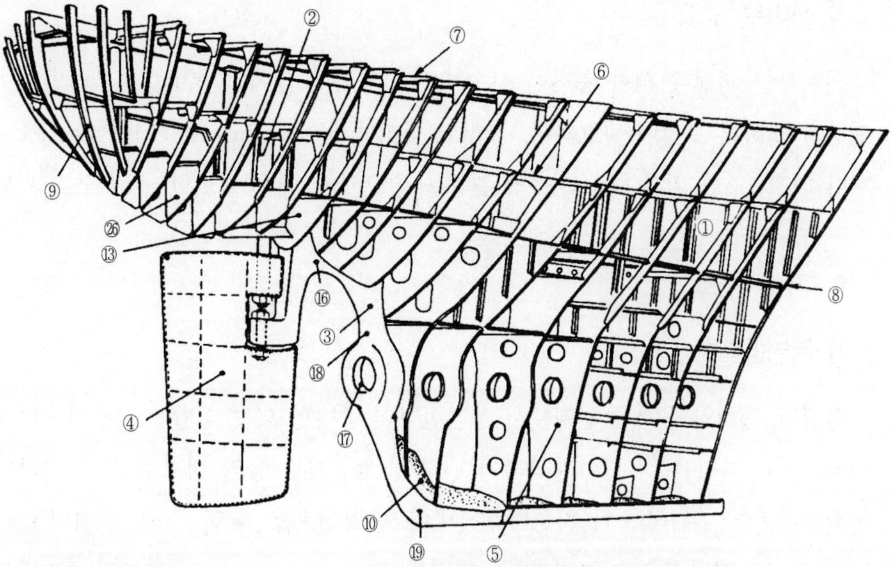

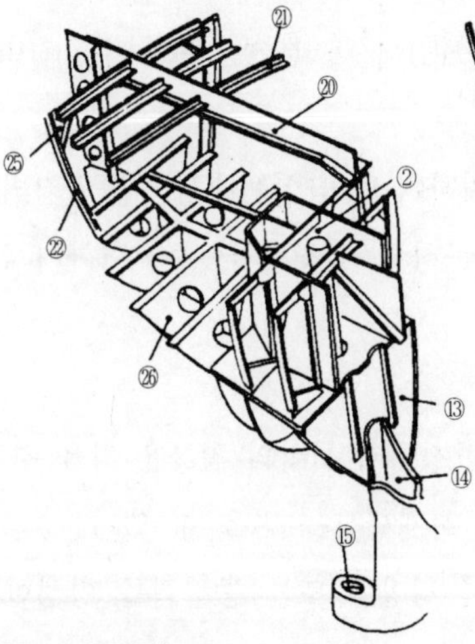

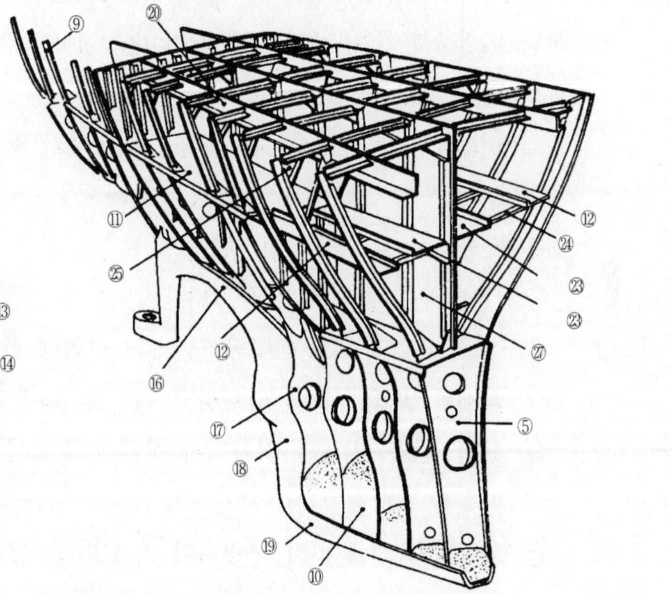

① 선미 물 탱크(船尾水槽) After-peak tank
② 타축(舵軸) 트렁크 Rudder stock trunk
③ 선미 골재(船尾骨材) Stern frame
④ 키(舵) Rudder
⑤ 디프 플로어(深肋板) Deep floor
⑥ 탱크 정판(頂板) Tank top plate
⑦ 상갑판(上甲板) Upper deck
⑧ 선미 격벽(船尾隔璧) After-peak bulkhead, or Stuffing bos bulkhead
⑨ 캔트 프레임(斜肋骨) Cant frame
⑩ 시멘트 Cement
⑪ 내저판(內底板) Inner bottom plate
⑫ 양상측판(梁上側板) Deck stringer
⑬ 트랜섬(船尾肋板) Transom floor
⑭ 접착용 역재(接搾用 力材) Rib
⑮ 거전 Gudgeon
⑯ 정재(頂材)·관재(官材) Crown
⑰ 보스 Boss
⑱ Propeller 포스트(推進器板) Propeller cost
⑲ 힐 피스(蹤部材) Heel piece
⑳ 갑판하(甲板下) 거더 Deck girder
㉑ 갑판 빔(甲板梁) Deck beam
㉒ 프레임(肋骨) Frame
㉓ 팬팅 스트링거(防撓從通材) Panting stringer
㉔ 팬팅 빔(防撓梁) Panting beam
㉕ 빔 브래키트 Beam bracket
㉖ 플로어(肋板) Floor
㉗ 제수판(制水板) Wash plate

[그림 3-10] 선미부의 주요 명칭

2) 선미부 구조

선미부는 파랑에 의한 충격이 선수부만큼 강하지 않지만 후방으로부터의 추파에 의한 팬팅에 대하여 보강이 필요하다. 그리고 선미 늑골, 키, Propeller 및 Propeller 축을 지지해야 하고, 또한 키와 Propeller의 진동을 받으므로 매우 견고한 팬팅 구조로 되어 있다.

8. 기타 구조

1) 격벽(Bulkhead)

상갑판 아래의 공간을 선저에서 상갑판까지 종방향 또는 횡방향으로 나누는 벽을 격벽이라 한다. 격벽은 선체를 강화하기 위하여, 물, 기름 등의 탱크로 쓰기 위하여, 단순히 구획을 나누기 위하여 설치한다. 격벽이 종방향으로 놓인 것을 종격벽(Longitudinal Bulkhead), 횡방향으로 놓인 것을 횡격벽(Transverse Bulkhead)이라 하며, 또 격벽이 수밀인 경우를 수밀격벽, 수밀(Watertight Bulkhead)이 아닌 경우를 비수밀격벽(Non Watertight Bulkhead)이라 한다.

선내의 침수, 화재 등을 국부적으로 제한하기 위하여 일반 상선에서는 수밀격벽이 설치된다. 유조선, 벌크 캐리어 등에서는 화물을 구분하고, 안정성을 갖기 위하여 선체의 전후 방향으로 종격벽이 설치된다.

수밀격벽의 역할은 다음과 같다.

① 충돌, 좌초 등으로 침수될 경우, 그 구역에 한정시켜 선박의 침몰을 막을 수 있다.
② 화재가 발생했을 때 방화벽의 역할을 하여 화재확산을 막을 수 있다.
③ 선저, 선측, 갑판과 결합되어 선체의 중요한 횡강력 또는 종강력를 형성한다.
④ 화물을 적당히 분산, 적재하여 트림을 조정할 수 있다.
⑤ 화물의 특성에 따라 구별하여 적재할 수 있다.

2) 코퍼댐(Cofferdam)

기름 탱크 양단의 연료유 탱크, 다른 종류의 기름을 적재하는 기름 탱크, 기관실과 일반 선창이 접하는 장소 사이에 설치하는 이중 수밀격벽으로, 다른 구획으로부터의 기름 등의 유입을 방지하기 위하여 인접 구획 사이에 2개의 격벽 또는 늑판을 설치하여 좁은 공간을 두는 것을 말한다.

3) 디프 탱크(Deep Tank)

물 또는 기름과 같은 액체 화물을 적재하기 위하여 선창 내 또는 선수미 부근에 설치한 깊은 탱크이다. 보통 상선에 설치되어 있는 디프 탱크는 피크 탱크(Peak Tank)로, 트림을 조절하기 위하여 선수미 부근에 설치한다. 선수에 있는 구획을 선수탱크(Fore Peak Tank), 선미에 있는 구획을 선미탱크(After Peak Tank)라 한다.

4) 빌지 웰(Bilge Well)

선창 내에서 발생한 땀이나 각종 오수들이 흘러 들어가는 곳으로, 오수들이 모이면 기관실 내의 빌지 펌프를 통해서 배출한다. 선창 내에 있는 물을 배출시키기 위한 통로를 빌지 웨이(Bilge Way)라 한다.

5) 불워크(Bulwark)

상갑판 위의 양끝에서 상부에 고정시킨 강판으로 현측 후판 상부에 연결된다. 갑판상에 올라오는 파랑의 침입을 막고, 갑판 위의 물체가 추락하는 것을 방지한다. 불워크판에는 계선줄을 내기 위한 계선공(Mooring Pipe)과 갑판 위의 물을 배수시키는 배수구(Wash Port)가 뚫려 있다.

6) 빌지 용골(Bilge Keel)

평판용 골인 선박에서 선체의 횡동요를 경감시킬 목적으로 빌지 외판의 바깥쪽에 종방향으로 붙이는 판이다.

9. 구조 양식

1) 횡늑골식 구조(Transverse Framing System)

오래 전부터 이용되어온 양식으로 횡강도의 구성재를 주된 뼈대로 하여 배의 횡단면을 따라 늑골, 늑판(Floor), 보를 브래킷(Bracket)으로 결합하여 틀을 짜고, 이것을 1m 내외의 간격으로 배치하여 횡격벽과 함께 횡강도를 유지시키면서, 여기에 용골, 중심선 거더, 사이드 거더, 갑판하 거더, 선측 종통재 등의 종통재로 완전히 선체 골격을 형성시키고 그 주위에 외판, 갑판, 내저판 등을 결합하여 충분한 종강도를 가지도록 구성되어 있다.

이 양식은 구조가 간단하므로 건조하기가 쉽고 강도에 신뢰성이 있으며, 선창 내에 돌출물이 없으므로 넓게 사용할 수 있는 장점이 있다. 그러나 강도의 유지를 위해 늑골의 간격을 좁히거나 강재를 두껍게 해야 되므로 선체 중량을 증가시키는 단점이 있다. 일반 화물선이나 냉동선에 적합한 구조이다.

2) 종늑골식 구조(Longitudinal Framing System)

주로 종강력재의 배치에 중점을 둔 것으로 선저, 선측 갑판하에는 늑판, 늑골, 보 대신 강력한 종강력재를 1~3m 간격으로 배치하고, 횡강력재는 종강력재의 위치를 확보할 수 있도록 3~5m 간격으로 특설 늑골과 특설 보를 배치한다.

종늑골식 구조에서 횡강도는 특설 늑골과 특설 보가 지지하고, 종방향의 굽힘응력에는 외판, 갑판, 거더, 종늑골과 종보가 지지한다.

이 구조는 대부분의 부재를 종방향으로 배치하였으므로 종강도가 크고 강재를 다소 절약할 수 있어 선체 중량을 경감할 수 있는 장점이 있으나, 구조가 복잡하고, 선창 내에 돌출물이 많아 유조선과 같이 액체 화물을 적재하는 선박이나 광석 전용선에서 적합한 구조이다.

3) 혼합식 구조(Combined System)

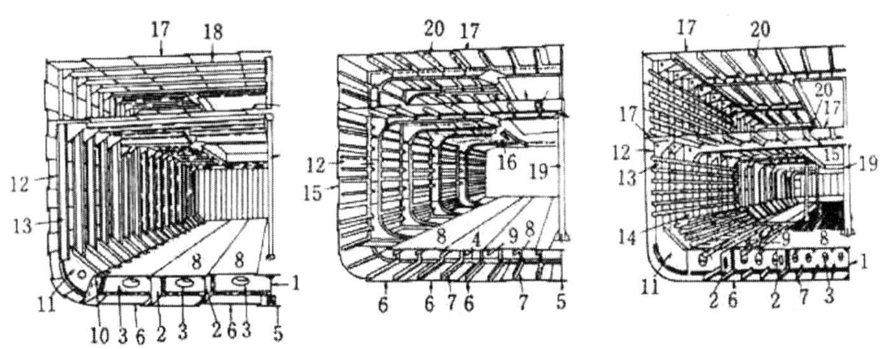

(a) 횡늑골식 구조　　(b) 종늑골식 구조　　(c) 혼합식 구조

1. 중심선 거더	2. 사이드 거더	3. 늑판	4. 선저 횡재	5. 평판 용골
6. 선저 외판	7. 선저 종통재	8. 내저판	9. 이중저 상단 종통재	10. 마진 플레이트
11. 이중저 외측 브래킷	12. 외판	13. 늑골	14. 특설 늑골	15. 선측 종통재
16. 트랜스버스 빔	17. 갑판	18. 갑판보	19. 기둥	20. 갑판하 종통재

[그림 3-11] 선체의 구조 양식

횡늑골식 구조와 종늑골식 구조의 장점을 취한 양식으로 종강력이 필요한 선저와 갑판은 종늑골식 구조로 하고, 횡강도를 필요로 하는 선측과 선수미부는 횡늑골식 구조로 하는 합리적인 구조 양식이다. 이 구조는 산적화물이나 포장물의 적재에 불편이 없고, 종강도는 횡늑골식 구조보다 좋고, 횡강도는 종늑골식 구조보다 좋다. 또한 공작도 비교적 간단하므로 대형 화물선이나 산적 화물선에 적합한 구조이다.

3.3.2 선체 도면

선체 구조를 이해하기 위해서 선체의 도면이 필요하다. 선체 도면은 상당히 복잡하고 여러 가지 종류가 있으나 보통 필요한 것은 다음과 같다.

1) 일반배치도(General Arrangement Plan, GA)

의장도라고도 하며, 마스트(Mast), 연돌, 의장, 선실, 선창, 기관실, 물탱크, 기름 탱크, 해치웨이(Hatchway), 데릭(Derrick), 윈치, 양묘기 및 계선 장치 등의 시설과 배치 등을 한 눈에 보고 대략적으로 파악하는 데 필요한 도면이다. 이것은 가장 기본적인 선체 도면으로 선박에서 가장 잘 보이는 곳에 게시되어 있다.

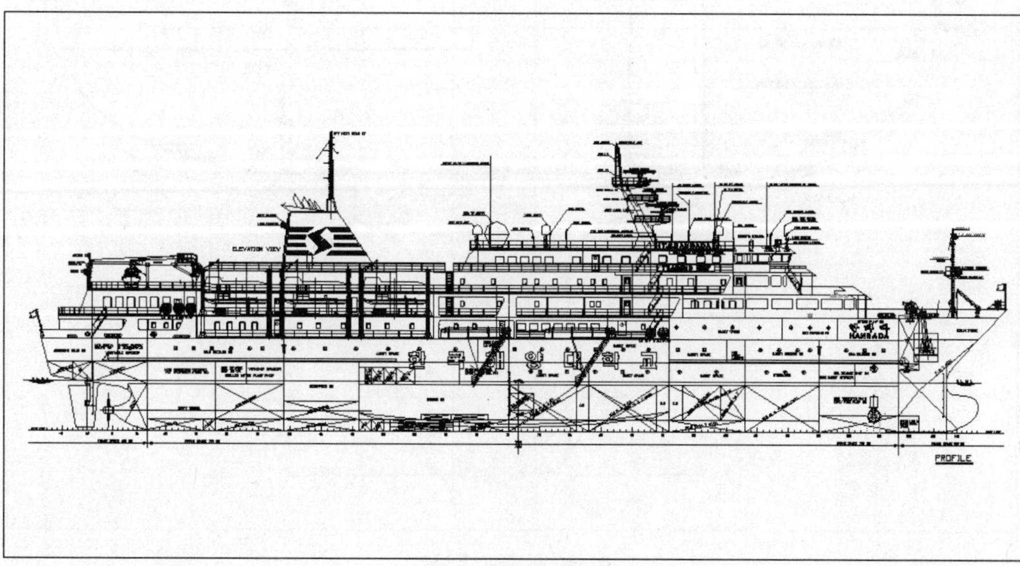

[그림 3-12] 일반배치도

2) 중앙 횡단면도(Midship Section Plan)

선체의 중앙부를 횡단하여 각부의 구조와 치수를 나타내는 도면이다. 선체의 중앙부라도 선창부와 기관부에서는 구조가 다르므로, 한 쪽에는 선창부를, 다른 쪽에는 기관부의 횡단면을 그리는 것이 보통이다. 이 도면에는 배의 주요 치수, 즉 길이, 폭 및 깊이 외에 만재흘수, 갑판 사이의 높이 및 의장품(앵커, 체인, 로프) 등을 기입한다(그림 3-13).

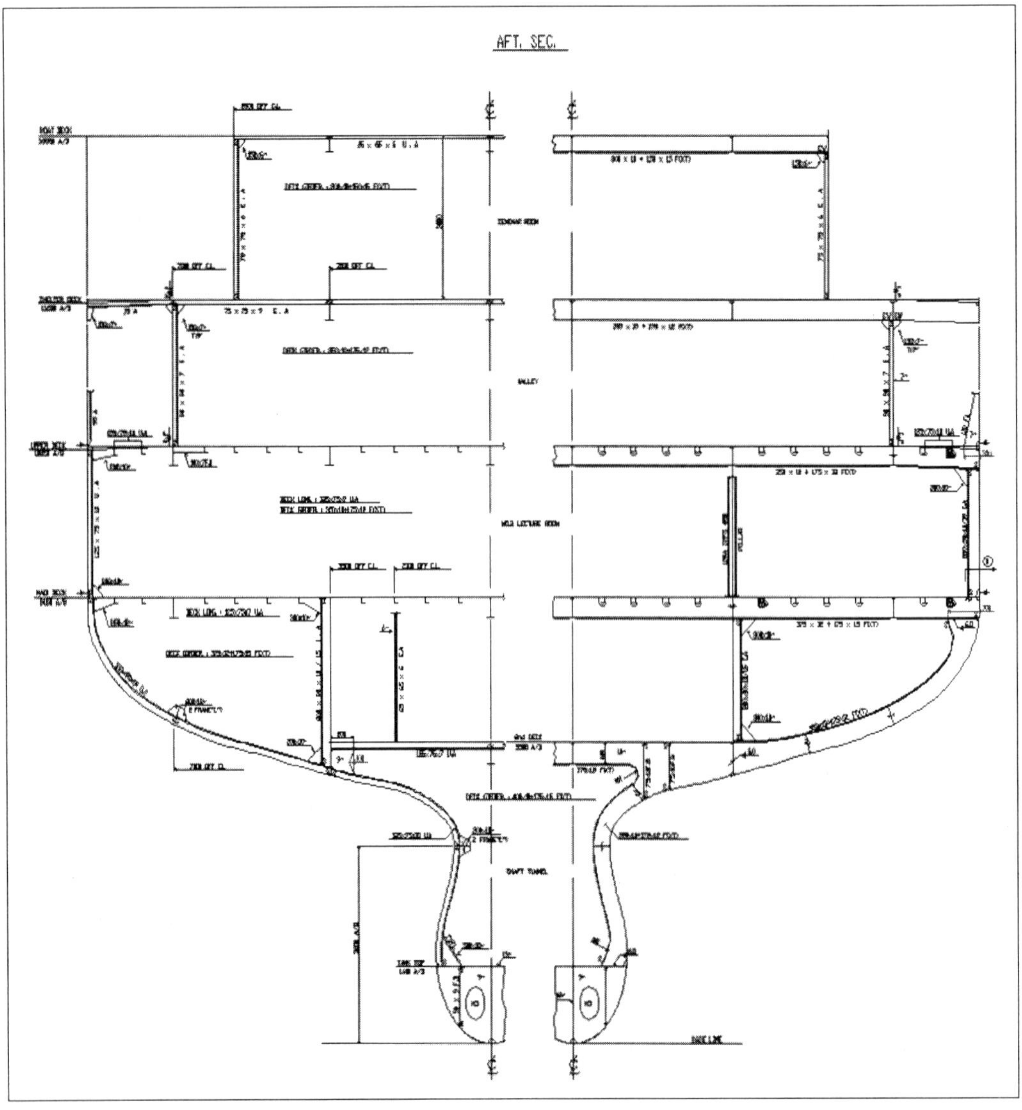

[그림 3-13] 중앙 횡단면도

3) 강재배치도(Construction Profile Or Deck Plan)

일반배치도와 비슷한 모양의 도면이지만 사용된 강재에 대한 것을 기입한 도면이다. 이 도면에는 중심선으로 절단한 종방향의 단면도와 각 갑판으로 표시된 평면도가 있다.

종단면도에는 늑골의 강판 두께 등의 치수가 기입되어 있고, 그 밖에 강재로 형성된 격벽, 탱크, 각 갑판 등의 구획이 표시되어 있다. 갑판 평면도(Deck Plan)에는 각 갑판의 두께, 개구부, 각 구획 및 늑골 간격 등이 표시되어 있다(그림 3-14).

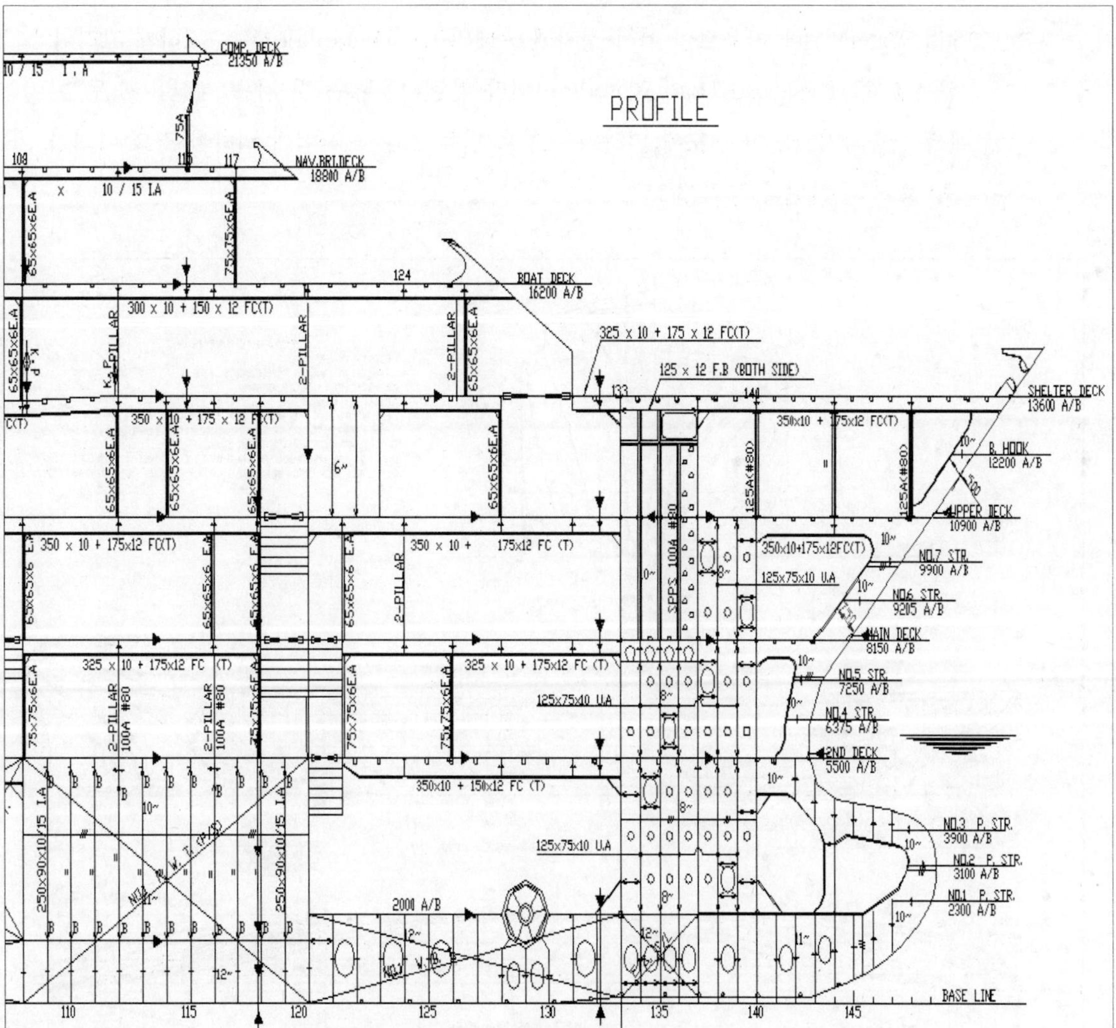

[그림 3-14] 강재배치도

4) 선도(Lines Plan)

선체를 종, 횡 및 수평으로 등분한 절단선으로 구성되는 평면도(Body Plan), 측면도(Sheer Plan) 및 반폭도(Half Breadth Plan)의 세 개의 도면으로 선체의 형을 정확히 나타내는 도면이다. 측면도는 배의 연직 종단면들의 모양을 나타내고, 반폭도는 배의 수평 단면들의 모양을 나타내며, 정면도는 연직 횡단면들의 모양을 나타낸다. 모든 배의 모양은 세로 중심면(Longitudinal Center Plane)에 대하여 대칭이므로 보통 배의 한 쪽 모양만 그린다.

일반적으로 선수를 오른쪽으로 향하게 하고, 배가 정상 만재상태 혹은 계획 만재상태에서 정수(Still Water) 위에 자유로이 떠서 정지했을 때의 수선(Waterline)은 수평하게 그리며, 이 수선은 DWL(Designed Load Waterline)이라 불린다. 톤수 및 각종 계산은 모두 이 선도에서 산출되며, 또 이 선도에 의하여 모형을 만들고 수조 시험에 의하여 소요 마력이나 속력 등이 추산된다(그림 3-15).

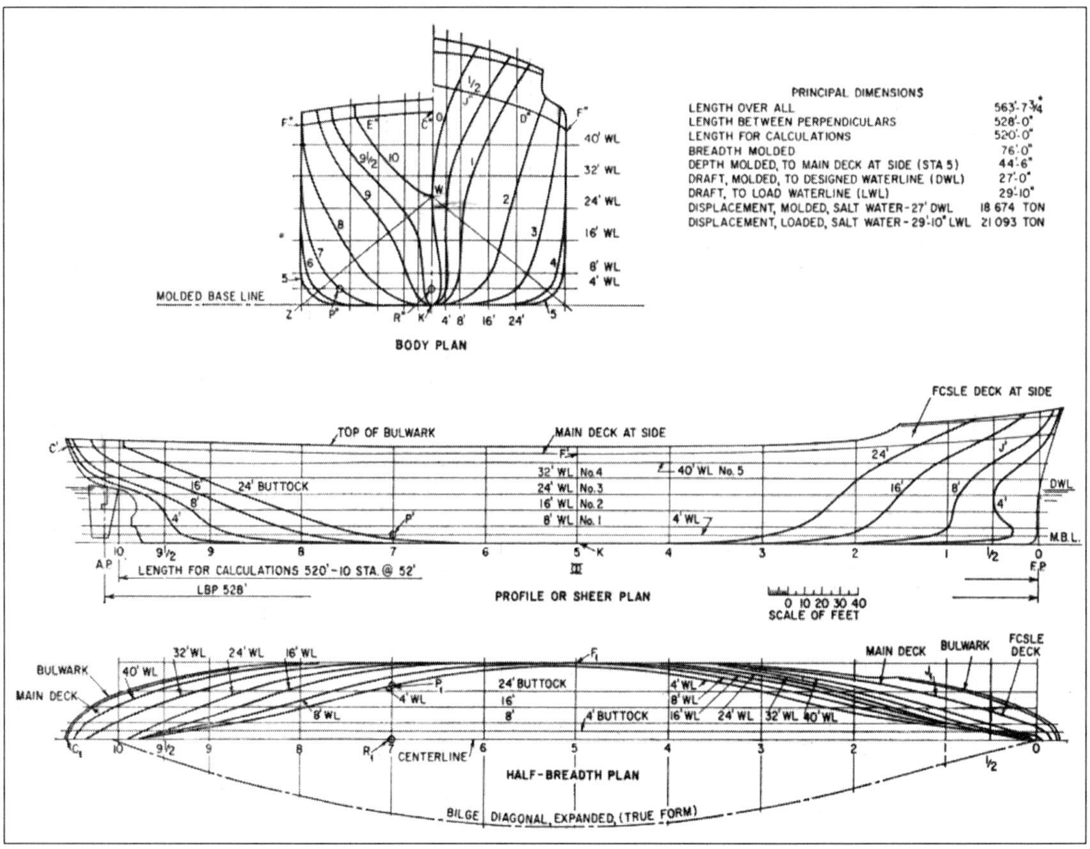

[그림 3-15] 선 도

5) 외판전개도(Shell Expansion Plan)

외판을 평면으로 전개하여 나타낸 도면으로 외판과 늑골과의 관계 위치, 선외 개구부의 위치 및 치수, 외판의 두께와 접합방식, 격벽이나 각종 종통재의 외판 접합 등을 나타내는 중요한 도면이다(그림 3-16).

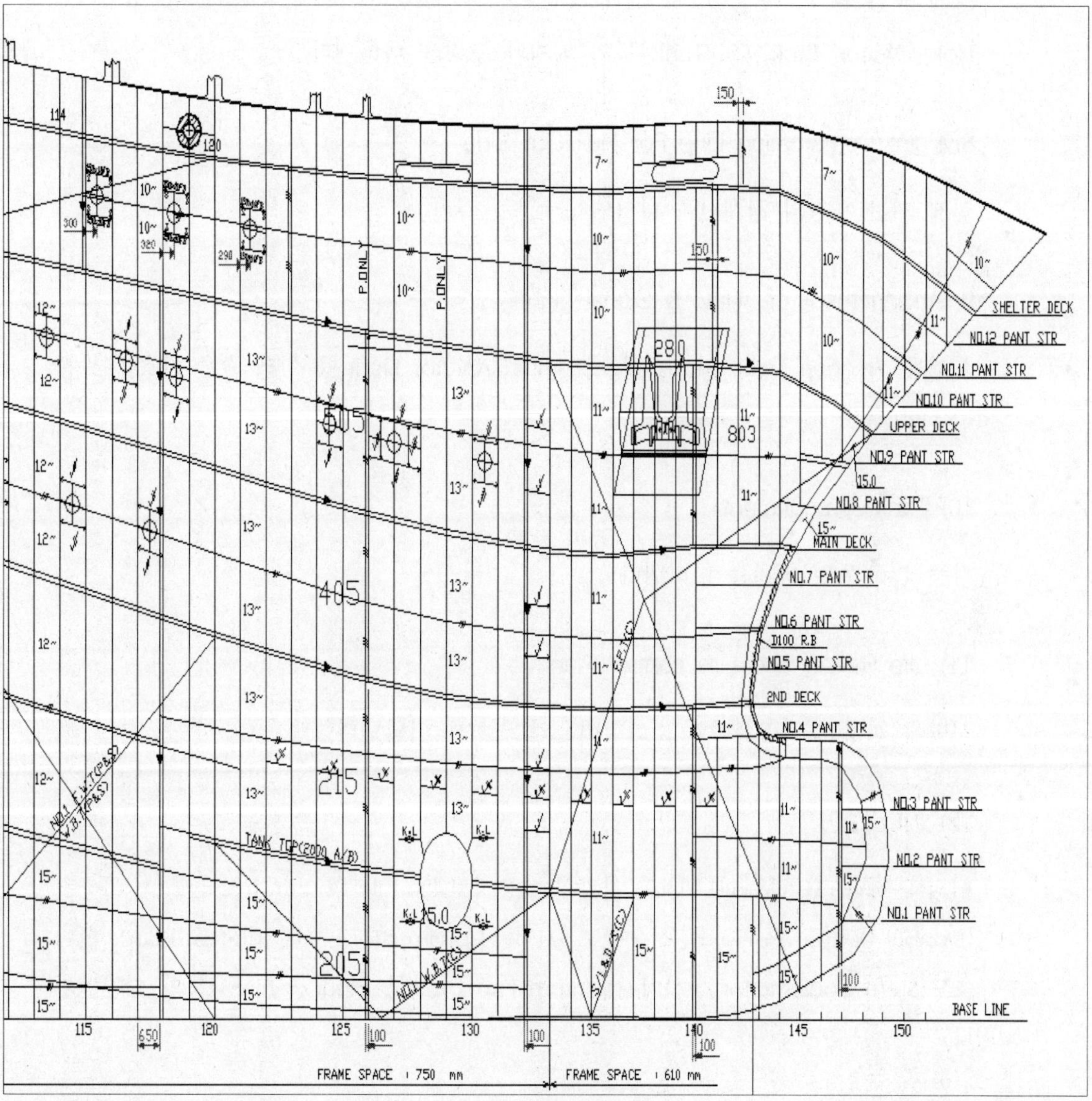

[그림 3-16] 외판전개도

6) Pipe 배치도(Piping Arrangement)

이것은 Pump용 파이프의 배관은 물론 공기관, 측심관, 기타 모든 파이프의 배치를 나타내는 도면이다.

7) 용량도(Capacity Plan)

Hold, Water Tank, Oil Tank 등의 배치와 용량을 나타낸다.

8) Paint Demarcation Line For Hull Out Side

선체 외판 도장의 경계선을 나타낸다.

9) Arrangement of Nav. & Signal Light

항해등, Steering Light, Morse Signal Light, Anchor Light 등 항해 혹은 신호에 사용되는 Light들의 배치를 나타낸다.

10) Tank Arrangement

각종 Tank들의 배치를 나타낸다.

11) Life Saving and Fire control Plan

선박에 설치된 구명설비와 소화설비들의 위치를 나타낸다.

12) 기타 도면

이외에 격벽도(Bulkhead Plan), 기관실 이중저도(Double Bottom In Engine), 이중저도(Double Bottom In Hold), 선수구조도(Bow Construction), 선수재(Stem Plan), 선미구조도(Stern Construction), 선미재도(Stern Frame), 키도(Rudder Plan) 등의 도면들이 있다.

3.4 선박의 건조과정

3.4.1 선박건조의 역사

조선기술의 발전과정을 보면 목선에서 철선으로, 못과 리벳의 사용에서 용접으로 선박의 재료와 접합방식이 변화하면서 건조방식의 획기적 변화가 뒤따르게 된다. 그 과정을 보면 다음과 같다(출처 : Korea Maritime Links@MSL International).

① 목재를 사용하여 선박을 건조하던 오랜 세월동안 그 재료와 사용 가능한 접합방법의 한계로 아래와 같은 선체 건조공정은 변화의 여지가 없었다. 이러한 공정들은 한 공정이 끝나면 다음 단계로 넘어가는 식으로 진행되었다.

㉠ 용골(Keel) 거치 ㉡ 늑골(Frame) 설치 ㉢ 외판(Shell) 조립
㉣ 격벽(Bulkhead) 설치 ㉤ 갑판(Deck) 설치

[그림 3-17]

② 목재에서 철재로 재료가 바뀌면서 접합방식도 못과 볼트류에서 리벳으로 바뀌었으나 건조공정은 변화되지 않았다.

③ 1차세계대전 중 선박건조량의 증가는 공장에서 제작한 부분품을 선대로 이송하여 조립하는 Part-by-Part 방식을 탄생시켰다.

④ 1920년대에 조선업계에 처음 용접이 채택되었고, 1940년대 초 2차세계대전으로 선박건조량이 증가하면서 용접의 적용도 증가하였다. 2차세계대전 중 군수물자와 병력의 수송을 위해 많은 화물선이 미국에서 건조되었다. 최대한 빨리 다량의 선박을 건조해야 하는 필요성은 설계와 생산에 대량 생산체제로의 변화를 요구하였다.

3.4.2 선박의 건조과정

1. 선박의 수주

선박은 일반기계, 자동차, 전자제품과 달리 예측되는 고객을 대상으로 이미 설계된 제품을 생산하는 것이 아니라, 선주의 주문에 의해 생산을 하게 되므로 선주의 요구사항(선박의 종류, 크기, 항로, 선속 등)에 따라 조선소에서 개념설계 또는 초기설계를 수행하여 선박의 성능이 만족되고 납기, 가격, 지불조건 등이 선주와 합의되면 건조계약을 체결하게 된다. 이어서 기본설계와 상세설계를 수행하여 본격적으로 건조과정에 진입하게 된다.

2. 기본설계

선박의 설계과정은 대체로 개념설계, 초기설계, 기본설계, 상세설계, 생산설계 등으로 구분할 수 있고 이러한 설계업무는 순차적으로 수행된다.

1) 개념설계 및 초기설계

선주로부터 제시된 요구사항, 즉 화물의 종류, 적재능력, 크기, 선속, 선체구조강도, 예상항로 등을 만족시키는 최적 선박의 개념을 도출하는 과정을 개념설계라 칭한다. 그리고 이 개념설계에서 개발된 제반 선박의 성능을 과거에 건조된 선박의 실적, 계산, 실험 등을 통하여 입증하는 과정을 거쳐 선박의 기본성능과 주요 기자재의 사양을 확정하는 설계를 초기설계라 칭한다.

2) 기본설계

초기설계가 확정되면 선박의 주요 성능은 이미 정해지게 되고, 이후에 이루어지는 기본설계(기능설계라고도 함)는 선체구조의 구체화, 기관실의 주기관을 비롯한 각종 장비의 배치, 배관계통도, 전기장치의 배치, 전선계통도, 갑판장비의 배치, 항해장비, 거주설비 등을 구체적으로 정의하는 과정을 말한다. 이 과정에서 도출되는 각종 도면과 계산서, 사양서 등은 선주의 승인을 받게 되고, 안정성 관련 도면은 선급협회의 승인을 받도록 되어 있다.

3) 상세설계

기본설계가 확정되면 생산을 위한 준비단계로 생산현장에서 이해될 수 있는 수준으로 기본설계 결과를 각 서브시스템별로 도면으로 상세히 표현하는 과정을 상세설계라 하며, 생산에 필요한 원자재의 정확한 수량, 기자재의 발주사항 등이 도출되어 자재발주가 이루어지고 생산계획을 위한 자료가 공급된다.

4) 생산설계

상세설계 결과를 작업자나 공작장비의 운전에 필요한 생산정보를 정확하게 도출하는 과정을 생산설계라 한다. 이 작업 중에는 선체선도를 현척 또는 축척으로 현도하거나 전산프로그램에 의해 처리하여 NC 가공정보를 도출하는 과정이 포함된다. 그리고 공작순서, 방법, 부재의 연결과 치수 등을 표시한 공작도, 각종 기계장비의 부착상세도 등이 도출된다.

3. 선각공사

선각공사는 강재가 제철소로부터 조선소로 입고되어 강재적치장에 보관되어 있다가 공사순서에 따라서 그룹별로 강재 전처리과정을 거쳐 가공공장에 반입되고, 가공공장에서 마킹, 절단, 굽힘 가공작업이 이루어진다. 이어서 절단된 부재는 소조립장에서 부재끼리 조립, 용접되고 조립장으로 이송되어 블록을 형성하게 된다. 블록이 완성되면 선대나 도크 근처에서 기중기에 의해 탑재될 수 있는 크기의 큰 블록으로 다시 프리에렉션(Pre-erection)된 후 탑재된다. 탑재 후 수밀 용접이 완료되면 선대나 도크에서 진수된다. 이 강재의 입고에서부터 진수에 이르는 전체공정을 선각공사라 한다.

1) 강재 수급

선박건조의 주재료는 강철(Steel)이다. 설계에 따라 필요한 여러 가지 두께의 철판(Steel Plate)과 Angle, I-Beam 등과 같은 형강(Section Steel or Shaped Steel)을 사용한다. 이러한 강재의 구매는 정확한 계획하에 소요시점에 맞추어 필요한 양만큼씩 입고되도록 하는 것이 매우 중요하다.

불필요한 재고 부담을 줄이고 장기간 적치에서 오는 품질저하를 막는 길이기 때문이다. 그러나 그보다 중요한 것은 강재의 부족으로 선박 건조공정 자체가 지연되지 않도록 하는 것이다. 따라서 생산의 정밀한 계획과 관리가 뒷받침되어야 JIT(Just In Time)가 가능해지는 것이다. 효율적인 조선소의 경우 3~5일 정도의 재고량으로 관리가 가능하다고 한다.

2) 프라이머(Primer) 코팅

보다 효율적인 선박건조와 품질향상을 위해 강재는 프라이머 코팅을 하여 사용하는 것이 일반적이다. 보통 야적장에서 절단공장으로 이동되는 중간에 전처리장을 두어 Shot Blasting과 Shop Primer(15 micron 정도의 inorganic zinc silicate type)를 칠하는 공정을 거친다. 프라이머 코팅된 철판을 사용하면 선체 블록이 조립된 상태에서는 용접작업 등으로 손상된 부위만 Blasting을 하거나 Power Tool 그라인더로 전처리(Surface Preparation)를 하면 되므로 작업이 용이하다.

3) 가공공사

가공공사는 선체 구조를 구성하고 있는 부재를 제작하는 공정이다. 선체 구조 부재는 평면판, 곡면판, 직선형강 및 곡선형강 등으로 구성되며, 이 부재들은 강판재와 형강재의 절단작업, 굽힘작업을 통하여 제작된다.

① 마킹 : 작업의 정확성과 효율성을 높이기 위하여 공작정보를 가공될 강재표면에 선과 기호로 미리 표시하는 작업을 마킹(Marking)이라고 하며 마킹된 정보에 따라서 가공작업을 수행한다.

마킹 작업은 종래에는 자, 컴파스, 먹물, 대붓 등 도구를 사용하여 수(手)마킹에 의하여 수행되었으나, 요즘은 전산기에 의해 마킹 자료가 처리되어 NC(Numerical Control) 절단기에 의하여 자동 마킹되고, 절단되는 NC 마킹법에 의하여 수행된다. 이러한 NC 마킹 및 절단법에 의하여 강재가 절단됨으로써 재래식 방식에 비하여 가공정확도는 향상되고, 가공시간과 가공공수가 절감되어 대형 선박의 건조가 가능하게 되었고 건조원가가 낮아졌다(그림 3-18).

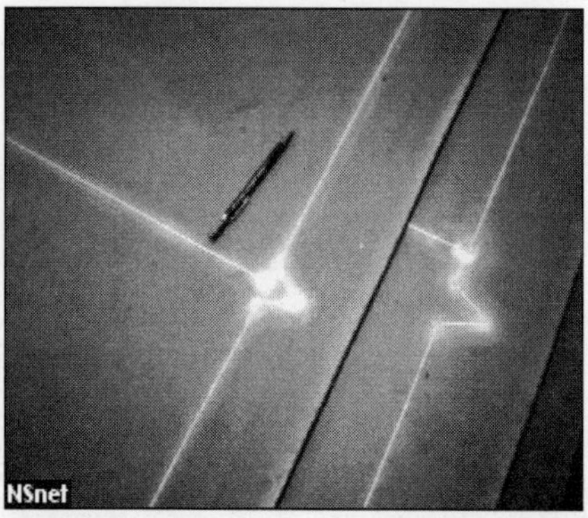

[그림 3-18] 마 킹

② 절단 : 강재로부터 도면에 표시된 모양과 치수대로 부재를 오려내는 작업을 절단작업이라고 한다. 절단작업은 주로 가스 절단에 의존하여 왔으며, 절단 토치(Torch)의 이동하는 방법에 따라 수동, 반자동, 자동 절단으로 구분하기도 한다. 가스 절단은 산소-아세틸렌 혼합가스에 의한 것이 대표적인 방식이고 요즈음은 플라즈마(Plasma) 절단도 사용되고 있다.

㉠ 가스 절단 : 절단하려고 하는 강재를 가열하여 산화반응이 일어나기 쉬운 800~900℃로 높이고 난 후 고압산소를 공급하면 철(Fe)과 산소(O_2)가 결합하여 산화철과 고열이 발생한다. 이와 같은 발열반응 시 생겨난 산화철은 순수한 철보다 낮은 온도에서 쉽게 녹아서 액체상태가 되고 고압산소는 이를 불어내어 홈을 만들어 절단작업이 이루어진다(그림 3-19).

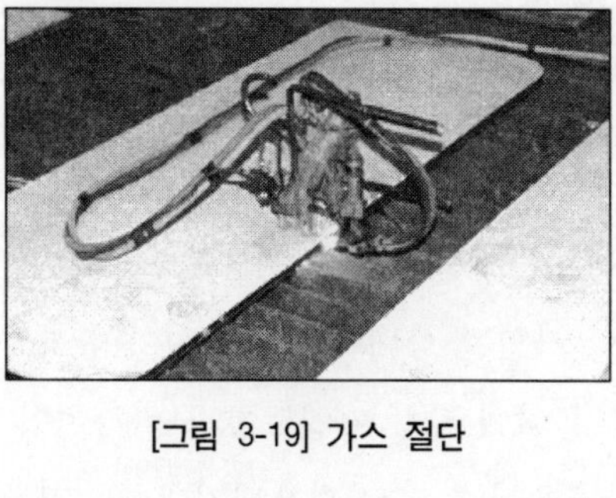

[그림 3-19] 가스 절단

㉡ 플라즈마 절단 : 자연상태에서는 전기적으로 중성을 띠고 있는 기체가 많은 양의 에너지를 얻게 되면 원자와 전자가 유리되어 극성을 가지게 되는데, 이러한 상태를 플라즈마 상태라고 한다.

기체상태의 공기, 수소, 산소가스 등에서 전기적인 아크 방전을 일으키면 그 기체가 부분적으로 플라즈마화하는데, 이것을 열적인 방법 혹은 물리적인 방법으로 수축시켜 최고 온도가 약 20,000~30,000℃ 정도까지 이르게 하고 이를 절단하고자 하는 강재에 닿게 하여 국부적으로 강재를 녹이고 고압가스로 이를 불어내어 강재를 절단한다(그림 3-20).

[그림 3-20] 플라즈마 절단

㉢ 레이저 절단 : 레이저 절단은 CO_2나 YAG 등 발진관 내에서 반전분포(Population Inversion)상태로 여기시키면 이들이 안정화되면서 레이저를 발생하는데 이 빛을 증폭, 집광하여 고밀도화 한 후 필요로 하는 곳에 주사함으로써 국부적으로 모재를 용융, 증발시키고, 고압가스로 용융금속을 불어냄으로써 연속적인 절단을 수행한다. 레이저 절단은 현재로서는 5~7mm 이하 두께의 금속판에 적용이 가능하여 아직은 선박건조과정에 사용하기에는 좀 더 기술개발이 이루어져야 한다.

③ 굽힘가공 : 강판이나 형강을 곡면이나 곡선으로 굽히는 작업은 냉간가공과 가열 성형가공으로 크게 구분된다. 냉간가공은 상온상태에서 기계적인 힘을 가하여 재료에 소성변형을 일으키는 것이고, 가열 성형가공은 강재를 국부적으로 가열하여 급히 냉각시키면 국부적인 수축이 발생하는 성질을 이용하여 굽히는 것이다.

강재는 적정온도로 가열된 상태에서 가공성이 좋으므로 가열하여 굽히는 열간가공이 과거에 많이 사용되었으나, 가열로를 구비하여야 하고 작업이 힘들고 복잡하여 1960년대 이후 국내에서는 전혀 사용되지 않고, 가스버너로 국부 가열하여 굽히는

[그림 3-21] 굽힘가공

부분 가열법이 사용된다.

냉간가공 작업에는 벤딩롤러(Bending Roller)와 유압프레스가 사용되는데, 벤딩롤러는 3~4개의 롤러를 위, 아래로 배치하여 위 롤러와 아래 롤러 사이의 틈으로 강판을 넣고 윗 부분의 롤러를 유압잭으로 강판에 압력을 가하고 롤러를 굴려 강판을 굽히고, 밀어내면서 원하는 곡면이 형성될 때까지 여러 차례 반복 작업을 한다. 주로 선체의 빌지 부분의 외판과 같은 2차원 곡면판의 굽힘작업에 적합하고, 3차원 곡면판도 이 기계로 대략 굽힌 후 선상가열법 등으로 원하는 곡면이 되도록 마무리 작업을 한다.

유압 프레스는 강판을 직각으로 굽힐 때 사용하거나 완만한 3차원 곡면판을 만들 때 사용된다. 3차원 곡면가공을 하기 위해서는 여러 차례 램(Ram)으로 강판을 찍어서 곡면 가공한다. 유압 프레스는 강판의 굽힘작업에 다양하게 사용된다. 가열 성형가공은 강재를 국부적으로 가열하였다가 급속 냉각시키면 그 부위가 수축하는 성질을 이용하여 강판을 굽힘 가공하는 작업방법이다.

④ NC 플레임 벤더 : 선체의 횡늑골(Frame)이나 종늑골과 같은 형강재를 굽힘에 있어서 종전에는 열간가공에 의해 수동으로 굽혔으나, 근래에는 NC 제어로 굽힘의 양을 조절하여 원하는 곡선으로 굽힐 수 있는 전용기계인 NC 프레임 벤더를 사용한다.

4) 조립공장

가공공장에서 제작된 선체의 부재는 조립장으로 이송되어 선체 내부구조물에 보강재를 붙이는 소조립과정을 거쳐 선체 외판재에 늑골을 붙이는 중조립과정으로 이어지고, 다시 블록을 완성하는 대조립과정을 거치게 된다. 대조립된 블록은 경우에 따라서 도크장 주변에서 도크에 탑재되는 크기로 블록끼리 가조립과정을 거쳐 탑재되기도 한다.

① 용접(Welding) : 강철로 건조되는 선박의 모든 부위는 용접을 통한 접합으로 이루어지므로 용접은 선박의 품질을 좌우하는 근본적인 작업이라고 할 수 있으며 그 중요성에 걸맞게 용접의 품질은 시스템적으로 관리되고 있다.

모든 선급(Classification Society)은 조선소가 적용하고자 하는 용접사양에 대한 용접절차서(Welding Procedure Specification, WPS)와 그 절차서에 따른 용접 시편에 대한 시험결과기록(Procedure Qualification Record, PQR)을 유지하도록 규정하고 있으며, WPS에 따라 작업이 가능한 용접사를 시험을 통해 확인하고 그 자격을 관리하고 있다.

② 비파괴검사(Non-Destructive Test) - NDT or NDE : 앞에서 언급한 바와 같이 용접의 품질은 WPS, PQR, Welder Qualification 등의 시스템으로 관리되고 있다. 그러나 이 시스템이 실제 작업결과를 보장해 주지는 않기 때문에 어떠한 방법으로든 실물에 대한 검사를 시행할 필요가 있다. 가장 간편한 방법은 용접부를 육안으로 검사하는 것으로 통상 모든 용접부에 대하여 용접사 자신이나 생산부 감독자 그리고 QC요원과 선주/선급 검사관 등이 일상적으로 사용하는 방법이다.

그러나 육안검사는 용접부 내부나 미세한 표면결함을 발견할 수 없는 한계를 가지고 있으므로, 특별한 중요도를 갖는 부위와 결함이 의심되는 부위에는 아래에 기술된 비파괴시험 방식을 사용하여 별도의 검사를 하게 된다. 비파괴시험은 시험편에 적용하는 파괴시험(인장시험과 같은)에 상대되는 개념으로 제품을 손상시키지 않는 방법을 사용하는 시험을 의미한다.

③ 소조립 : 소조립은 소조립 정반에서 내부판에 보강재나 브라켓 등을 취부하여 용접하는 과정으로, 여기서 완성된 부재는 중조립이나 대조립 과정으로 이송된다. 소조립공사는 다양한 형태의 부재를 생산하는 과정으로 주로 인력에 많이 의존하고 있으며, 최근에는 컨베어에 의해 이송되고 취부된 부재의 용접에 자동설비가 사용되기도 한다.

④ 중조립(Sub Block Assembly) : 플레이트와 프레임을 조립하고, 절단/벤딩된 부재 및 소조립 부재들을 부착하여 블록의 한 면을 이루는 패널을 만드는 작업이다. 중조립은 평판 블록, 곡외판 블록, 상부구조 블록을 조립하는 과정으로 나눠진다(그림 3-22).

[그림 3-22] 중조립

㉠ 평판 블록 : 저판, 선측판, 격벽판 등과 같이 평면의 판재에 늑골을 취부하는 평판블록은 컨베어 위에서 판재를 이어 붙여 블록 크기로 평판을 조립하고, 그 위에 늑골재를 취부한다. 이 작업은 전용 조립장치를 사용하여 자동으로 취부하고 용접한다. 늑골재를 취부한 후에 늑골재와 직각방향으로 플로어(Floor)를 취부하여 격자형식으로 블록이 보강되도록 한다. 이 평면 블록 조립장을 일명, 패널라인(Panel Line)이라 칭한다.

㉡ 곡외판 블록 : 선체의 선수부분, 선미부분 등은 외판이 곡면을 형성하고 있다. 이 부분에 포함된 블록은 곡면을 포함하고 있어서 패널라인에서는 조립할 수 없다. 곡면 블록은 곡면에 따라 높이를 조절할 수 있는 지그(Jig)가 설치되어 있는 조립장에서 지그의 배열높이를 외판의 곡면과 같게 조절하고, 그 위에 외판재를 조립하여 선체곡면을 형성하고 조립된 외판재 위에 늑골재와 플로어(Floor)를 조립, 용접하여 블록을 완성한다.

㉢ 상부구조 블록 : 상부구조 블록은 외판 블록에 비하여 비교적 박판으로 구성되며, 이 블록은 갑판 캠버(Camber)로 인하여 약간의 곡면이 있으므로 곡외판 블록의 조립과 같은 방법을 사용한다.

⑤ 블록 조립(Block Assembly) – 대조립 : 중조립품, 소조립품, 절단/벤딩된 부재 등을 종합하여 선체 공간의 한 구역을 조립하는 작업이다. 블록의 크기는 작업장의 설비능력과 작업의 효율성을 고려하여 설계단계에서 계획적으로 나누어진다.

중조립된 블록은 다시 입체적인 블록을 형성하여 도크에서 탑재될 수 있는 정도의 크기로 조립된다. 그리고 경우에 따라서는 대조립된 블록을 도크 주변에서 탑재하기 전에 더 큰 블록으로 조립하여 탑재하기도 하는데, 이 과정을 선탑재(Pre-erection)라 한다. 조립공정에서 부재의 이동이나 블록의 이송에 컨베어, 크

[그림 3-23] 블록 조립

레인, 자주식 트랜스포터 등이 사용된다.

조립공정에서의 용접작업은 자동화가 많이 진척되어 있어 패널라인에서의 용접은 거의 자동용접이 채택되고 있다. 그 외의 조립과정에서도 반자동 용접이 실행되어 용접 자동화율이 가장 높은 공정이라 할 수 있다. 현대적 조선소에서는 조립공정에 자동화가 많이 적용되고 있어 조립공사 대부분이 옥내 조립장에서 수행되고 있다.

⑥ 선탑재(Pre-erection) : 선박생산의 측면에서는 얼마나 경제적이며 효율적으로 공정을 개선하는가에 관점을 두어 발전되어 왔고, 이를 위해 어떻게 선대(Building Berth)나 선거(Dry Dock)에서의 생산기간을 줄여서 이의 회전율을 높이는가에 초점이 맞추어졌다. 선대나 선거에서의 생산기간, 즉 탑재공정을 단축시키는 근본적인 방법은 블록의 크기를 증대시켜 그 숫자를 줄이는 것이지만 여기에는 조립공정의 설비와 효율성을 고려해야 하므로 그 한계가 있다.

이러한 한계를 보완하기 위해 선탑재방식이 적용되며, 이는 몇 개의 블록을 선대나 선거 부근의 육상에서 미리 조립하여 탑재할 블록의 크기를 대형화 하는 작업이다. P-E의 적용은 탑재공정의 기간을 단축하는 효과와 함께 상대적으로 좋은 작업환경에 작업하게 되는 잇점이 있지만, 탑재에 사용하는 크레인의 용량에 따라 블록의 대형화에 한계가 주어진다.

[그림 3-24] 선탑재

5) 탑재공사

탑재작업은 조립공정에서 이송된 블록들을 선대나 도크에서 서로 연결하여 선체의 전체 형태를 구성하도록 하는 선체공사의 마지막 공정이다. 그리고 탑재작업에서는 설계도에 제시된 선체의 형상이 완성되어야 하기 때문에 선체의 치수가 정확한지 점검해야 한다. 그리고 선체가 하나의 대형 중(重)구조물로 완성되면 수면에 떠야 하기 때문에 진수작업을 용이하고, 안전하게 할 수 있도록 선대나 도크에서 조립작업을 수행해야 한다.

가장 일반적인 선미 기관실을 갖는 화물선의 경우 탑재의 진행은 선미에서 선수로 진행된다. 이는 기관실 구역이 작업량이 많고 그 위로 거주구역이 추가로 탑재되어야 하기 때문이다.

① 선대 탑재방식 : 경사진 선대에서 블록을 탑재하는 방식으로, 선체를 수면과 일정한 기울기를 유지하면서 선체를 탑재한다. 블록의 탑재에는 기중기가 사용되며, 탑재된 블록을 용접으로 견고히 접합하여 수밀작업이 완료되면, 선체와 선대 사이에 진수대를 설치하고, 진수대에 기름(Fat)을 도포하여 마찰계수를 낮추어 선체의 자중에 의해 경사진 진수대 위로 미끌어지게 하여 물에 진수시킨다. 이 방식은 종래에 많이 사용하던 방식으로 아직도 소형, 중형 선박의 탑재 및 진수에 채택하고 있다.

② 도크 탑재방식 : 선체탑재를 도크에서 수행하는 방식으로, 물이 빠진 드라이 도크에 선체를 수면과 수평하게 탑재하여 선체가 완성되면, 도크에 물을 채워서 선체를 뜨게 한 후 도크 밖으로 띄워 진수작업을 수행한다. 이 방식은 선체를 수평으로 탑재하므로 선체형상을 유지하기가 용이하고, 대형 선박의 경우에는 진수작업에 위험요소가 거의 없어 현대적인 조선소에서는 대부분이 도크 탑재 진수방식을 채택하고 있다.

③ 기중기 : 선대나 도크 내에서 블록의 탑재에는 기중기를 사용한다. 블록의 무게가 가벼운 경우에는 집(Jib) 크레인을 사용하나 중구조 블록의 경우에는 갠트리 크레인

[그림 3-25] 탑 재

의 일종인 골리아스(Goliath) 크레인을 사용하여 대형 선박의 건조기간을 단축시켜 생산성을 높이고 있다.

④ 용골거치(Keel Laying) : 예전의 선박건조방식은 [그림 3-26]에서와 같이 선저부 중앙에 선수와 선미간을 가로지르는 용골을 거치하고 나서 뼈대를 이루는 늑골(Frame)을 세우고 외판을 붙여나가는 순서를 취하였다. 용골을 거치하는 것은 실질적으로 선박의 형태를 잡아가는 시작점으로 큰 의미를 두어 무사한 작업을 기원하는 식을 거행하였다.

현재의 대형선 건조는 선체를 여러 개의 블록으로 나누어 이들을 연결해 나가는 방식으로 진행되므로, 실제로 용골을 거치하는 절차는 없지만 첫번째의 블록을 건조선대에 정위치시키는 것을 상징적으로 용골거치라고 하며 이는 탑재공정의 시작점이 된다. 그림은 골리아스 크레인으로 블록을 들어 Dry Dock 내의 건조위치로 이동시키는 모습을 보여주고 있다. 용골거치 블록은 탑재순서에 따라 정해진다.

[그림 3-26] 용골거치

4. 의장공사

선박을 건조하는 과정은 앞에 설명한 바 있는 선각공사와 의장공사로 구분한다. 의장공사는 선체에 선박의 운항에 필요한 주기관을 비롯한 각종 기계장치, 전기장치들을 부착하고, 이 장치들을 하나의 시스템으로 연결하는 배관공사와 배선공사 등의 작업, 선원의 거주설비공사, 선체의 표면과 내면에 녹이 슬지 않도록 도장하는 작업 등을 총괄하여 말한다. 종래에 의장공사는 선체공사가 완료되는 시점이나 선대에 블록이 탑재된 이후에 수행하는 것이 관례였으나, 요즈음에는 선행의장 공사방식을 많이 사용하고 있다.

선행의장방식이란 블록 조립작업부터 의장공사를 병행하여 블록의장을 시행하고 탑재작업이나 진수 후에도 의장공사를 시행하는 것이다. 이렇게 선대나 도크에서 혹은 진수 후 수상에서 선체공사와 의장공사를 병행하여 추진함으로써 전체적인 공사기간과 의장공사량을 줄여서 종전의 방식보다 생산성을 높이고 있다.

도장공사도 선체 재료를 가공하기 전 단계에서 공장 내에서 숏 블라스팅하여 녹을 완전히 제거하고 일차 도장한 후 가공공정을 실행한다. 블록이 완성되면 다시 블록 도장을 시행하고, 도크에 탑재하여 최종 용접작업이 완료되면 진수작업 직전에 마무리 도장작업을 실시하는 등 공사 진행과정에 따라 도장공사를 수행한다.

이와 같이 현대적인 선박 건조방식은 선체공사, 의장공사, 도장공사 등 모든 공사를 최대한 병행 수행하여 건조기간을 단축하고 작업편의성이 좋은 단계에서 수행한다. 즉, 공장내에서나 조립장에서 선대나 도크에서의 작업을 앞당겨 수행함으로써 선박의 품질과 건조생산성을 높일 수 있는 방향으로 개선되고 있다.

5. 시운전

선체공사가 마무리되고 의장공사가 완성되면 선박에 설치된 각종 장비의 성능을 개별적으로 시험한다. 장비의 성능시험이 완료되면 선박 전체의 성능을 점검하고 설계시 목표로 한 성능이 만족되는지 여부를 확인하기 위하여 선주와 선급기관의 입회 아래 선박의 속력, 연료소비량, 조종성능, 주기관과 추진기의 성능 등을 시험한다. 이 시험은 공식 시운전(Sea Trial)이라 하며, 이 시험에 합격해야만 비로소 선주에게 완성된 선박을 인도할 수 있다.

3.4.3 선박건조 사례

독일의 중형 조선소인 Flensburger(http://www.fsg-ship.de)에서 2,000년도에 건조한 2,700Lane Meter RORO선의 건조자료를 사례로 들어 선체가 어떤 식으로 Block으로 나뉘고, 또 어떤 식으로 Block들이 탑재되어 가는지 알아본다.

본선의 선체는 거구주 Superstructure를 포함하여 [그림 3-27] Block 구분과 같이 85개로 나뉘어 Block으로 제작되고, 제작된 Block들이 탑재되어 선박의 형태를 이루도록 되었다.

각 Block에는 식별을 위한 번호가 붙여지고, 이때 통상적으로 Block의 위치에 따라 A, B, H, ... (After, Bottom, House, ...) 등의 알파벳을 앞에 붙여 'A01 Block' 등으로 호칭한다(출처 : Korea Maritime Links@MSL International).

1. Block 구분

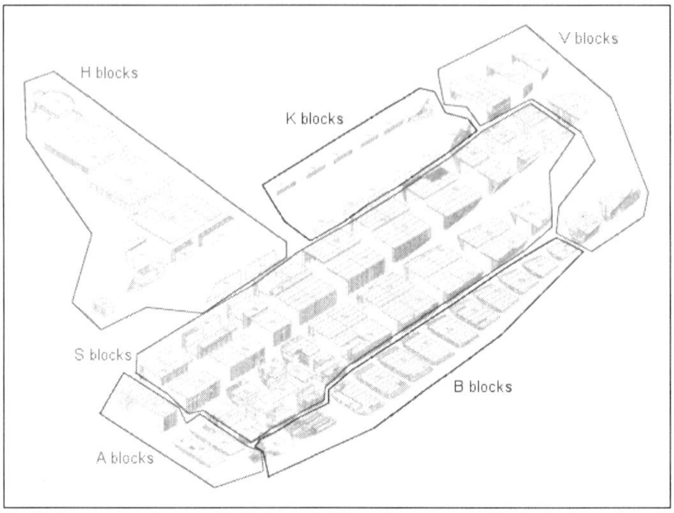

[그림 3-27]

1) A03 Block - After Part

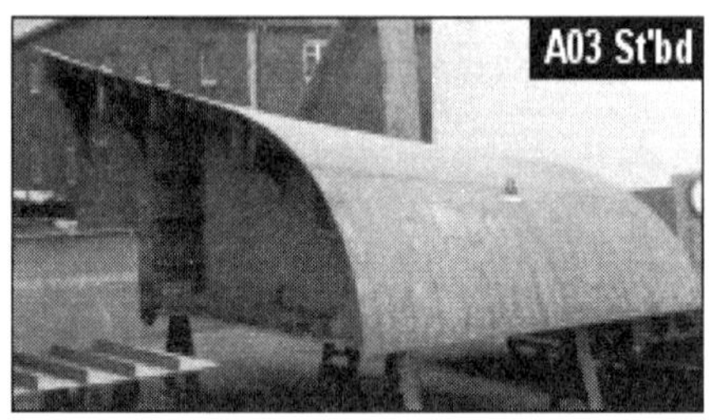

[그림 3-28]

2) A05 Block - Lower Part

[그림 3-29]

3) B13 & B17 Block - Double Bottom

[그림 3-30]

2. 탑재과정

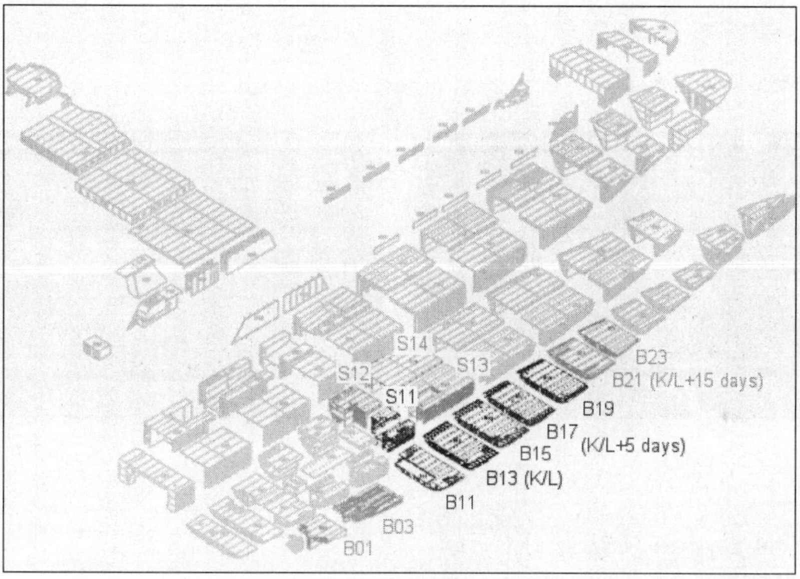

[그림 3-31]

1) Keel Laying

[그림 3-32]

2) Keel Laying + 5일

[그림 3-33]

3) Keel Laying + 8일

[그림 3-34]

4) Keel Laying + 10일

[그림 3-35]

5) Keel Laying + 14일

[그림 3-36]

6) Keel Laying + 16일

[그림 3-37]

7) Keel Laying + 21일

[그림 3-38]

8) Keel Laying + 23일

[그림 3-39]

9) Keel Laying + 25일

[그림 3-40]

10) Keel Laying + 29일

[그림 3-41]

11) Keel Laying + 31일

[그림 3-42]

12) Keel Laying + 36일

[그림 3-43]

13) Keel Laying + 39일

[그림 3-44]

14) Keel Laying+45일

[그림 3-45]

15) Keel Laying+49일

[그림 3-46]

16) Keel Laying+53일

[그림 3-47]

17) Keel Laying + 67일

[그림 3-48]

18) Keel Laying + 78일

[그림 3-49]

19) Launching

[그림 3-50]

20) Keel Laying+90일

[그림 3-51]

3.5 선박의 정비

3.5.1 선박의 부식과 오손

선체는 항상 해수와 접촉하고 습기가 많은 공기 중에 노출되어 있어서 각종 물리적인 원인과 화학적인 원인에 의하여 손상을 입고 있으며, 특히 전기·화학적인 원인에 의하여 녹이 슬거나 썩게 되는데 이러한 작용을 부식이라고 한다. 따라서 선박에서는 항상 부식 방지에 노력하여야 한다.

1. 부식의 원인

1) 물리적인 손상

① 충돌(Collision), 접촉(Touching), 좌초(Aground) 등에 의한 충격

② 악천후(Bad weather)에 관련된 풍랑의 충격과 선체의 동요에 의한 종압력, 횡압력과 굽힘(Bending), 비틀림(Twisting) 등

③ 안벽, Barge, Anchor chain, Mooring rope, 화물 등에 의한 마찰

④ 기관, 조타기, Windlass 및 Winch 등에 의한 진동

⑤ 폭발(Explosion) 및 화재(Fire)에 의한 것 등

2) 전기·화학적인 원인

화학적인 원인에 의한 손상, 즉 부식은 해수나 오수 또는 습윤한 공기에 접한 장소, 통풍이 불량한 장소, 열작용을 받는 장소, 악질 가스가 축적된 장소 등에서 심하다. 또한 철강재는 전식작용(Galvanic action)에 의하여 부식이 진행된다.

금속의 부식은 그 대부분이 해수 등의 전해질 중에 금속이 양이온으로 되어 녹아 들어가 액체 중의 산소 등의 이온과 결합하여 산화물을 형성하기 때문에 발생하는 것으로 알려져 있다. 이 경우에 미약하지만 금속표면에서 액체로 전류가 흐른다. 이 전류를 부식전류라고 한다. 이러한 부식전류를 없애려면 부식전류와 반대방향으로부터 부식 전류보다 더 강한 전류를 인위적으로 흘려주면 된다.

2. 선체 부식의 방지법

1) 보호 아연판 사용

철보다 저전위인 아연을 도선으로 연결하면 두 금속 사이의 전지작용으로 발생하는 전류를 방식전류로 이용할 수 있다. 이 경우 저전위인 아연으로부터 전류와 함께 금속 이온이 용출되기 때문에 시간이 흐름에 따라 아연판이 소모되게 된다.

보호 아연판의 적용 대상으로는 외판, 추진기, 빌지 킬, 밸러스트 탱크 등이 있으며, 일반적으로 선체 등에 붙이는 방법으로는 철판에 12mm 또는 16mm의 볼트를 용접한 후 아연판을 붙이고 너트로 조이고, 나서 남는 여백에는 비닐 퍼티를 채워 해수가 침입하지 않게 한다. 아연판이 다 달아서 바꿀 때에는 전에 사용하였던 볼트와 너트를 그대로 사용할 수 있기 때문에 비교적 간단히 교환이 가능하다.

그러나 볼트와 너트가 녹이 슬었거나, 아연판을 부착할 철판면에 이물질이 있는 경우에는 방식효과가 없어지므로 주의하여야 한다. 즉, 아연판과 부착면과의 전기적 접촉을 확실하게 하는 것이 가장 중요하며, 특히 아연판의 표면은 항상 금속면이 노출된 상태로 부착하여야 하며, 페인트나 기름 등에 의하여 오염되지 않도록 주의하여야 한다.

2) ICCP(Impressed Current Cathodic Protection) System

부식방지를 위해서는 일반적으로 PAINTING을 떠올리게 되고 나아가서 보호 아연판(Cathodic Protection)을 관련시키게 된다. Painting이란 부식방지를 위한 가장 일반적인 방법으로 채택되고 있으며, 해수에 쉽게 침수되고 있는 선체 외판에는 우수한 품질의 Tar Epoxy와 Anti-corrosion Paint를 수회 도장하고 있다.

그러나 아무리 우수한 도료라 할지라도 기간경과에 따른 국부손상은 불가피하며, 또한 선미에 설치되는 Propeller 및 Rudder 등의 장비에 사용되는 금속재질이 선체 외판과는 서로 상이해 해수에 노출되는 선체 외판의 부식속도는 가속된다.

그리하여 이 같은 Coating에 의한 부식방지방법의 부족함을 보완하기 위한 장치로 희생양극에(Sacrificial Anode) 의한 Cathodic Protection을 고안하게 되었으며, 선체 외판 주요 부위에 이런 희생양극을 부착하게 되었다. 그러나 이 또한 일정기간 내 소모된 희생양극(Zinc, Aluminium, Magnesium Anode)을 매 도크 시 교체해 주어야 한다는 불편함과 비용발생원인 해소요구가 점증하게 되었으며, 그에 따라 희생양극방식을 대체하기 위한 장비의 필요성이 대두되게 되었다. 이같이 지속적 사용 가능한 Cathodic Protection Equipment가 절실히 요구받게 된 결과 ICCP가 개발되었다(그림 3-52). 이를 그림으로 도해하면

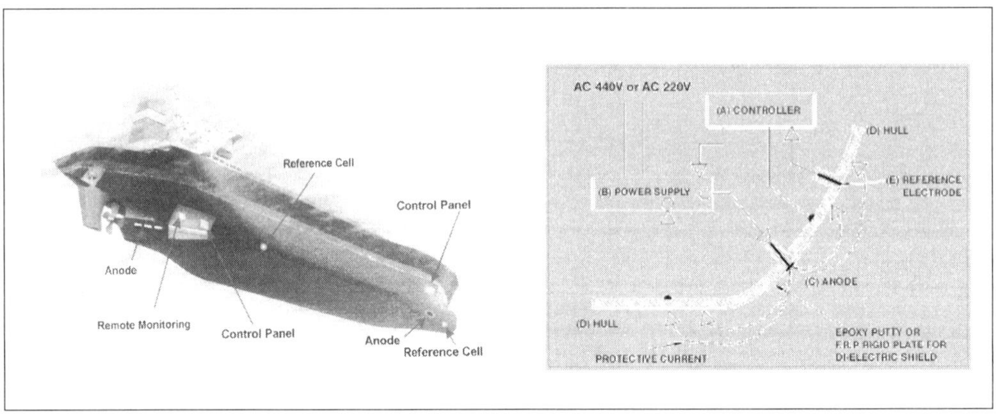

[그림 3-52] ICCP 시스템

① Controller(A)는 Reference Electrode Cell(기준전극) 각각의 직류전압 신호치를 감지하여 Power Supply(B)로 보내준다. Power Supply는 수신된 신호치를 기준으로 하여 최적의 (+)직류전류를 Anode(C)와 해수(전해액의 역할)를 통해 선체로 흘려 주어 선체를 보호하게 한다.

② Anode(C)는 Water Line 아래부위의 Hull(D)을 뚫어 설치하고 선체와 전기적 절연이 돼야 한다. 이곳에서 실제 방식전류(Protective Current)가 방출된다.

③ Reference Electrode(E)도 Water Line 아래부위의 Hull(D)을 뚫어 설치하고 선체와 전기적 절연이 되어야 한다. 이 장치는 선체가 보호되고 있는지를 감지하는 기준전극으로 감지된 전위는 끊임없이 Controller로 이송되어 적정 방식전류를 방출하게 해준다.

④ Anode와 Reference Electrode는 선체와 절연상태여야 하며 이를 위해 FRP Rigid Plate 또는 Epoxy Putty 작업이 이행되어야 한다.

3. 선체의 오손

선체 중에서 물속에 잠겨 있는 부분에는 시간의 경과와 함께 각종 조개류나 해조류 등이 부착하여 서식하게 되는데, 이들 생물이 선저에 부착하는 현상을 오손(Fouling)이라 한다. 해중 생물이 부착하면 마찰 저항이 증가하므로 동일 속력을 유지하기 위해서는 연료의 소비량이 증대된다. 또 기관의 냉각수 파이프나 소화계통의 파이프 내부 혹은 선저의 해수 밸브 속에 부착하여 펌프의 효율을 떨어뜨리거나 경우에 따라서는 심각한 사고의 원인이 되기도 한다.

4. 선저도료

1) 1호 선저도료(Anticorrosive Paint, A/C)

선저의 강판은 해수에 젖으므로 잘 부식된다. A/C 페인트는 방청용(防銆用) 선저도료로서 외판에 직접 또는 광명단 · 워시프라이머(Wash Primer) 위에 바르며, 그 위에 바르는 2호 선저도료가 다량의 독물을 함유하므로, 독물에 의한 강판의 부식을 방지하기 위한 중간 도료로서의 역할도 한다. 따라서 건조가 빠르고 방청력이 커야 한다. 강판과 밀착도 잘되고 진동에 의하여 떨어지지 않아야 하며, 2호 선저도료와도 잘 떨어지지 않아야 한다.

2) 2호 선저도료(Antifouling Paint, A/F)

경하흘수선(輕荷吃水線) 아래쪽 선저부에 발라 해중생물(패류 · 해조류)의 부착을 방지하는 선저방오용 도료이다. 성분 중에 유독한 수은과 구리의 화합물인 산화수은 · 이산화구리를 함유하여 직접 강판에 바르면 이를 부식시키므로, A/C 도장 후 약 2시간 경과한

다음 바른다. 따라서 A/F와 A/C는 잘 밀착되고 해수에 강하며, 건조가 빠르고 도막에 균열이 생기지 않아야 한다.

그리고 건조도막은 해수 중에서 독물이 서서히 표면으로부터 조금씩 녹아서 독물화합물·독물이온에 의하여 생물의 부착을 방지하고, 부착된 것은 탈락시킬 수 있어야 한다. 기존의 TBT는 선박뿐만이 아니라 해양구조물이나 어망, 어구 등에 부착생물이 달라붙지 못하도록 사용되어 왔으나, 독성 때문에 많은 국가들은 현재 사용을 금지하고 있는 실정이다. 선박표면에 해양생물이 부착되지 않도록 하기 위해 칠하는 방오도료는 두 가지 작용을 한다.

첫째는 선박운항 시 화학반응을 일으키면서 아주 미세한 양이 균등하게 깎여 나감으로써 해양생물 부착을 방해한다.

둘째는 도료성분에 함유된 방오기능(주석 성분의 독성)을 이용하여 해양생물이 선체에 부착하는 것을 막는다.

보통 TBT 방오도료는 평균수명이 5년인데 비해 산화제1구리(아산화동)는 3년(실제로는 1.5~2년) 정도만 지나면 재도장작업을 해야 한다. 이에 따라 선박의 유지보수비(도장비)가 두 배로 들어가게 되어 선주들은 TBT 방오도료 도장을 선호할 수밖에 없다. 하지만 대부분의 선진국들은 1982년 이후 선박의 방오페인트에 TBT 사용을 적극 억제하고 있는 추세이다. 프랑스의 아카숑만의 예에서 보듯 소형선박에 대한 TBT 사용을 규제한 이후 굴생산량이 증가한 사실은 연안의 TBT 오염이 굴양식과 결코 무관하지 않다는 것을 잘 말해준다. 심지어 일본과 같은 일부 국가들은 소형 선박에 대한 TBT 사용 규제에도 불구하고 연안의 TBT 농도가 감소하지 않고 있고, 복족류의 임포섹스현상이 계속 나타나는 것은 아직까지 대형 선박에 대한 규제를 하고 있지 않기 때문이라며, 국제해사기구(IMO)에서 TBT의 전면사용금지를 강력하게 주장하고 있다.

3) 수선도료(Boot Topping Paint, B/T)

수선부, 즉 만재흘수선과 경하흘수선 사이에 A/C 위에 바르는 도료이다. 수선 부근은 해수에 젖었다 말랐다 하며, 파도의 충격을 많이 받고 통선이나 부선 등이 마찰에 의해 마모되므로 선체 중 가장 부식마모가 심하다. 또 해중생물도 부착하므로 도료는 내구성과 함께 방오성·방수성이 있어야 한다. A/C, A/F와 함께 에나멜 페인트이지만 특히 방청과 내마모성에 중점을 둔 것이다.

3.5.2 선체의 도장

1. 도장의 목적

선박을 보호하기 위한 가장 효과적이고 경제적인 수단은 여러 가지 특성을 가진 도료들을 그 특성에 따라 각 부위별로 도장하여 부식으로부터 선체를 보호하는 것이다. 도장은 도료의 여러 특성에 따라 내수성, 내후성, 내방식성, 내약품성, 내열성, 방오성 등의 적절한 도장사양에 의해 정확히 도장함으로써 방수(防水), 방식(防蝕) 및 방오(防汚) 등의 효과를 얻게 되며, 그것은 선박의 성능과 수명을 보호하고 연장해 주며, 연료 및 시간 절감과 함께 아름다운 미관을 유지시킬 수 있는 것이다. 이러한 일련의 효과를 얻기 위함이 선박도장의 목적이다.

1) 장 식

선체에 도장하는 각종 페인트는 안료에 의하여 여러 가지 색깔을 나타낼 수 있다. 그러므로 선박의 종류에 따라서 선체의 각 부분을 적당한 색깔로 도장하여, 외관상 보기에 아름다움을 느끼게 한다. 그리고 그 선박에 승무하고 있는 선원들에게도 작업능률을 높이고, 선상생활의 즐거움과 안락함을 느끼게 한다. 특별히 연돌이나 선측 외판에는 그 선박회사의 로고를 표시하여 회사의 이미지 향상에 기여하기도 한다.

2) 방 식

강판이나 목판에 도장을 하게 되면 도막을 형성하여 물이나 공기와의 직접 접촉을 막아서 부식을 방지하는 역할을 한다.

3) 방 오

선체 중의 수면하에 잠기는 부분에는 수은과 같이 독성이 강한 화학물질을 도료와 혼합하여 도장함으로써 수중의 생물들이 부착하여 기생하지 못하도록 한다. 한편으로 도장에 의하여 강판이나 목판의 표면을 매끄럽고, 잘 더럽혀지지 않도록 하여 선속 증가의 요소로써 작용하고, 선체의 청결유지에 도움이 된다.

2. 도장작업 절차

1) Job Planning

① 도장할 주요 구역을 결정한다.

② 보수 도장안내서를 참고하여 제품 선정한다.

③ 사용할 Paint를 부위별로 구분한다.

④ 동력공구 및 수공구를 준비한다.

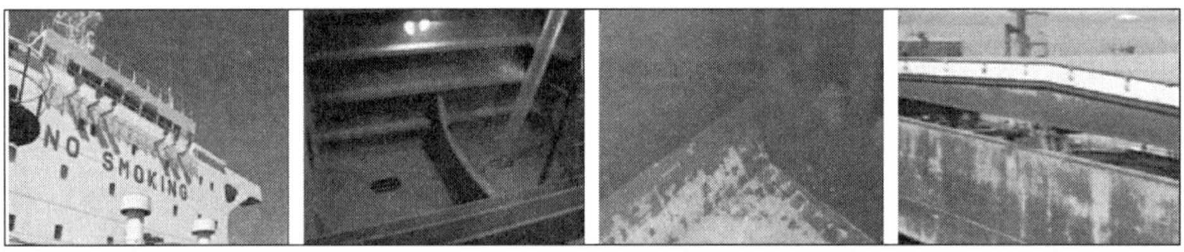

[그림 3-53] 도장구역 결정

(a) Paint 사양 (b) Paint 구분 (c) 표면처리장비

[그림 3-54]

2) Scraping & Chipping

느슨한 녹이나 구도막을 제거한다.

[그림 3-55]

3) 용제세정(Degreasing)

Oil, Grease 등을 적절한 용제로 깨끗이 제거한다.

4) 청수세척(Washing)

Salt, 먼지, 기타 오염물 등을 청수로 깨끗이 세척한다.

[그림 3-56]

5) 표면처리

모든 이물질을 제거하여 도료가 양호하게 부착될 수 있도록 깨끗하게 처리한다.

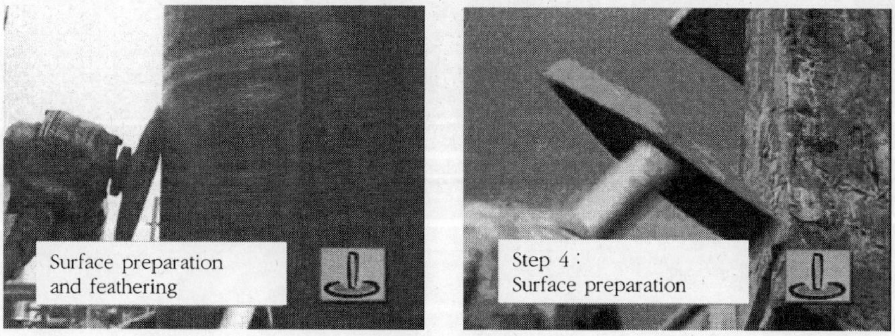

[그림 3-57]

6) 먼지와 이물질 제거(Removal of Dust and Debris)

표면처리 후 구도막 및 기타 이물질을 제거한다.

7) 도장 조건확인(Checking Weather Condition)

도장 전 표면의 수분확인 및 이슬점 온도를 Check한다.

[그림 3-58]

8) 도장(Applying the Paint)

① Paint 및 도장장비를 준비한다.

② Paint Mixing을 잘 한다(특히, 이액형 페인트일 경우 주제와 경화제를 잘 혼합한다).

③ 규정된 신너를 사용한다.

④ 제품의 Data Sheet를 참조한다.

[그림 3-59]

9) Paint Application

붓, 롤러, 스프레이를 이용하여 적정 도막으로 시공한다.

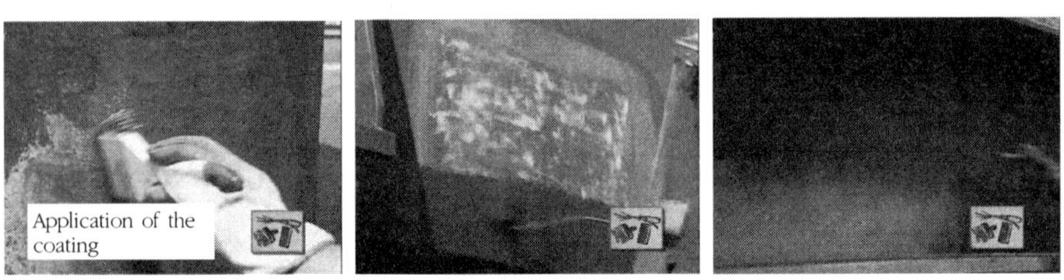

[그림 3-60]

10) 도막측정(Checking Film Thickness)

① 페인트 시공시 적정 도막을 준수해야 하므로 습도막(WFT)를 측정한다.
② 건도막(DFT)을 측정한다.
③ Data Sheet를 참고로 건조시간 및 재도장간격을 준수하여야 한다.
④ 장비사용 후 신너로 깨끗이 세척한다.

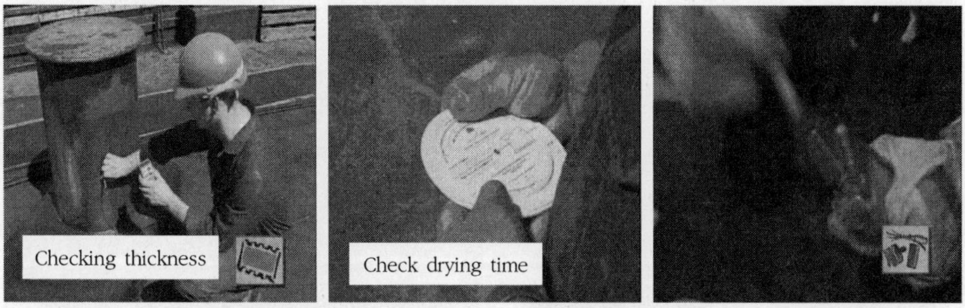

[그림 3-61]

3. 표면처리

1) 표면처리의 개요

선박에서 부식과 오손을 방지하기 위해 가장 많이 실시하고 있는 선박의 정비방법으로는 선박의 강재 표면을 먼저 여러 가지 공구를 이용해 Chipping이나 Grinding으로 표면처리를 한 후 일정한 기간에 따라 정해진 도료를 사용해 여러 번 도장을 하는 것이다.

도장의 내구기간은 적용한 도장 사양에 못지않게 표면 처리된 정도에 따라 크게 좌우되므로 표면처리는 신중한 검토가 요구되는 사항이다.

표면처리의 가장 중요한 역할은 모든 이물질을 제거하여 도장되는 도료가 양호하게 부착이 될 수 있도록 표면을 깨끗하게 처리하는 것이다. 〈표 3-1〉은 도장 시 도막수명에 미치는 영향을 보여주고 있는데 표면처리가 절반을 차지하고 있을 정도로 매우 중요한 역할을 하고 있음을 알 수 있다.

〈표 3-1〉 도장 시 각 요인이 도막 수명에 미치는 영향

요 인	기여율 (%)	요 인	기여율 (%)
표면처	50%	도막의 종류	5%
도막두께	20%	기 타	25%

2) 표면처리의 목적

① 소지면을 불활성화(안정화)하여 내식성을 향상시킨다.

② 소지면에 부착, 생성된 이물질을 완전히 제거하고 표면의 조도를 형성시키므로 도료의 밀착성을 높인다.

③ 소지면과 도료의 친화력(Affinity)과 습윤성(Wetting)을 준다.

④ 소지면의 돌출부를 제거하여 소지면을 평탄하게 한다.

3) 표면처리의 종류

① 블라스트법 : 원심력, 압축공기(고압력) 등으로 임의의 입자를 소재표면에 뿜어 표면의 불순물, 산화층 등을 제거하는 방법이다.

[그림 3-62] 샌드블라스트

㉠ 입자에 의한 분류

ⓐ 샌드블라스트 : 돌가루, 모래

ⓑ 쇼트블라스트, 그릿블라스트 : 금속

㉡ 분사방식에 의한 블라스트법

ⓐ 파워블라스트 : 건식 고압법

ⓑ 하이드로블라스트 : 액압식

ⓒ 베이큠블라스트 : 액체호닝

② Power Tool 사용 : NG Machine, Aling Hammer(Electric / Pneumatic), Disc Grinder, Disc Sand Paper, Wire Brush가 있다.

③ 손작업 : Hammer, Scraper, Wire Brush, Sand Paper가 있다.

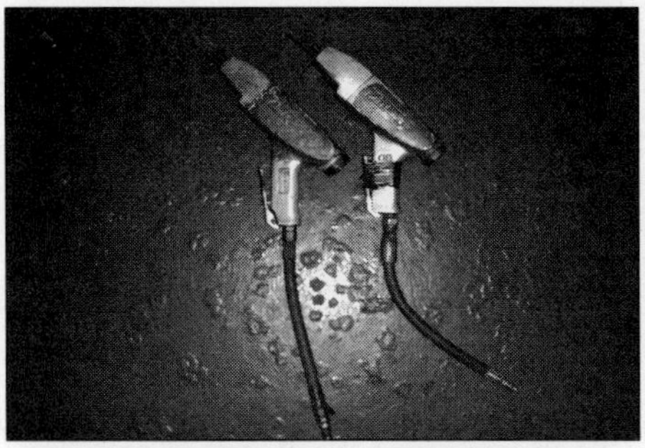

[그림 3-63] Chipping chisel

[그림 3-64] Grinder

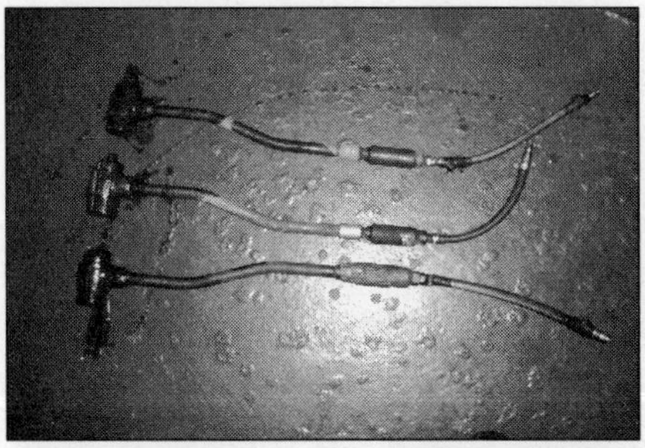

[그림 3-65] Chipping hammer

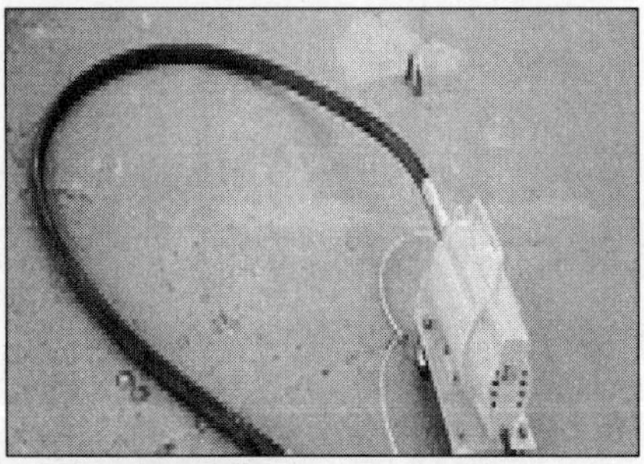

[그림 3-66] 전동 Scaling Machine

[그림 3-67] 각종 Chipping 공구

[그림 3-68] Wire Cup Brush

④ 화학적 표면처리 : 용제로서 금속 또는 비금속표면의 수지 또는 오염을 제거한다.

⑤ 화성 피막처리 : 금속표면의 방식을 향상시킬 목적으로 그 바탕에 화학적인 피막을 조성한다.

4. 도장방법

1) 붓도장(Brush Painting)

붓도장은 도장속도가 느리기 때문에 Marking을 한다든가 또는 적은 면적을 도장할 때 사용되며, 사용하려는 붓의 모(毛) 접착용 본드가 용제나 신너(Thinner)의 영향을 받는가를 확인해야 한다. 심하게 패인 표면과 나사 및 리벳 부위에 대해서는 둥근 붓이 가장 좋으며, 편평한 면에 대해서는 5인치 이하의 평 붓을 사용해야 한다. 거친 표면과 용접부분, 모서리 끝부분은 특히 주위가 필요하다. 도료가 흐르거나 뭉친 부분은 붓으로 제거해야 한다.

2) 롤러 도장(Roller Painting)

롤러 도장은 붓도장보다 속도는 빠르지만 일정한 도막 두께를 유지하기 어렵다. 따라서 1회에 너무 넓게 도포하지 않아야 하며, 특히 용접부분에는 거친 것을 사용하고, 기타의 표면에는 섬유가 긴 것을 사용해야 한다.

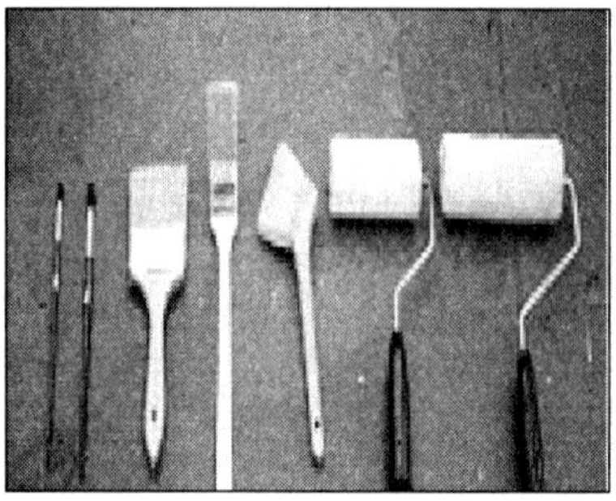

[그림 3-69] 각종 도장 도구

3) 에어스프레이 도장(Air Spray Painting)

넓은 면적에 도장할 수 있는 보편적인 방법으로 Air Spray 기계는 조작이 간단하며 양호한 도막을 얻기 위해서는 공기의 양과 압력 그리고 유속이 삼위일체가 되어야 한다. 만약 Air Spray 도장을 잘못하면 도료의 손실이 클 뿐만 아니라 도료가 물체 표면으로부터 튀어 올라 외관이 좋지 않게 된다. 또한 Spray 조작을 잘못하면 도장면이 매끄럽지 않고, 도료가 흐른다든지 도막에 구멍(Pin Hole)이 발생할 수가 있다.

Air Spray 도장의 단점은 도료 점도를 맞추기 위하여 용제로 희석을 해야 하기 때문에 1회 도장으로 두껍게 도장할 수 없다는 점이다(그림 3-70).

[그림 3-70] 에어스프레이 도장

4) 에어리스 스프레이(Airless Spray) 도장

이 방법은 도료를 분사하기 위해 도료에 직접 공기를 혼합하지 않는 것이다. 분사방법은 압력을 이용하여 도료를 특수한 관이나 Tip을 통해 분출하는 것이다. 사용되는 압력의 크기는 내부공기압력에 대한 펌프의 공기압력비로 계산된다. 펌프의 압력비율은 20 : 1에서 60 : 1까지 있지만 보통 80 : 1비율의 것을 사용하며 아연말도료 특히 무기질 아연말도료는 45 : 1비율의 것을 사용해야 한다.

Air Spray 도장과 비교하여 가장 중요한 장점의 하나는 도료의 손실이 적고 독성을 감소시킬 수 있으며 폭발할 위험이 적다는 것이다. 또한 도료의 불출시 용제를 적게 사용할 수 있으므로 두꺼운 습도막 두께로 도장할 수 있으며, 도료의 분사는 특별히 설계된 Tip의 종류에 따라 좌우된다. Tip이나 Nozzle은 Tungsten Carbide로 만들어지며 분사량은 관의 지름에 따라 달라진다. 그러므로 여러 가지 각도로 만들어지고, 직경의 크기가 서로 다른 다양한 종류의 Tip들이 사용되어진다.

5. 도료의 종류 및 특성

1) 도료의 정의

우리가 흔히 말하는 도료란 고체 물질의 표면에 칠하여 고체막을 만들어 물체의 표면을 보호하고 아름답게 하는 유동성 물질을 총칭하는 말이다.

2) 도료의 구성

① 수지(Binder) : 도료의 성격을 규정하여 주는 성분으로 건조 및 경화반응을 한다.

② 안료(Pigment) : 색상 및 물리적인 특성을 증가시킨다.

③ 용제(Solvent) : 도장작업성을 용이하게 하여 주고 VOC 방출규제로 사용량이 감소된다.

④ 첨가제(Additive) : 흐름방지제, 건조촉진제 등이다.

3) 도료의 종류

① 페놀수지도료 : 이 도료는 내수성이 좋은 페놀수지바니시를 전색제로 한 도료이기 때문에 주로 내수성, 내약품성이 요구되는 도장에 적합하며 또는 알키드수지와 병용해서 그의 내수성, 내약품성을 보완하는 데 이용된다. 내폭로성(내후성)이 알키드수지에 비해서 불량하며 그 백색도료는 황변현상이 있기 때문에 제한적으로 사용된다.

② 알키드수지 도료(Alkyd Resin Paints) : 공기 중의 산소와 결합하여 건조되는 산화중합 건조형 도료로서 일반적인 환경조건하의 철구조물용 중/상도로 주로 사용되고 있으며, 전색제 중의 주요소인 알키드수지가 오일과 무수프탈산을 주성분으로 합성되기 때문에 프탈산 수지계 도료라고도 한다.

알키드수지에 사용되는 오일의 종류와 비율에 따라 도막특성이 달라지며 오일의 양에 따라 장유성, 중유성, 단유성으로 구분한다. 그러나 최근 공업화에 따른 대기오염(산성화)에 따라 내산성이 약한 알키드계는 상도로서 가치가 점점 떨어지고 있다.

장유성 알키드수지는 유성도료보다 건조성, 내수성, 내후성 등이 좋고 작업성은 유성도료보다 다소 떨어지지만 붓 도장 등에 별로 지장이 없으므로 철강구조물의 상도로 널리 쓰이고 있다. 그러나 내약품성 특히 내알칼리성은 매우 약하므로 알칼리성 재질 및 환경에는 부적합하며 내식성도 우수한 편이 아니므로 항상 물에 잠기는 침수부에는 부적합하다.

중유성 알키드수지 도료는 장유성 알키드수지 도료보다 광택, 내후성, 건조성, 내폭로성 등은 좋으나 붓 작업성, 도막두께, 밀착성이 좋지 않아 대형 구조물의 도장에는 잘 사용하지 않으며 기계, 기구 등의 도장에 많이 사용된다.

③ 실리콘 알키드수지 도료 : 이 도료는 실리콘으로 변성시킨 알키드수지를 전색제로 한 사용한 도료로서 알키드수지 도료의 광택 보지력, 내후성을 개량한 도료로서 특히 우수한 내후성이 장점이며 앞으로 장기방식 도료의 상도용으로 기대된다.

④ 실리콘수지 도료 : 실리콘수지 도료는 내열성, 내한성, 내후성이 우수한 특성을 가지고 있어서 내열성이 우수한 알루미늄을 혼합하여 내열도료로 사용된다.

⑤ 에폭시 에스텔 수지 도료 : 에폭시수지를 건성유로 에스텔화하여 만든 수지를 전색제로 한 도료로서 내수성, 내약품성 등은 페놀수지 도료보다 양호하나, 내후성에서 쵸킹(Chalking) 현상이 있어 유색상도로서는 부적합하다.

⑥ 염화고무수지 도료(Chlorinated Rubber Paint) : 천연고무를 염소함유량 60~70%로 염소화하여 얻은 수지를 주수지로 한 도료로 속건성, 난연성이며, 내약품성 특히 내산성과 내후성이 우수하여 오염환경이나 해안환경에서의 상도용으로 적합하다. 용제증발형 건조 도료로서 장기 재도장 시에도 층간 밀착성에 문제가 없어 재도장성이 우수하나, 내용제성은 약하다. 징크리치 페인트와 조합하여 장기방식이 가능하며 내수성, 내약품성이 우수하므로 해상구조물이나 공업지역에 적합하다.

⑦ 염화비닐수지 도료 : 선박에 사용되는 비닐수지 도료는 염화비닐과 초산비닐의 공중합체가 많은데, 염화비닐이 다른 비닐수지와 비교해서 내후성, 내수성, 내유성, 내약품성이 우수하기 때문에 많이 사용된다. 비닐수지 도료는 비닐수지를 녹이기 위해 많은 용제가 필요하기 때문에 도료의 건조도막이 얇아 도장회수를 많이 할 필요가 있다. 이 도료는 내수성, 내약품성이 우수하므로 철강구조물, 선박 등의 내수성, 내약품성이 요구되는 곳에 사용된다.
매우 강한 용제를 함유하고 있으므로 유성, 알키드수지 도료 등의 구 도막위에는 도장이 불가능하다. 종전 도료는 살오름성이 좋지 않으나, 최근 후 도막형 도료가 개발되어 중방식용으로 널리 사용되고 있다. 염화고무계 도료와 같이 속건성이며 층간 접착력이 좋으며 보수도장성이 우수하다.

⑧ 역청질계 도료(Tar-Epoxy, Tar-Urethane, Vinyl Tar계 도료) : 도장의 목적이 보호와 미관이라면 미관보다는 보호에만 중점을 둔 도료로서 도막은 견고하며 두껍게 도장이 가능하고 또한 소지에 대한 접착력, 경도, 건조성, 작업성, 살오름 등이 양호하나 색상이 제한적인 것이 단점이다. 이들 도료는 내수성, 내약품성 등이 우수하나 폭로시에는 내후성이 매우 약하여 주로 지중매설관 등의 도장에 널리 사용된다.

⑨ 에폭시수지 도료(Epoxy Resin Paint) : 에폭시수지와 포리아마이드수지, 아민어덕트 등의 경화제를 주성분으로 하고 있는 2액형 반응경화형 도료로서, 경화도막은 접착성, 방식성, 내충격성, 내마모성, 내약품성, 밀착성 등의 우수한 성능을 갖고

있어 바닥재, 특히 가혹한 환경에 처해있는 선박용 도료로 적당하고 특히 가혹한 환경하에서 방식성, 장기적 경제성, 도료자체의 품질개량이 우수하며 물, 약품, 오염가스 등에 대한 내성이 현 도료 중에서 가장 우수하다고 볼 수 있다. 그러나 온도 변화에 따른 건조성이 민감하여 동절기에는 건조가 너무 늦고, 자외선(햇빛)에 노출 시 쵸킹 현상이 발생하므로 이것이 문제가 될 경우에는 무황변성 우레탄 도료를 상도로서 사용하는 것이 좋다.

⑩ 폴리우레탄수지 도료(Poly Urethane Resin Paint) : 에폭시수지 도료와 같이 중방식용 도료로서 급속히 시장화하기 시작한 도료로 특히 상도마무리용으로 우수하며, 폴리에스테르, 아크릴, 알키드 폴리올 등을 주제로 이소시아네이트 폴리머를 경화제로 한 2액형 반응도료이다. 폴리우레탄 수지계 도료의 최대 특징은 무황변성인 경우 내후성이 특히 우수하며, 내수성, 내약품성 및 접착성 등도 우수하여 에폭시계 프라이머의 상도용으로 사용된다. 도장 후 광택 및 색상을 장기간 유지하며 오염환경이나 해안환경에도 우수하다. 건조시간은 저온시에도 에폭시 도료보다 빠른 장점이 있다. 폴리에테르와 우레탄 특성을 이용한 바닥재는 실내외 체육관, 사무실, 전산실, 옥상방수 등 폭 넓게 사용되고 있다.

⑪ 아연말 도료(Zinc Rich Paint) : 아연금속은 일반적으로 철보다 이온화 경향이 높아 두 금속이 전해질 속에 공존할 경우 국부전지를 형성하여 전자가 아연(양극)에서 철(음극)로 흐르게 된다. 이로써 아연(아연)이 부식됨과 동시에 철(음극)은 보호받게 된다. 이 원리를 이용한 도료가 아연말 페인트로서 방청 프라이머로 사용되며 방청 프라이머 중 가장 우수한 도료이다.

㉠ 무기질 아연말 페인트(Inorganic Zinc Coating)와 유기질 아연말 페인트(Organic Zinc Coating) 두 종류가 있으며 무기질 아연말 페인트를 사용할 경우 중요한 것은 표면처리이다. 표면처리가 잘못됐을 경우에는 접착력이 불량해지며 단 시간에 발청이 일어날 수 있다.

㉡ 아연말 페인트는 도료에 함유된 아연말이 대기 중에 수분과 반응하여 수산화아연으로 되며 강한 알칼리성을 나타내기 때문에 상도도료로서는 내알칼리성이 있는 도료를 선택해야 하므로 내알칼리성이 강한 염화고무계, 염화비닐계, 에폭시계, 우레탄계 등을 사용해야 한다.

⑫ 실리콘 아크릴 도료 : 실리콘 아크릴을 주성분으로 한 초내후성 도료로서 실리콘

성분이 반응하여 화학적으로 매우 안정한 실록산 결합을 이루는 특수도료이다. 특히 세라믹계(예 ; 타일, 유리 등) 재질과는 매우 우수한 접착력을 가지는 것이 특징이며 불소수지도료와 동등한 초내후성을 나타낸다.

⑬ 불소수지 도료 : 불소수지의 분자결합(C-F)이 화학적으로 극히 안정되어 초내후성, 초내구성, 내오염성이 기존 도료보다 탁월하므로 장기 내구력을 요구하는 부위에 사용되는 특수도료이다. 가열 건조형과 상온 건조형 2종류가 있다.

⑭ 알루미늄 페인트 : 페놀수지 바니시 또는 알키드수지 바니시 등을 주 전색제로 하고 알루미늄 분말을 안료로 혼합한 도료로서 알루미늄 분말의 리핑(Leafing)현상 때문에 도장하면 알루미늄분이 도막위에 떠서 은색의 독특한 외관을 나타낸다. 알루미늄 안료의 효과로 내수성, 내후성 등이 양호하므로 옥내외의 철강구조물 상도로 널리 사용된다.

3.5.3 도막의 결함과 대책

1. 백아화(Chalking)

1) 현 상

도막의 표면이 가루가 되어 광택을 잃고 손으로 문지르면 가루가 묻어나는 현상이다.

2) 원 인

① 자외선의 영향(동절기 보다 하절기에 많이 발생)이다.
② 자외선 흡수성이 큰 안료를 사용한다.
③ 평활하지 않는 도면은 수분이나 먼지를 흡수해서 도막의 붕괴를 촉진한다.
④ 수지자체의 결함구조로 인하여 발생한다.

3) 대 책

① 도료의 선정에 유의하고 수세, 연마를 실시할 것
② 안료를 선별하여 사용할 것
③ 도면을 균일하게 도장할 것

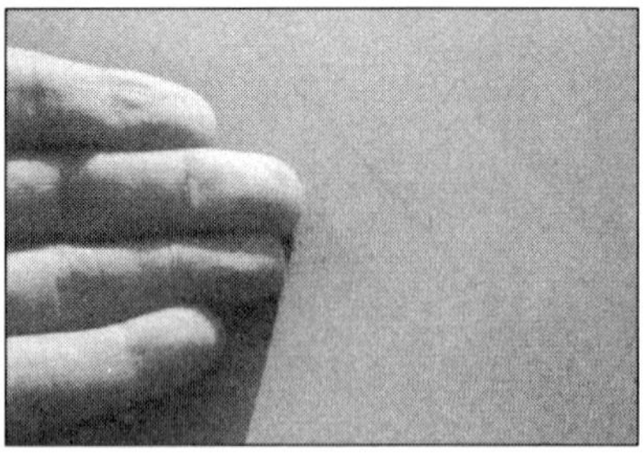

[그림 3-71] 백아화의 예 1

[그림 3-72] 백아화의 예 2

2. 부풀음(Blistering)

1) 현 상

도막의 일부가 하도나 철판으로부터 부풀거나 좁쌀알 크기 또는 분산 불량과 같이 미세한 수포가 발생하는 것이다.

2) 원 인

① 고온 다습한 상태에서 장기간 방치 시
② 도막아래의 부식에 의해 부풀음 발생 시
③ 피도면 표면이 땀, 지문 등의 염기에 의해 오염된 경우
④ 경화 부족으로 도막이 미건조된 상태에서 침수되었을 때

3) 대 책

① 도장물의 보관상태에 유의할 것
② 규정도료를 사용할 것
③ 맨손이나 오염된 장갑 등의 접촉을 피할 것
④ 완전 경화할 것
⑤ 화성액 성분이 표면에 남지 않게 할 것
⑥ 표면을 깨끗이 수세할 것

[그림 3-73] Blistering의 예 1

[그림 3-74] Blistering의 예 2

3. 균열(Cracking)

1) 현 상

도막에 금이 가는 현상이다.

2) 원 인

① 하도 건조가 불충분한 상태에서 상도 도장했을 때
② 약한 하도에 용해력이 강한 상도를 도장했을 때
③ 온도가 급격히 저하되었을 때
④ 강한 직사광선하에서 급히 건조될 때(표면건조)
⑤ 기온차가 심할 때

3) 대 책

① 규정도막으로 도장하고 건조 후에 상도 도장할 것
② 강 용제 도료를 상도 도료로 사용하지 말 것
③ 도장을 피할 것

[그림 3-75] Cracking의 예 1

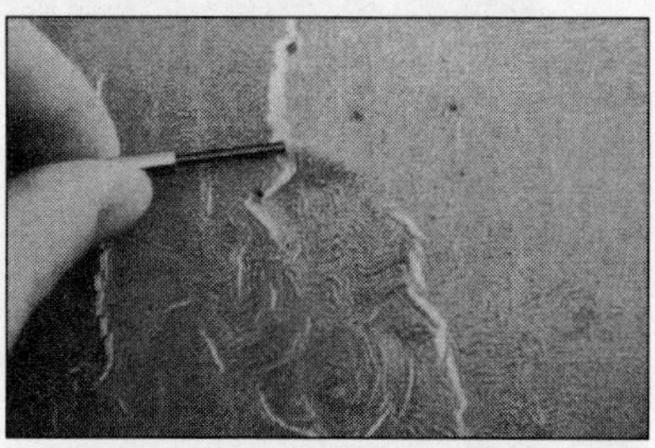

[그림 3-76] Cracking의 예 2

4. 핀홀(Pinhole)

1) 현 상

도료를 도장하여 건조 후에 도막에 바늘로 찌른 듯한 조그만 구멍이 생기는 현상이다.

2) 원 인

① 하도 도막이 이미 핀홀이 있고 그 위에 도장 시
② 급격한 온도상승 시
③ 용제의 증발이 너무 빠를 때
④ 두꺼운 도막의 급격한 온도상승 시
⑤ 피도물 자체 온도가 높을 때
⑥ 점도가 너무 높은 도료를 스프레이했을 때

3) 대 책

① 하도를 검토하여 하도의 핀홀을 제거한 후 도장할 것
② 규정 신나를 사용할 것
③ 규정 도막 두께로 도장할 것
④ 피도물의 온도를 40℃ 이하로 유지할 것

[그림 3-77] Pinhole의 예 1

[그림 3-78] Pinhole의 예 2

5. 주 름(Wrinkling)

1) 현 상

단독 도막 중복도장 시 건조과정에서 도막에 주름이 생기는 것이다.

2) 원 인

① 도막이 두꺼워서 도막의 윗부분만 건조될 때(후 도막에서 표면건조 후 하부가 유동성일 때)

② 하도의 건조가 불충분할 때

③ 직사광선이나 급격한 과열을 받았을 때

④ 속건성 용제를 사용한 경우

⑤ 상도 도료의 신나 용해성이 하도 도료에 비해 지나치게 강할 때

3) 대 책

① 적당한 도막 두께로 도장할 것

② 충분히 건조시킨 후 도장할 것

③ 적합한 도료를 적용할 것

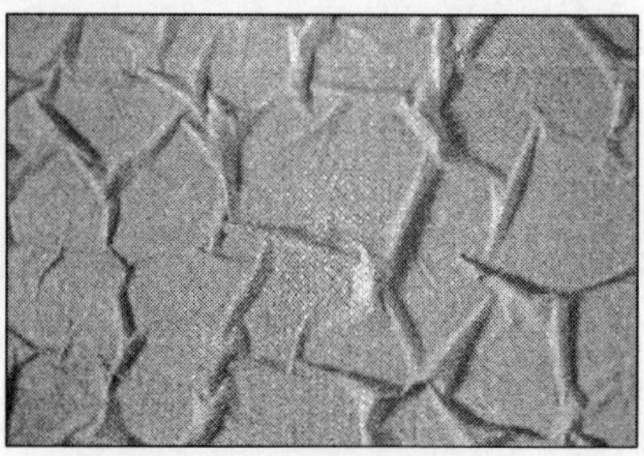

[그림 3-79] 주름의 예 1

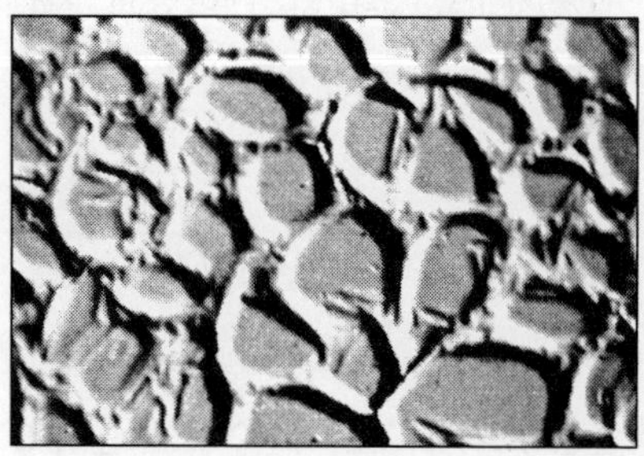

[그림 3-80] 주름의 예 2

이 이외에도 스프레이 도장 후 도료의 유전성 부족으로 인해 평활한 도막으로 되지 않고 표면이 귤껍질과 같은 모양으로 도막이 형성되는 오렌지 필(Orange Peel), 표면과 도막 사이 또는 중복도장 시, 도막과 도막 사이에서 생기는 박리([Flaking, Peeling, Detachment, Delamination), 도막에 분화구 모양의 패임(구멍)이 생기는 크레터링(Cratering)과 같은 현상들이 있다.

3.5.4 선체도장 시의 유의사항

1. 안전수칙

작업장에서 작업의 효율을 최대한으로 얻기 위해서는 종업원 개개인이 작업장의 일에

익숙하고, 아래에서 설명되는 작업장에서의 특별한 수칙을 준수해야만 한다. 기초적인 안전수칙은 다음과 같다.

① 작업의 마감재료는 화기로부터 보호받을 수 있는 공간에 보관한다.
② 작업은 항상 안전하게 실시한다.
③ 사고발생 시는 응급처치를 하고 즉시 보고한다.
④ 안전하지 못하다고 생각되는 것은 안전하게 수정하고 보고한다.
⑤ 무릎을 들어 올리거나, 구부리게 되는 경우 가해지는 무거운 하중에 신경을 써야 한다.
⑥ 보관창고에는 방폭전등 및 밀폐 스위치를 사용해야 한다.
⑦ 상품표시는 적절하고 정확히 붙어 있어야 한다.
⑧ 적절한 덮개 없이 저장실에 마감재료를 저장해서는 안된다.
⑨ 바닥과 벽, 천정 및 도장실은 정기적으로 청소되어야 한다.
⑩ 보호장비를 준비하여 양호한 상태로 유지시켜야 한다.

1) 신체위험

신체적인 위해의 가장 핵심적인 것은 도료가 유기용제를 함유한다는데 있다. 방오 도료에서의 유해한 첨가물질도 신체적인 위해요소로 작용한다. 도료를 취급할 때나 도장중에 높은 밀도의 유기용제 증기를 흡입하게 되면, 자극과 마취효과로 인해 무의식 상태로 만들 수도 있다.

어떠한 도료의 성분은 피부가 오랫동안 노출되어 있을 때 중독 작용을 일으킬 수도 있다. 계속적인 피부접촉은 피부병의 원인이 되며 어떤 용제는 피부를 통하여 유해량만큼 흡수된다. 만약 삼키게 될 경우에는 구토와 복통을 유발한다. 다음에 열거한 안전수칙을 준수하면 신체적 위해를 상당히 감소할 수 있다.

① 필요한 마스크나 인공호흡기를 착용한다. 유독한 증기의 흡입은 폐병의 원인이 된다. 기계적인 여과식 인공호흡기는 고형의 입자를 막아주지만 금방 막히고 안전하지 못하게 된다. 벤젠 등의 휘발성용제 증기는 기계적 인공호흡기에 여과되지 않는다.
② 적절한 환기, 조명과 송풍설비가 준비되어야 한다. 적절한 환기는 화재, 폭발 및 신체적 위해를 방지할 수 있다.
③ 손과 몸을 외부로부터 차단해야 한다. 휘발성용제가 접촉되었을 경우에는 중성의

세제로 씻어준다. 외부로 부터 적절히 피부를 차단하지 못했을 때는 건조하게 되어 갈라지게 된다. 유독한 화학물질이나 산을 취급할 경우에는 안면과 눈을 보호안경으로 보호하고 고무장갑과 앞치마를 착용해야 한다. 손과 팔, 얼굴에 자주 보호크림과 로션을 사용해야 한다.

2) 화재위험

대부분의 도료는 인화성 용액을 함유하고 있기 때문에 화재의 위험이 있다. 인화성은 제품 라벨에 표시해야 한다. 인화성 물질의 점화는 담배나 과도한 엔진의 연소, 불꽃, 예열기구, 방전, 보호되지 않은 전기적 기구와의 접촉에 의해 발생된다. 다음에 열거된 안전수칙을 준수하면 화재위험을 상당히 감소할 수 있다.

① 기름걸레는 밀폐된 철재용기에 보관된다. 마감공정에서의 대부분의 화재는 자연 발생적인 발화에 기인한다. 이러한 걸레는 큰 철재상자에 보관하든지 화재위험이 없는 곳에서 태워야 한다.

② 도장실과 집진실은 깨끗이 청소되어야 한다. 도장실에서의 빈번한 화재원인은 도료 증기와 과도장이다. 도장실의 청소에 고휘발용제를 사용해서는 안된다.

③ 노출된 불꽃이나 전기 스파크를 피해야 한다. 모든 모터와 전기기구는 항상 최상의 상태가 유지되도록 해야 한다. 금연하고, 필요하면 담배를 피워도 괜찮은 장소를 지정해도 좋다. 스파크가 없는 기구를 사용해야 한다.

④ 모든 마감재료는 용제와 함께 밀봉되어야 한다. 열려진 통에서 도료의 도막이 형성되지 않아야 하고, 화재의 위험뿐만 아니라 신체적 위해가 있는 증기의 공기오염도 방지되어야 한다. 고휘발성 용액을 보관할 때는 승인된 용기를 사용하여야 하고, 용제의 증발을 방지하기에 적합하도록 기계적으로 밀봉되어야 한다.

2. 도장에 영향을 주는 요소

1) 온 도

모든 도료의 도장 온도범위는 4℃～49℃사이이며, 상대습도의 영향을 고려하여야 한다. 표면의 습기나 서리가 있는 경우 저온 상태에서는 나쁜 영향을 초래한다. 고온에서 도장하는 경우 도막이 너무 빨리 건조되어 핀홀(Pin Hole)이나 도막의 누락부분이 발생 원인이 되므로 유의해야 한다.

2) 습 도

모든 도료는 소지의 온도가 이슬점(Dew Point)보다 적어도 3℃ 이상이어야만 도장이 가능하며 통상적으로 무기질 아연말 도료를 제외하고는 상대습도가 10~80%가 적당하다. 건조가 느린 도료는 스프레이 도장 시 피도체 물의 온도에 영향을 받지 않으나, 휘발성이 높은 용제가 포함된 속건성도료는 금속의 표면온도를 상당히 떨어뜨리며, 폴리우레탄 도료는 특히 습기에 민감하기 때문에 도장 시 유의해야 한다.

만약 금속표면의 온도와 이슬점 온도 사이가 3℃ 이상의 차이를 보이지 않는다면 소지 표면에 수분응축이 생겨 부착력이 감소될 수 있으므로 주의해야 한다. 습도의 영향을 살펴보면 습도가 높을 경우 일반적으로 용제 증발에 의해 건조되는 도료의 건조시간을 상당히 지연시키는 반면 경화용 도료와 반응한 도료에 대해서는 습도의 영향을 거의 받지 않는다.

3) 바 람

옥외에서 도장하는 경우 바람이 시속 40km 이상으로 심하게 불면 도장을 하지 않아야 하며, 바람이 심하면 도막의 조기 과건조와 주위의 환경에 의한 심한 오염현상이 발생하기 때문에 주의해야 하며 도료의 손실률도 그 만큼 높아지게 된다.

4) 환기 조건

깨끗한 공기의 계속적인 공급은 도료를 도장하는 동안과 도장 후 경화과정 및 건조기간 동안 절대적으로 필요하다. 깨끗한 공기의 공급은 도장 시공 중에 있는 주위 대기조건의 보완을 위해서도 역시 필요하다.

5) 비, 눈, 진눈개비

옥외에서 도장할 경우 비, 눈, 진눈개비 등의 현상이 심하면 부착력의 감소, 도막의 박리, 외관불량, 도막성능의 저하 등의 도장결함이 일어나므로 주의하여야 한다.

6) 인화조건

휘발성 용제로서 화기 및 스파크 조건에서 인화물질은 도료 조성물 가운데 화재폭발의 위험이 있다. 용접 혹은 불꽃 전단작업 중인 장소로부터 50m이내에서는 도장을 피하여야 한다. 사방이 막힌 공간에서 도장시공이 필요한 경우 모든 발화의 요인이 될 수 있는 소지를 제거하여야 한다. 용제 증기가 위해 수준까지 올라갔을 경우 도장을 중단하여야 한다.

7) 화학물질의 오염조건

화학적으로 오염지역에서 도장할 경우 도장간격을 최대한 줄여 도막의 오염을 방지해야 한다. 만일, 도막이 오염된 경우에는 물이나 용제로 깨끗이 제거한 후 완전히 건조시켜야 한다.

3. 도장 시 일반적인 주의사항

① 복장 : 옷에 페인트가 묻어도 괜찮은 옷차림을 준비한다.

페인트가 생각하지 않은 곳에 튀거나 옷에 묻는 경우가 있다. 이러한 것을 하나하나 신경을 쓰게 되면 제대로 페인트칠을 할 수 없다. 따라서 부담없는 복장으로 준비하여야 한다.

② 기후 : 페인트칠은 맑고 습기가 없는 날을 선택한다.

흐린 날 특히 추운 날은 건조가 늦고 광택이 나지 않는다.

③ 통풍 : 통풍이 잘 되도록 한다.

사방이 둘러싸인 곳에서 페인트칠을 하게 되면 건조도 늦고, 페인트 냄새도 나게 되며, 질식의 위험이 있으므로 통풍이 잘 되도록 조치를 한 다음 페인트칠에 임하도록 한다.

④ 표면처리 : 페인트칠하기 전에 소지(표면)처리를 잘 해야 한다.

도장 전문가도 소지처리를 하는데 하루 정도를 소비한다. 그러므로 소지처리를 할 때는 충분한 시간을 갖고 해야 한다. 때 · 먼지 · 녹 등을 잘 닦아내고, 갈라진 곳이나 구멍 등에도 충진제(빠데 등)로 잘 보수하여야 한다. 소지처리를 얼마나 잘 하느냐에 따라 도막의 수명이 좌우된다.

⑤ 페인트의 선택 : 소재에 따라 사용되는 페인트가 다르며, 재질, 용도에 맞는 페인트를 선택하여야 한다.

⑥ 희석제 : 희석액도 페인트 종류에 따라 틀리므로 페인트에 맞는 희석제를 선택하여

야 한다.

⑦ 붓의 선택 : 서투른 사람일수록 좋은 붓을 선택한다. 좋은 붓일수록 여러 가지 장점을 지니고 있기 때문에 오히려 경제적이다.

⑧ 페인트가 묻어서는 안 되는 곳은 가려야 한다. 페인트가 묻으면 안 되는 곳은 낡은 신문지 등으로 가리고 경계 부분에는 마스킹 테이프를 붙인 후 칠하는 것이 요령이다.

⑨ 페인트는 잘 저은 후 사용 : 페인트는 성질상 기름성분이 위에 뜨기 쉬우므로 잘 저은 후 사용한다.

⑩ 겹도장(2회 이상 칠하는 것) : 엷게 2~3회 겹도장하는 것이 좋은 도막을 얻을 수 있는 요령이다. 그러나 하도가 충분히 건조되기 전에 상도 도장을 하면 오히려 실패하게 된다.

⑪ 얼룩이나 붓자국 등이 염려되어 같은 곳을 반복해서 칠하게 되면 오히려 얼룩이 더해진다.

⑫ 뒤처리 : 길들여진 붓이 칠하기가 쉽다. 전문가의 능숙도는 붓의 뒷처리로 분간할 수 있다고까지 한다. 뒷처리는 도막의 수명은 물론 용구 등의 수명까지 좌우한다.

3.5.5 도장 용어

- 겔화(Gel, Gelation, Gelling, Livering) : 액상인 것이 불용성의 젤리상으로 되는 것. 도료에서는 용기 속에서 굳어져서 희석제를 가하여 휘저어도 전색제가 고르게 녹지 않는 상태
- 경화(Curing) : 도료를 열 또는 화학적인 수단으로 축합 · 중합시키는 공정. 요구하는 성능의 도막이 얻어진다.
- 가사 시간(Pot Life, Pot Stability) : 2액형 이상의 도료를 사용하기 위해 혼합했을 때 겔화, 경화 등이 일어나지 않고 사용하기에 적합한 유동성을 유지하고 있는 시간
- 경화제(Hardner, Curing Agent) : 도막을 경화시키는 물질
- 내후성(Weather Resistance, Weathering, Weatherproof) : 옥외에서 일광, 풍우, 이슬, 서리, 한난, 건습 등 자연의 작용에 저항해서 잘 변화하지 않는 도료의 성질
- 녹(Rust) : 보통은 철 또는 강의 표면에 생기는 수산화물 또는 산화물을 주체로 하는 화합물, 넓은 의미로는 금속이 화학적 또는 전기 화학적으로 변화해서 표면에 생기는

산화 화합물

- 도포량(Quantity For Application) : 일정한 면적에 칠하는 도료의 양(kg/m², l /m²)
- 도포면적(Spreading Rate, Coverage) : 도료의 일정한 분량으로 칠할 수 있는 면적 (kg/m², l /m²)
- 평활성(Levelling) : 칠한 후, 도료가 유동해서 평탄하고 매끄러운 도막이 생기는 성질. 도막의 표면에 붓칠자국, 오렌지 필, 파도와 같은 미시적인 고저가 많지 않은 것을 보고 평활성이 좋다고 판단한다.
- 건조(Drying) : 칠한 도료의 얇은 층이 액체에서 고체로 변화되는 현상. 도료 건조의 기구에는 용매의 휘발, 증발, 도막 형성요소의 산화, 중합, 축합 등이 있고, 건조의 조건에는 자연건조, 강제건조, 가열건조 등이 있다. 또, 건조상태에 따라 다음의 용어로 구분한다.
  ① 지촉건조(Set To Touch) : 도막을 손가락으로 가볍게 대었을 때 접착성은 있으나 도료가 손가락에 묻지 않는 상태
  ② 점착건조(Dust Free)
    ⓐ 손가락에 의한 방법 : 손가락 끝에 힘을 주지 않고 도막면을 가볍게 좌우로 스칠 때, 손톱자국이 심하게 나타나지 않는 상태
    ⓑ 솜에 의한 방법 : 탈지면을 약 3cm 높이에서 도막면에 떨어뜨린 다음, 입으로 불어 탈지면이 쉽게 떨어져 완전히 제거되는 상태
  ③ 고착건조(Tack Free) : 도막면에 손끝이 닿는 부분이 약 1.5cm가 되도록 가볍게 눌렀을 때 도막면에 지문 자국이 남지 않는 상태
  ④ 고화건조(Dry-hard) : 엄지와 인지사이에 시험편을 물리되 도막이 엄지쪽으로 가게 하여 힘껏 눌렀다가(비틀지 않고) 떼어내어 부드러운 헝겊으로 가볍게 문질렀을 때 도막에 지운 자국이 없는 상태
  ⑤ 경화건조(Dry-through) : 도막면에 팔이 수직이 되도록 하여 힘껏 엄지손가락으로 누르면서 90°각도로 비틀어 볼 때 도막이 늘어나거나 주름이 생기지 않고 다른 이상이 없는 상태
  ⑥ 완전건조(Full Hardness) : 도막을 손톱이나 칼끝으로 긁었을 때 홈이 잘 나지 않고 힘이 든다고 느끼는 상태
- 건조시간(Drying Time) : 도료가 건조하는 때에 따라 필요한 시간, 가열건조에서는

가열장치에 넣고부터 건조상태로 될 때까지의 시간

- 리무버(Paint Remover) : 도막을 벗기기 위해 사용하는 도료
- 마스킹(Masking) : 도장해서는 안 될 부분을 접착테이프 같은 것으로 씌우는 것
- 마스틱(Mastic) : 접착성분, 플라스틱 빠데, 접착제 등을 나타내는 말
- 바니시(Varnish) : 수지 등을 용매에 녹여서 만든 도료의 총칭이며 안료는 함유되어 있지 않다. 도막은 대개 투명하다.
- 방오성(Anti-fouling Property) : 표면에 유해한 생물 등의 부착을 방지하는 도막의 성질. 주로 선저 도료의 도막에 생물포자, 갑각류, 균체, 해조류 등이 부착하는 것을 방지하는 성질
- 변색(Discoloration) : 도막의 색의 색상, 채도, 명도 중 어느 하나 또는 하나 이상이 변화하는 것. 주로 채도가 작아지고 또는 거기에 명도가 커지는 것을 회색이라고 한다.
- 부분도장(Touch Up) : 도막의 흠 부분 등을 부분적으로 칠해서 보수하는 것
- 부착성(Adhesive Property, Adhesion, Adhesive Strength) : 도막이 하지면에 부착되어 잘 떨어지지 않는 성질
- 상도도료(Top Coat) : 도료를 여러 번 칠하여 도장 마무리를 할 때 마감도료로 사용되는 도료
- 상용성(Compatibility, Compatible) : 2종류 또는 그 이상의 물질이 서로 친화성을 가지고 있어서 혼합했을 때에 용액 또는 균질의 혼합물을 형성하는 성질. 도료에 있어서는 2종류 또는 그 이상의 도료가 침전, 응고, 겔화와 같은 불량한 결과로 나타나지 않는 성질
- 샌드블라스트(Sandblasting, Blast Cleaning) : 금속제품에 건조된 규사 등의 연마제를 고압의 공기와 함께 분사하여 표면의 녹을 제거하여 깨끗하게 하는 것
- 아연말(Zinc Dust) : 금속 아연을 주성분으로 한 회색분말, 방청 안료로서 사용함
- 언더 코팅(Under Coating) : 중도용 도료나 상도용 도료를 칠하기 전에 하도용 도료를 칠하는 것
- 에칭 프라이머(Etching Primer, Pretreatment Primer, Wash Primer) : 금속 도장을 할 때에 바탕처리에 사용하는 프라이머 성분의 일부가 바탕의 금속과 반응해서 화학적 생성물을 만들고, 바탕에 대한 도막의 부착성이 증가되도록 한 금속바탕처리용의

도료. 주로 인산, 크롬산을 함유한다. 보통은 전 성분을 물로 나누어서 만든 1조로서 공급하고 사용 직전에 혼합한다.

- 에어리스 스프레이도장(Airless Spraying, Airless Spray Application) : 에어리스 스프레이건을 사용해서 도료를 칠하는 것
- 연마(Sanding) : 재도장하기 위해 연마하는 조작
- 용제(Solvent) : 도료에 사용하는 휘발성 액체로, 도료의 유동성을 증가시키기 위해서 사용한다. 협의로는 도막 형성요소의 용매를 말하고, 달리 조용제 · 희석제가 있다. 본래는 증발속도의 대소에 의해서 구분하지만, 비등점의 고저에 따라서 고비등점 용제 · 중비등점 용제 · 저비등점 용제로 분류되는 수도 있다.
- 유성도료(Oil Paint) : 도막 형성요소의 주성분이 건성유인 도료의 총칭
- 인화점(Flash Point) : 규정된 조건아래에서 가연성 증기를 발생하는 물질과 공기와의 혼합기체에 불꽃을 접촉시켰을 때 연소가 일어나는 데 필요한 최저 온도
- 자연건조(Air Drying, Cold Curing) : 도료가 상온의 공기 속에서 건조하는 것
- 저장 안정성(Storage Stability, Can Stability, Self Life) : 저장해도 변질이 잘 안 되는 성질. 도료를 일정한 조건으로 저장한 후 칠해볼 때 칠하는 작업이나 형성된 도막에 지장 유무를 조사해서 판정한다.
- 중도(Intermediate Coat) : 하도와 상도의 중간층으로서 중도용의 도료를 칠하는 것. 하도 도막과 상도 도막 사이의 부착성의 향상, 종합 도막층 두께의 증가, 평면 또는 입체성의 개선 등을 위해서 한다. 영어에서는 목적에 따라서 Under coat, Ground coat, Surfacer 등으로 말한다.
- 촉진제(Accelerator) : 화학 반응속도를 촉진시키는 물질. 도료 공업에 있어서는 수지의 강화 또는 가교화를 촉진시키는 물질을 말한다. "활성화제", "촉매", "가교화제" 참조
- 프라이머(Primer) : 도장재 중에서 소지에 최초로 사용되는 도료 · 프라이머는 소지의 종류나 도장재의 종류에 따라 여러 가지 종류가 있다.
- 프라이머 서페이서(Primer Surfacer) : 중도의 성질을 겸한 하도용의 도료, 도막은 연마하기 쉽다.
- 희석제(Thinner) : 도료의 점도를 낮추기 위하여 사용하는 휘발성 액체

실습과제

1. 승선 중인 선박의 주요 치수를 알아보자.
2. 선체의 주요 형상과 갑판기기의 각 부 명칭을 알아보자.
3. 선체가 받는 힘에는 어떤 것들이 있으며, 이러한 변형력에 견디기 위한 부재에는 어떤 것들이 있는지 선박에서 찾아보자.
4. Loading Computer를 이용하여 입·출항 시의 Condition을 구해보자.
5. 승선 중인 선박의 도면 보관장소를 확인하고, 도면의 종류에는 어떤 것들이 있는지 알아보자.
6. 일반배치도 등의 도면에서 늑골 번호(Frame number)와 늑골 간격(Frame Space) 등에 대해서 찾아보고, 어느 한 지점의 늑골 번호를 확인해보자.
7. 승선 중인 선박의 Tank들에는 어떤 것들이 있으며, 그 중 FPT를 직접 확인해보자(안전수칙 준수).
8. 승선 중인 선박의 코퍼댐(Cofferdam)을 확인해보자(안전수칙 준수).
9. 빌지 웰(Bilge Well)을 찾아보고 빌지를 배출하는 방법을 확인해보자.
10. 선박의 건조과정에 대해서 알아보고 국내·외의 조선소 현황을 살펴보자.
11. 도장의 목적에 대해 기술해보자.
12. 도장방법에 대해 기술해보자.
13. 도장을 위한 조건은 어떤 것이 있는지 조사해보자.
14. 도막의 결함에는 어떤 것이 있으며 그 대책은 무엇인지 알아보자.
15. 도장 용구의 종류에 대해 조사하고 그 사용법을 기술해보자.
16. 도료의 종류 및 특성을 알아보고 본선에서 사용 중인 도료는 어떤 것이 있는지 알아보자.
17. 표면처리란 무엇인가?
18. 표면처리의 목적은 무엇인가?
19. 실습 중인 선박에서 표면처리를 위한 작업용구는 어떤 것이 있으며 그 사용법을 알아보자.
20. 표면처리의 종류에는 어떤 것이 있는가?
21. 도장작업절차에 대해 기술하고 관련 사진을 첨부하여 보자.
22. 도장작업 시 지켜야 할 안전수칙에 대해서 알아보자.
23. 승선 선박의 Paint Specification 도면을 확인하여 입거 시 필요한 Paint 종류 및 수량을 조사해보자(수선상부, 수선부, 선저부).

24. 다음에 해당하는 도장용어를 알아보자.

- 경화(Curing)
- 가사시간(Pot life, Pot Stability)
- 경화제(Hardner, Curing Agent)
- 지촉건조(Set to Touch)
- 리무버(Paint Remover)
- 완전건조(Full Hardness)
- 방오성(Anti-fouling Property)
- 부분도장(Touch Up)
- 상도도료(Top Coat)
- 샌드블라스트(Sandblasting, Blast Cleaning)
- 연마(Sanding)
- 중도(Intermediate Coat)
- 프라이머(Primer)
- 희석제(Thinner)

▤ 참고문헌 ▤

- 공길영 · 이윤석 · 정창현, 화물운송론, 다솜출판사, 2014
- 김세원, 해운론, 다솜출판사, 2011
- 김세원 · 문성배, 선체구조정비론, 다솜출판사, 2011
- 김세원 외, 선박조종능력향상교육, 다솜출판사, 2014
- 설동일, 해양기상학, 다솜출판사, 2006
- 양시권 · 김순갑, 선박적화, 해인출판사, 2011
- 우병구, 선박조종과 도선, 해인출판사, 2002
- 윤귀호 외, 항해실습(IV), 상학당, 2008
- 윤수원 · 우병구 · 이동섭 · 황병호, SHIPHANDLING SIMULATION, 한국해양수산연수원, 2012
- 윤점동, 선박조종의 이론과 실무, 세종출판사, 2012
- 이윤석 외, 항해실습(III), 상학당, 2008
- 기본운용술, 해문당, 2009
- 고등학교 선박구조, 대한교과서주식회사, 2006
- Hirohiko Emi, Illustrations of hull structures, 성삼당서점, 2006
- I.C. Clark, SHIP DYNAMICS FOR MARINERS, THE NAUTICAL INSTITUTE, 2005
- I.C. Clark, STABILITY, TRIM AND STRENGTH FOR MERCHANT SHIPS AND FISHING VESSELS, THE NAUTICAL INSTITUTE, 2008
- Japan Captains' Association, A Guide to Ship Handling, JCA and IMMAJ, 2009
- Kinzo Inoue, Theory and Practice of Ship Handling, 상학당, 2013
- KLAAS VAN DOKKUM, SHIP KNOWLEDGE, DOKMAR, 2008
- Martin Rhodes, Ship Stability for Mates/Masters, Seamanship International Ltd., 2008

찾아보기

□ 저자 약력 □

■ 이 윤 석(주저자)

- 한국해양대학교 항해학과 졸업(공학사)
- 일본 고베대학 대학원 상선학석사 / 공학박사
- 한국해양대학교 해사대학 조교 및 실습선 항해사
- 한국해양대학교 실습선 한바다호 / 한나라호 선장
- 한국해양대학교 교수

■ 김 종 성(교신저자)

- 한국해양대학교 항해학과 졸업(공학사)
- 목포해양대학교 대학원 공학석사 / 공학박사
- 한진해운(주) 수석항해사
- 한국해양대학교 실습선 한바다호 / 한나라호 선장
- 한국해양대학교 교수

■ 전 해 동

- 한국해양대학교 항해학과 졸업(공학사)
- 영국 사우스햄튼 대학교 법학석사 / 법학박사
- 현대상선(주) 항해사
- 한국해양대학교 실습선 교학부장
- 한국해양대학교 교수

■ 윤 귀 호

- 한국해양대학교 항해학과 졸업(공학사)
- 부산대학교 대학원 법학석사 / 법학박사(수료)
- 현대상선(주) 일등항해사
- 한국해양대학교 실습선 한바다호 / 한나라호 선장
- 한국해양대학교 교수

■ 조 익 순

- 한국해양대학교 항해학과 졸업(공학사)
- 일본 고베대학 대학원 자연과학연구과 공학박사
- 선박안전기술공단 해사안전연구센터장
- 한국해양대학교 실습선 교학부장
- 한국해양대학교 교수

■ 배 병 덕

- 한국해양대학교 항해학과 졸업(공학사)
- 현대상선(주) 선장
- 한국해양대학교 실습선 한바다호 / 한나라호 선장
- 한국해양대학교 운항훈련원장
- 한국해양대학교 교수

최신항해실습(Ⅲ)

2018년 9월 10일 1판 2쇄 발행

저 자 이 윤 석 외
발행인 남 승 우

발행처 도서출판 상尙 학學 당堂
서울시 동작구 사당로9가길 6(사당동)
TEL : 02) 595-1692~4
FAX : 02) 595-1394
E-mail : namdoo6@unitel.co.kr
신고 : 2-155호 (1968. 11. 29)

정가 26,000원

ISBN 978-89-6587-143-9 93500
ISBN 978-89-6587-140-8 (전5권)

〈디자인〉 편집 엄해숙 / 표지 토틀컴